高 等 学 校 精 品 规 划 教 材

水利工程监理

主　编　姜国辉
副主编　王惠明　马广儒　张建生　胡必武

U0212707

中国水利水电出版社
www.waterpub.com.cn

内 容 提 要

本书是《高等学校精品规划教材》之一。本书结合 SL288—2003《水利工程建设项目施工监理规范》，以先进、实用为目标进行编写的。本教材以现代水利工程监理的基本理论知识为核心，以应用为主线，考虑了课程教学与执业资格考试相结合的特点，重点突出了施工阶段的监理。全书共分十一章，从监理的起源与发展、建设项目管理体制、工程监理单位、监理工程师、工程监理组织、建设项目监理招标投标、监理规划、施工准备阶段监理、施工实施阶段监理的目标控制、施工实施阶段监理的管理工作、竣工验收阶段监理等十一个方面，系统阐述了水利工程监理的内容、方法。并通过几个典型案例分析了工程监理的特点，附录中规范化、程序化的文件和表格，体现了本书的实用性和可操作性。

本书可作为水利水电工程建筑、水利工程施工、农田水利、水利工程管理等高等学校水利类专业《水利工程监理》课程的本科学生用书，也可作为从事水利工程监理的工作人员及有关工程技术人员的培训教材，还可供相关技术人员及管理人员参考。

图书在版编目（CIP）数据

水利工程监理/姜国辉主编.—北京：中国水利水电出版社，2005（2015.12重印）
高等学校精品规划教材
ISBN 978-7-5084-2970-0

Ⅰ.水…　Ⅱ.姜…　Ⅲ.水利工程-监督管理-高等学校-教材　Ⅳ.TV523

中国版本图书馆 CIP 数据核字（2005）第 059750 号

书　　名	高等学校精品规划教材 **水利工程监理**
作　　者	姜国辉　主编
出版发行	中国水利水电出版社 （北京市海淀区玉渊潭南路 1 号 D 座　100038） 网址：www.waterpub.com.cn E-mail：sales@waterpub.com.cn 电话：（010）68367658（发行部）
经　　售	北京科水图书销售中心（零售） 电话：（010）88383994、63202643、68545874 全国各地新华书店和相关出版物销售网点
排　　版	中国水利水电出版社微机排版中心
印　　刷	北京市北中印刷厂
规　　格	184mm×260mm　16 开本　20 印张　474 千字
版　　次	2005 年 7 月第 1 版　2015 年 12 月第 6 次印刷
印　　数	16001—18000 册
定　　价	**39.00 元**

前　　言

　　工程建设项目实施工程监理制，是我国工程建设管理体制改革并与国际接轨的一项重要举措，通过实行工程监理制对加强工程建设管理，控制工程质量、工期、造价，提高经济效益，具有十分重要的作用。工程监理的实施需要大量高素质、多层次的监理人才，我国高等教育就是要培养和造就一批适应生产、建设、管理，服务第一线的高等技术应用性人才。为满足教学与生产的需求，缩短高等学校人才培养与社会生产实践的距离，我们编写了这本《水利工程监理》。本书是《高等学校精品规划教材》之一。

　　本教材以 SL288—2003《水利工程建设项目施工监理规范》和有关法律、法规及规范性文件为主要依据；反映水利工程监理的实务；注重实用性、可操作性；重点突出了施工阶段的工程监理。通过规范化、程序化、科学化的监理文件与表格，培养学生理论联系实际的能力；通过一些集实践性、启发性、针对性、综合性于一体的工程建设案例分析，培养学生解决实际问题的能力及严谨、求实的科学态度。教材的编写既考虑了学校自身人才培养的特点，更考虑了社会对人才的需要，即将现行监理规范和国家职业资格的技能要求与理论要求融入到教材中去，使学校教育真正符合社会需求，使学生通过掌握基础理论知识，具备一定的现场监理能力，并具有通过自学进一步提高本学科知识的能力。

　　本书绪论、第一章由西安理工大学、沈阳农业大学姜国辉编写，第二章由东北农业大学梁冬玲编写，第三章由东北农业大学齐国友编写，第四章由山东农业大学王艳艳编写，第五章由扬州大学袁承斌编写，第六章由山东农业大学张玉明编写，第七章由河北农业大学马广儒编写；第八章由内蒙古农业大学王惠明编写，第九章由甘肃农业大学张建生编写；第十章由宁夏大学胡必武编写，第十一章由姜国辉和沈阳农业大学李玉清编写，附录由姜国辉和沈阳农业大学李春生编写。本书由姜国辉担任主编，王惠明、马广儒、张建生、胡必武担任副主编。全书由姜国辉负责统稿、修改，辽宁省水利工程质量监督中心站总工程师朱明昕教授级高级工程师主审，朱总工程师对教材送审稿认真审阅，并对教材内容的取舍及教材的编写都提出了宝贵意见，在此表示衷心感谢。另外，在书稿整理过程中徐赫阳、许晗作了许多工作，在此一并表示谢意。

　　本教材的编写融会了编者多年的监理实践和教学经验，同时还参考了许多专家学者的论著，谨向他们表示衷心感谢。

　　工程监理是一门新学科，尚有许多问题值得人们去研究和探讨。由于笔者学术见识有限，书中不足之处，敬请各位专家、读者批评指正。

作　者
2013 年 1 月

目　　录

绪　　论

我国自 1988 年开始，在建设领域推行了工程监理制，这是我国工程建设管理体制的重大改革，是市场经济发展的必然结果和实际需要。工程监理是一门融工程勘察设计、工程经济、工程施工、项目组织、民事法律与建设管理各种学科于一体的项目管理科学，即工程监理是工程项目实施过程中一种行之有效的科学的管理制度。它把工程项目的管理纳入了社会化、专业化、法制化的轨道。实行工程监理制，目的在于提高工程建设的投资效益和社会效益，这项制度已经纳入《中华人民共和国建筑法》的调整范畴。

我国的工程建设监理，简称工程监理，结合各行业又有水利工程监理、公路工程监理、土木工程监理、环境监理、设备监理等之分。水利行业的监理可分为：水利工程监理、水土保持监理、移民监理和设备监理等。

一、工程监理的历史沿革

对工程建设活动进行管理是一项专业性很强的工作。对于工程项目法人而言，他们通常缺乏工程建设方面的专业知识，缺乏工程项目管理方面的经验，因此，需委托一个机构为其提供专业化的项目管理服务，这就是工程监理的基本思想。

工程监理作为建设领域的一项科学的管理制度，起源于 16 世纪前的欧洲。当时建筑师受项目法人聘用，负责设计、采购材料、雇用工匠，并组织管理工程施工，起总营造师的作用。16 世纪后，随着社会对建筑技术的要求不断提高，传统的建筑师队伍出现了专业分工，一部分建筑师专门向社会传授技艺，为项目法人提供建筑咨询、工程管理等服务，这就是监理行业的萌芽，但其业务范围仅限于施工过程中的质量监督、计算工程量。

进入 18 世纪 60 年代，社会上大兴土木带来了建筑业的空前繁荣，技术日趋复杂，工程建设规模不断扩大，项目法人自己来监督、管理工程建设越来越感觉力不从心，监理服务的必要性逐步为人们所认识。19 世纪初，总承包制度的实行，导致了招标交易方式的出现，促进了工程监理的发展，监理业务内容得到了进一步扩充，主要任务是帮助项目法人计算标底，协助招标，控制工程投资、进度、质量，进行合同管理以及项目的组织和协调等。

20 世纪 50 年代末和 60 年代初，由于科学技术的发展，工业和国防建设以及人民生活水平的不断提高，需要建设许多大型工程，如水利工程、航天工程、大型钢铁企业、石油化工企业以及新型城市开发等。这些工程投资多、规模大、技术复杂，无论对投资者还是承建者都难以承担由于投资不当或项目管理失误而造成的损失。巨大的风险迫使项目法人重视项目的科学决策，项目法人为减少投资风险，节约工程费用，需要聘请有经验的咨询监理人员，对工程建设前期的可行性进行研究论证，帮助项目法人进行决策分析。这样工程监理的业务范围由项目实施阶段向前延伸至项目决策阶段，工程监理工作便贯穿于建设活动的全过程。

进入 20 世纪 70 年代后，西方发达国家对工程监理的内容、方法以及从事监理的社会组织以法规的形式做了详尽的规定，使工程监理向制度化、程序化、法制化方向发展。工程建设活动中形成了项目法人、承包商和监理工程师三足鼎立的基本格局。至 80 年代后，工程监理制度在国际上有了很大的发展，一些发展中国家结合国情开展工程监理活动，世界银行等国际金融组织的贷款条件之一就是要实行工程监理制和招标投标制，工程监理国际化，并已形成了国际惯例。例如国际咨询工程师联合会（即 FIDIC）汇编的土木工程施工合同条款，已被国际工程承包市场普遍认可和采用，为工程监理制度的规范化和国际化起到了重要作用。

二、我国工程监理制度的发展

我国的工程监理制度是参照国际惯例，并结合国情而建立起来的。由原国家计委和建设部共同负责推进工程监理事业的发展，建设部归口管理全国工程工程监理工作，水利部主管全国水利水电工程监理工作。工程监理制度在我国大致经历了三个阶段。

1. 工程监理试点阶段

1988 年 7 月，建设部发出《关于开展建设监理工作的通知》，在北京、上海、天津、宁波、沈阳、哈尔滨、深圳等 8 个城市和交通、能源两部的公路和水电系统开展监理试点工作，标志着我国工程监理进入第一阶段，即试点阶段（1988～1992 年）。建设部相继制定了一套监理队伍的资质管理与培训制度、监理取费的规定和工程监理规定，水利部也先后颁发了一系列部门规章和规范性文件，监理试点工作得到迅速发展。经过几年的试点工作，建设部于 1993 年 5 月在天津召开了第五次全国工程监理工作会议。会议总结了试点工作的经验，对各地区、各部门的工程监理工作给予了充分肯定，并决定在全国结束工程监理制度的试点，转入稳步发展阶段。

2. 工程监理稳步推行阶段

1993 年 3 月 18 日，中国工程监理协会成立，我国工程监理行业初步形成。1993 年 5 月，建设部第五次全国工程监理工作会议，决定工程监理进入第二阶段，即稳步发展阶段（1993～1995 年）。此后，全国大型水电工程、铁路工程、大部分国道和高等级公路工程全部实行了监理，并形成了一支具有较高素质的监理队伍，监理工作取得了很大的发展。1995 年 12 月，建设部召开了第六次全国工程监理工作会议，并配合出台了《工程建设监理规定》和《工程建设监理合同示范文本》，进一步完善了我国的工程监理制。

3. 工程监理全面推行阶段

1995 年 12 月，建设部在北京召开了第六次全国工程监理工作会议，会上建设部和国家计委联合颁布了 737 号文件，即《工程建设监理规定》。这次会议标志着我国工程监理工作进入第三阶段，即全面推行阶段（1995 年至今）。1997 年 11 月，全国人大通过的《中华人民共和国建筑法》载入了工程监理的内容，使工程监理在建设体制中的重要地位得到了国家法律的保障，水利部也制定了工程监理法规和实施细则，形成了上下衔接的法规体系。

我国水电工程项目实行监理制较早，云南鲁布革水电站引水隧洞工程是我国第一个利用世界银行贷款的水电工程。它采用国际招标方式，并按国际惯例进行合同管理，实行工程监理制。随后隔河岩、漫湾、水口、岩滩、广州抽水蓄能、二滩、小浪底、三峡等水电工程项目中实行了监理制，积累了丰富的监理工作经验，取得显著的经济效益和社会效益。鲁布革水电站的监理模式是项目法人自行监理，广州抽水蓄能电站是委托社会监理单位实施监理，小浪底水利枢纽工程全面实行了项目法人负责制、招标投标制、工程监理制，与国际工程管理实现了全方位的接轨。

如果说鲁布革水电工程的尝试，广州抽水蓄能水电工程的探索，小浪底水电工程的接轨，为我国水利水电建设管理改革提供了成功的经验，那么水利部 1999 年 11 月出台的《水利工程建设监理规定》、《水利工程建设监理单位管理办法》和《水利工程建设监理人员管理办法》，2000 年 2 月颁布的《水利水电工程施工合同和招标文件示范文本》、《水利工程建设监理合同示范文本》、2002 年颁发的《水利工程建设项目招标投标管理规定》和 2003 年发布的《水利工程建设项目监理规范》，无疑使水利工程监理有章可循，有法可依，步入规范化、制度化的轨道。

目前全国已形成了一支素质较高、规模较大的水利工程监理队伍。据统计，到 2001 年，全国有水利工程监理单位 162 个，其中甲级监理单位 62 个，乙级监理单位 42 个，丙级监理单位 58 个，监理工程师 16800 余名。水利工程招标率有了很大提高，2000 年水利工程施工招标率为 95％左右，重要设备、材料的采购基本上实行了招标，设计、监理等服务招标已开始试行。在建水利工程项目 90％实行了监理，特别是水利枢纽工程、重点堤防工程、河道整治工程，基本上实行了工程监理制。工程监理在工程建设中发挥着越来越重要的作用，受到了社会的广泛关注和普遍认可。

三、我国实行工程监理制度的必要性

（一）传统的工程建设管理体制已经不适应我国经济发展的要求

我国的工程监理制度，源于对我国传统工程建设管理体制的反思。长期以来我国一直沿用建设单位自筹、自建、自管和工程指挥部负责的工程建设管理模式（新中国成立初期至 20 世纪 70 年代末）。建设投资是国家无偿拨给，建设任务是行政分配，主要建材是按计划供给，建设单位、施工单位和设计单位是被动地接受任务。建设单位不仅负责组织设计、施工、申请材料设备，还直接承担了工程建设的监督和管理职能，政府只采取单项的行政监督。其弊端是在工程建设过程中，不注重费用盈亏核算，为保进度而不顾投资的多少和对质量目标会造成多大的冲击。工程质量的好坏，往往取决于企业领导的质量意识，当工期、产量与质量要求产生矛盾时，往往牺牲质量。这种缺乏专业化、社会化的建设项目管理体制给工程建设带来的不良后果是，工程项目建设始终处于低水平管理状态，工程建设项目投资、进度、质量严重失控。因此，改革传统的建设项目管理体制，建立一种新型的、适应市场经济和生命力发展的建设项目管理体制成为必然趋势。

（二）工程建设领域体制改革深化需要工程监理

虽然早在 20 世纪 80 年代初，我国基本建设就引进了竞争机制，投资开始有偿使用，建设任务逐步实行招标承包制，工程建设监督已转向政府专业质量监督与企业的自检相结合，但是政府的专业质量监督无法对建设工程不间断、全方位进行监督管理，建筑市场还不规范，约束机制尚不完善。如招标投标工作中，存在规避招标、假招标和工程转包现象，各种关系工程、人情工程、领导工程和地方保护工程等，导致施工偷工减料，投资失控，质量下降，给工程安全留下隐患。因此，仅有竞争机制，没有约束机制，这种改革是

不完善、不匹配的，改革的深化呼唤着工程监理制的诞生。

（三）对外开放需要工程监理

随着改革开放的深入发展，我国传统的建设项目管理体制缺少监理这个环节，难与国际通行的管理体制相衔接。因为涉外工程往往要求按照国际惯例实行监理，世界银行等国际金融组织都把实行工程监理制作为提供贷款的必要条件之一，实行工程监理制度，能够改善吸引外资环境。如果没有自己的监理人员，涉外工程就要聘请外国监理人员，需向每人每月支付6万～10万元外汇人民币。据有关资料估计：从1979～1988年仅支付监理费就达15亿～20亿美元，京津唐高速公路是世界银行贷款项目，聘了5名丹麦监理工程师，3年支付监理费135万美元。多年来，我国有许多建筑队伍进入了国际建筑市场，由于缺乏监理知识和被监理的经验，结果不该罚的被罚了，而该索赔的又没要。因此，实行工程监理制是扩大对外开放和与国际接轨的需要。

（四）提高工程建设项目管理水平需要工程监理

在传统的指挥部形式的管理体制下，指挥部人员是临时从各单位抽调来的，工程完工，指挥部解散。这种带有行政指挥能力的指挥部，通常协调能力很强，技术力量不足，管理经验缺乏，只有一次教训，没有二次经验，不利于经验积累。专业化的工程监理单位，可以在工程建设的实践中不断积累经验，提高建设项目管理水平，并发挥专长，有效地控制工程的进度、质量和投资，公正地管理合同，使工程建设的目标得以最优的实现。同时，推行工程监理制，建设单位可以大大减少人员编制，并充分发挥自己的优势，协调解决好工程建设的外部关系和关键问题。实行工程监理制，有利于形成高水平的，以技术、管理水平和服务质量为竞争基础的大批管理中介服务实体；有利于培养大批高水平的项目管理人才；有利于为建设单位提供高质量的技术、管理服务。

实行工程监理成效是显著的，但工程建设过程中依然存在管理漏洞。有关调查研究表明，我国的工程监理制仍然处在初级阶段，主要的问题：一是工程监理市场不规范，监理的竞争机制尚未完全形成，系统内同体监理现象大量存在，个别地方甚至存在低资质监理单位越级承担工程项目监理业务的问题；二是监理单位管理水平和监理人员素质不高，多数监理单位尚未独立于母体单位，监理人员不稳定，离退休人员多，缺乏必要的高素质监理人才；三是监理工作在地区间发展不平衡，监理单位和监理工程师队伍分布不合理，不能满足实际工作需要；四是监理工作大多只侧重质量控制，未真正实现投资、进度和质量的全方位监理；五是部分监理人员未做到持证上岗。这些均需要通过增强执法力度或在实践中探索解决，随着我国社会主义市场经济的进一步建立完善，我国工程监理事业必将得到更大的发展。

第一章 建设项目与工程监理制

第一节 项目与项目管理

一、项目

（一）项目的定义

"项目"一词已越来越广泛地被人们应用于社会经济和文化生活的各个方面。人们经常用"项目"来表示一类事物。"项目"定义很多，许多管理专家和标准化组织都企图用简单通俗的语言对项目进行抽象性概括和描述。最典型的有：

（1）在项目管理领域比较传统的对项目的定义是："项目为一个具有规定开始和结束时间的任务，它需要使用一种或多种资源，具有许多个为完成该任务（或者项目）所必须完成的互相独立、互相联系、互相依赖的活动。"

但是，这个定义还不能将项目与人们常见的一些生产过程相区别。

（2）《质量管理——项目管理质量指南（ISO10006）》定义项目为："由一组有起止时间的、相互协调的受控活动所组成的特定过程，该过程要达到符合规定要求的目标，包括时间、成本和资源的约束条件。"

（3）德国国家标准 DIN69901 将项目定义为："项目是指在总体上符合如下条件的具有唯一性的任务（计划）：具有预定的目标；具有时间、财务、人力和其他限制条件；具有专门的组织。"

（二）项目的特性

项目的定义有几十种之多，虽然人们对项目定义的角度和描述各不相同，但通常都体现出以下特性。

1. 非重现性（或一次性）

这是项目的最主要特征。所谓非重现性或一次性，是指就任务本身和最终成果而言，没有与这项任务完全相同的另一项任务。例如，建设一项工程或一项新产品的开发，不同于其他工业产品的批量性，也不同于其他生产过程的重复性。因此，项目一般都具备特定的开头、结尾和实施过程，有些项目活动甚至是空前绝后的。例如，阿波罗登月项目，历时长达 11 年，耗资达 250 亿美元，涉及 2 万多个企业和 120 多所大学和研究单位，其管理协调工作的难度可想而知。一个项目生命结束后，即使是为了同样的目标实施在建项目，项目在实施过程中设计的风格、实施人员、甚至建筑材料等，都有与前一项目不同之处，所以项目的非重现性也是客观条件所要求的，同时也包括竞争机遇或市场机会的不同。只有认识项目的一次性，才能有针对性地根据项目的特殊情况和要求进行科学、有效的管理。

2. 目的性

项目的目的性是指任何一个项目都是为实现特定的组织目标和产出物目标服务的。任何一个项目都必须有确定的组织目的和项目目标。项目目标包括两个方面，一是项目工作本身的目标，是项目实施的过程；二是项目产出物的目标，是项目实施的结果。例如，对一项水工建筑物的建设项目而言，项目工作的目标包括：项目工期、造价、质量、安全等各方面工作的目标，项目产出物的目标包括建筑物的功能、特性、使用寿命、安全性等指标。同样，对于一个软件开发项目，项目工作的目标包括开发周期、成本、质量、文化程度等，项目产出物（软件产品）的目标包括软件的功能、可靠性、可扩展性、可移植性等。一般而言，项目的目的性是最重要和最需要项目管理者注意的特性。

3. 独特性

项目的独特性是指项目所生成的产品或服务与其他产品或服务相比所具有的特殊性。通常一个项目的产出物或实施过程，即项目所生成的产品或服务至少在一些关键特性上与其他的产品和服务是不同的。每个项目都有一些以前没有做过的、独特的内容。例如，我国已经建设了6万余座不同等级的水库，但没有两座完全相同的水库，这些水库在某个或某些方面都有一定的独特性，包括不同的自然条件（气象、水文、地质、地理条件等）、不同的设计、不同的项目法人、不同的承包商、不同的施工方法和施工时间等。当然许多项目会有一些共性的东西，但是它们并不影响整个项目的独特性。

4. 时限性（生命周期）

项目的时限性是指每一个项目都有自己明确的时间起点和终点，都是有始有终的，是不能被重现的。起点是项目开始的时间，终点是项目的目标已经实现，或者项目的目标已经无法实现，从而中止项目的时间。无论项目持续时间的长短，都是有自己的生命周期的。当然，项目的生命周期与项目所创造出的产品或服务的全生命周期是不同的，多数项目本身相对是短暂的，而项目所创造的产品或服务是长期的。例如，三峡工程项目实施的时间是有限的，但工程投入运行后的有效时间可能是几代人。树立一座纪念碑所用的时间是短暂的，但是这一项目所创造出的产出物（纪念碑），人们会期望其持续数个世纪；国际互联网项目研发的时间相对是短暂的，而该网络系统本身的寿命是相对长远的。任何项目都随着其目标的实现而终结，决不会周而复始地持续下去的。

5. 制约性（或约束性）

项目的制约性是指每个项目都在一定程度上受到内在和外在条件的制约。项目只有在满足约束条件下获得成功才有意义。内在条件的制约主要是对项目质量、寿命和功能的约束（要求）。外在条件的制约主要是对于项目资源的约束，包括：人力资源、财力资源、物力资源、时间资源、技术资源、信息资源等方面。项目的制约性是决定一个项目成功与失败的关键特性。

6. 不确定性

项目的不确定性主要是由于项目的独特性造成的，因为一个项目的独特之处多数需要进行不同程度的创新，而创新就包括着各种不确定性；其次，项目的非重复性也是造成项目不确定性的原因，因为项目活动的非重复性使得人们没有改进工作的机会，所以使项目的不确定性增高；另外，项目的环境多数是开放的和相对变动较大的，这也是造成项目不确定性的主要原因之一。

7. 其他特性

例如，项目过程的渐进性、项目成果的不可挽回性、项目组织的临时性和开放性等。

二、项目管理

（一）管理的概念

管理是一种特殊的社会劳动，它是由社会分工、共同协作引起的，它与生产力的发展水平相适应，又受占统治地位的生产关系的制约和影响。所以，管理一方面具有与生产力、与社会化大生产相联系的自然属性；另一方面又具有与生产关系、社会制度相联系的社会属性。认识管理的自然属性，就要重视发挥管理对于合理组织生产力的作用，认真研究现代化、社会化生产的技术经济特点，掌握其规律。认识管理的社会属性，就要重视管理对促进和改革生产关系的要求，逐步建立适合我国生产建设和发展社会主义市场经济需要的、具有中国特色的社会主义生产建设管理体制和体系。

对于建设项目的参与方或管理者而言，所谓管理是指通过组织、计划、协调、控制等行动，将一定的人力、财力、物力资源充分加以运用，使之发挥最大的效果，以达到所规定或预期的目标。

（二）项目管理的概念

项目管理是指系统地进行项目的计划、决策、组织、协调与控制的系统的管理活动。对于项目管理的定义，各家说法不尽相同。美国项目管理专家 Harold Kerzher 将项目管理定义为："项目管理是为限期实现一次性特定目标，对有限资源进行计划、组织、指导、控制的系统管理方法。"也有人认为，"项目管理就是费用目标控制、时间目标控制和质量目标控制，其核心是控制项目的目标。"根据以上几种说法，我们可以将项目管理归纳为：在建设项目生命周期内所进行的有效的规划、组织、协调、控制等系统的管理活动。其目的是在一定的约束条件下（限定的投资、限定的时间、限定的质量标准、合同条件等），最优实现建设项目，达到预定的目标。目前，我国对项目管理的解释是一种广义上的项目管理，也就是说，通过一定的组织形式，采取各种措施、手段和方法，对建设项目的所有工作，包括项目建议书、可行性研究、项目的决策、设计、设备询价、施工招标承包、建设实施、竣工验收等系统的过程进行规划、协调、监督、控制和总评价，以达到保证建设项目的质量，缩短建设工期，提高投资效益的目的。

（三）项目管理的主要特征

项目管理与非项目管理活动相比，有以下主要特征。

1. 目标明确

项目管理的目标，就是在限定的时间、限定的资源和规定的质量标准范围内，高效率地实现项目法人规定的项目目标。项目管理的一切活动都要围绕这一目标进行。项目管理的好坏，主要看项目目标的实现程度。

2. 项目经理负责制

项目管理十分强调项目经理个人负责制，项目经理是项目成功的关键人物。项目法人为项目经理规定了要实现的项目目标，并委托其对目标的实施全权负责。有关的一切活动均需置于项目经理的组织与控制之下，以避免多头负责、相互扯皮、职责不清和效率低下。

3. 充分的授权保证系统

项目管理的成功必须以充分的授权为基础。为项目经理的授权，应与其承担责任相适应。特别是对于复杂的大型项目，协调难度很大，没有统一的责任者和相应的授权，势必难以协调配合，甚至导致项目失败。

4. 具有全面的项目管理职能

项目管理的基本职能是：计划、组织、协调和控制。

（1）计划职能。即是把项目活动全过程、全部目标都列入计划，通过统一的、动态的计划系统来组织、协调和控制整个项目，使项目协调有序地达到预期目标。

（2）组织职能。即建立一个高效率的项目管理体系和组织保证系统，通过合理的职责划分、授权，动用各种规章制度以及合同的签订与实施，确保项目目标的实现。

（3）协调职能。项目的协调管理，即是在项目存在的各种结合部或界面之间，对所有的活动及力量进行连接、联合、调和，以实现系统目标的活动。项目经理在协调各种关系特别是主要的人际关系中，应处于核心地位。

（4）控制职能。项目的控制就是在项目实施的过程中，运用有效的方法和手段，不断分析、决策、反馈，不断调整实际值与计划值之间的偏差，以确保项目总目标的实现。项目控制往往是通过目标的分解、阶段性目标的制定和检验、各种指标定额的执行，以及实施中的反馈与决策来实现的。

第二节　建设项目管理及建设程序

一、建设项目管理

（一）建设项目的概念

一个建设项目就是指一项固定资产投资项目，即可能是基本建设项目（新建、扩建等扩大再生产的建设项目），也可能是技术改造项目（以节约资金、增加产品品种、提高质量、治理"三废"、劳动安全等为主要目的的项目）。建设项目的实现是指投入一定量的资金，经过决策、实施等一系列程序，在一定的约束条件下形成固定资产的一次性过程。

（二）建设项目管理

建设项目管理是以建设项目为对象，以实现建设项目投资目标、工期目标和质量目标为目的，对建设项目进行高效率的计划、组织、协调、控制和系统的、有限的循环管理过程。建设项目之所以需要进行管理，与建筑产品的特征密切相关。

建设项目的管理者应由参与建设活动的各方组成，即项目法人、设计单位和施工单位等。因其所处的角度不同，职责不同，形成的项目管理类型也不同。

（1）项目法人的建设项目管理。从编制项目建议书至项目竣工验收、投产使用全过程进行管理，为项目法人的建设项目管理。如果委托监理单位进行具体管理，则称为工程监理。工程监理是监理单位受项目法人委托，按合同规定为项目法人服务，并非代表项目法人。

（2）设计单位的建设项目管理。由设计单位进行的项目管理，一般限于设计阶段。

（3）施工单位的建设项目管理。由施工单位进行的项目管理，一般限于施工阶段。

项目法人在进行项目管理时，与设计单位和施工单位的项目管理目标和出发点不同，只有当建设项目管理的主体是项目法人时，建设项目管理目标才与项目目标一致。

（三）建设项目的划分

为了便于工程建设项目管理，根据 SLl76—1996《水利水电工程施工质量评定规程》的规定，水利工程建设项目可逐级分解为单位工程、分部工程和单元工程。某水电站项目划分如图1-1所示。

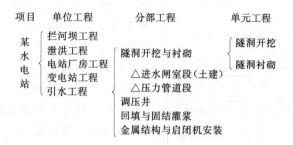

图1-1　建设项目划分示例

单位工程是指具有独立发挥作用或独立施工条件的建筑物，如水电站工程中的拦河坝工程、泄洪工程、电站厂房工程、变电站工程、引水工程等。

分部工程是指在一个建筑物内能组合发挥一种功能的建筑安装工程，是组成单位工程的各个部分。对单位工程安全、功能或效益起控制作用的分部工程称为主要分部工程，如引水工程中的进水闸室段（土建）和压力管道段。单元工程是指分部工程中由几个工种施工完成的最小综合体，是日常质量考核的基本单位，如隧洞开挖与衬砌中单元工程为隧洞开挖、隧洞衬砌等。

二、建设程序

（一）建设程序的概念

建设程序是指建设项目从设想、规划、评估、决策、设计、施工到竣工验收、投入生产的整个建设过程中，各项工作所必须遵循的先后次序的法则，如图1-2。这个法则是人们在长期的工程实践中总结出来的，它反映了建设工作所固有的客观自然规律和经济规律，是建设项目科学决策和顺利进行的重要保证。不遵循科学的建设程序，就会走弯路，使工程遭受重大损失，这在我国工程建设史上是有深刻教训的。

（二）水利工程项目建设程序

水利工程项目建设程序按《水利工程建设项目管理规定》（水利部水建〔1995〕128号）执行，水利工程项目建设程序一般分为：项目建议书、可行性研究报告、初步设计、施工准备（包括招标设计）、建设实施、生产准备、竣工验收、后评价等阶段。

1. 项目建议书阶段

项目建议书应根据国民经济和社会发展长远规划、流域综合规划、区域综合规划、专业规划，按照国家产业政策和国家有关投资建设方针进行编制，是对拟进行建设项目的初步说明。

项目建议书编制一般由政府委托有相应资格的设计单位或咨询机构承担，并按国家现

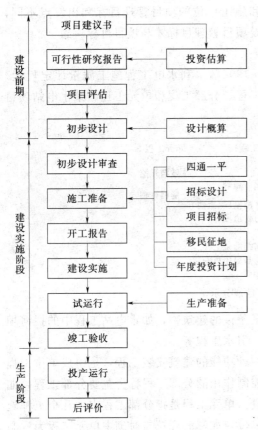

图 1-2　水利工程建设程序流程图

行规定权限向主管部门申报审批。项目建议书被批准后，即可组建项目法人筹备机构。

2. 可行性研究报告阶段

可行性研究主要是对项目进行方案比较，分析和论证其在技术、经济上是否合理。经过批准的可行性研究报告，是项目决策和进行初步设计的依据。可行性研究报告，由项目法人（或筹备机构）组织编制。项目可行性报告批准后，应正式成立项目法人，并按项目法人责任制实行项目管理。

3. 初步设计阶段

初步设计是根据批准的可行性研究报告和必要而准确的设计资料，对设计对象进行通盘研究，阐明拟建工程在技术上的可行性和经济上的合理性，规定项目的各项基本技术参数，编制项目的总概算。初步设计任务应择优选择有项目相应资格的设计单位承担，依照有关初步设计的规定进行编制。

初步设计文件报批前，一般须由项目法人委托有相应资格的工程咨询机构或组织行业各方面（包括管理、设计、施工、咨询等方面）的专家，对初步设计中的重大问题，进行咨询论证。设计单位根据咨询论证意见，对初步设计文件进行补充、修改、优化。初步设计由项目法人组织审查后，按国家现行规定权限向主管部门申报审批。

4. 施工准备阶段

水利工程项目必须满足以下条件，方可进行施工准备：

（1）初步设计已经批准。

（2）项目法人已经建立。

（3）项目已列入国家或地方水利建设投资计划，筹资方案已经确定。

（4）有关土地使用权已经批准。

（5）已办理报建手续。

在施工准备阶段，需进行技术设计及施工图设计。技术设计是针对初步设计中的重大技术问题进一步开展工作，并编制修正总概算。施工图设计是按照初步设计或技术设计所确定的设计原则、结构方案和控制尺寸，根据建筑安装施工进度的安排，分期分批地制定出工程施工详图，并编制施工图预算。在水利工程中，一般将技术设计和施工图设计合并成一个阶段进行，统称为技施设计。

项目在主体工程开工之前，必须完成的各项施工准备工作主要包括：

（1）施工现场的征地、拆迁。

（2）完成施工用水、电、通信、路和场地平整等工程。

（3）必须的生产、生活临时建筑工程。

（4）组织招标设计、咨询、设备和物资采购等服务。

（5）组织工程监理和主体工程招标投标，并择优选定工程监理单位和施工承包队伍。

5. 建设实施阶段

建设实施阶段是指主体工程的建设实施，项目法人按照批准的建设文件，组织工程建设，保证项目建设目标的实现。

6. 生产准备阶段

生产准备是施工项目投产前所要进行的一项重要工作，它是基本建设程序中的重要环节，是衔接基本建设和生产的桥梁，是建设阶段转入生产经营的必要条件。

7. 竣工验收

竣工验收是工程完成建设目标的标志，是全面考核建设成果、检验设计和工程质量的重要步骤。竣工验收合格的项目即从建设转入生产或使用。

对工程规模较大、技术较复杂的建设项目可先进行初步验收。不合格的工程不予验收，有遗留问题的项目，对遗留问题必须有具体处理意见，且有限期处理的明确要求，并落实责任人。

8. 后评价

建设项目竣工投产后，一般经过1～2年生产运营后，要进行一次系统的项目后评价。项目后评价一般按3个层次组织实施，即项目法人的自我评价、项目行业的评价、计划部门的评价。通过建设项目的后评价，以达到肯定成绩、总结经验、研究问题、吸取教训、提出建议、改进工作，不断提高项目决策水平和投资效果的目的。

（三）世界银行贷款项目程序

关于发展中国家引进外资的必要性，发展经济学已从不同角度作了大量的论述。许多经济理论认为，发展中国家发展经济的主要障碍就在于国内资金不足。由于发展中国家事实上无力自我根除这一障碍，因而必须利用外资。

世界银行集团与国际货币基金组织、世界贸易组织是当今世界三大经济组织。世界银行集团包括国际复兴开发银行（IBRD）、国际开发协会（IDA）、国际金融公司（IFC）、多边投资担保机构（MIGA）、解决投资争端国际中心（ICSID）和经济发展学院（EDI）。

世界银行贷款是我国水电建设利用外资最重要的来源。世界银行贷款是指通过财政部转贷给项目单位的复兴开发银行贷款、国际开发协会信贷、技术合作信贷和联合融资等。世界银行于1980年恢复我国在世界银行的会员国地位，并于1982年正式向我国提供贷款。

世界银行贷款是一种中长期贷款，主要用于大中型基础设施建设，如：防洪与排涝、灌溉、跨流域调水、发电、交通、污水处理等。

水利工程项目贷款的基本条件为：

（1）贷款项目本身应符合国民经济发展的需要和流域规划，已列入中央或地方中长期发展基建计划之中，并属于被优先实施的重点项目。

（2）项目建设的外部条件比较好，基本不涉及水利纠纷和难以解决的其他边界矛盾等。

（3）项目本身应具有良好的经济效益和财务效益，通过水费、电费和税收等方面的回收，具有一定的偿还能力。

（4）地方或部门贷款项目的主管部门或项目单位，要有较高的贷款积极性，对世界银行贷款应本着"谁受益谁承担"的原则，有能力按期偿还。

（5）必须落实国内配套资金。在项目实施期间，应保证国内筹措的资金按年度及时到位。

（6）为保证项目顺利实施，项目法人必须建立与项目建设相适应的组织管理机构，配备有实践经验的技术和管理人员。

（7）项目的前期工作要有一定的基础，勘测设计工作已进行到一定的程度，基本具备世界银行项目评估的条件。

（8）项目竣工投产后，要有足够的资金来源解决工程维修和日常运行管理所发生的费用。

我国的世界银行贷款项目既要遵循我国的基本建设管理制度，又要遵循世界银行项目贷款的有关程序和规定。世界银行对贷款项目的管理有一套完整的、严密的程序和制度，对其贷款的项目，从开始到完成投产，必须经过项目选定、准备、评估、谈判、实施与监督和总结评价等6个阶段。

1. 项目选定阶段

项目选定主要是考察由借款国提出需要优先考虑，并符合世行贷款原则的项目。项目初选确定后，由借款国编制项目选定报告，并送交世界银行进行筛选，选定后即列入世界银行贷款计划。

2. 项目准备阶段

项目准备主要是对项目作可行性研究。可行性研究是对项目建设的必要性、市场调查预测、建设条件、工程技术、实施计划和组织机构等做出估计；进行财务和经济评价，做出风险估计；进行环境影响和社会效益分析，经过多方案比较，推荐最佳方案，编制可行性研究报告。

3. 项目评估阶段

世界银行派出各种技术、经济专家进行实地考察，全面系统地检查项目准备情况。评估时，从技术、组织、财务和经济等几个方面，对可行性研究报告中提出的规模、资源条件、市场预测、工程技术以及财务、经济分析做出全面评价。

4. 项目谈判阶段

项目评估通过后，世界银行便邀请借款国派代表去华盛顿总部就贷款协定进行谈判。谈判内容不但包括贷款数额和分配比例、费率、支付办法、还贷方式、咨询服务等，更重要的是确定借款国保证项目顺利实施的措施和执行机构。达成协议后，由借款国政府（财政部）出面，签订正式贷款协定，并签署担保协议书（中国银行担保）或出具"外债信"（说明借款国的对外债务情况）；然后由世界银行主管地区项目的副行长签署后报送执行董事会或行长批准；经联合国登记备案后，便正式生效．可以开始提款，进入实施阶段。

5. 项目实施与监督阶段

在项目实施阶段，借款国负责项目的执行和经营，世界银行负责对项目的监督。世界银行一般根据借款国报送的项目进度报告，掌握项目发展情况及借款国对贷款协议各项保证的履行情况，并了解项目的实际执行有否违反协议规定的情况及其原因，以便与借款国商讨解决方法。除通过进度报告掌握项目的情况外，世界银行还不断派出各种高级专家到借款国视察，随时向借款国提出有关施工、调整贷款数额和付款方法的意见，并逐年提出"监督项目执行情况报告书"。

6. 项目总结评价阶段

项目开始投产后1年左右，世界银行要对项目进行全面总结，并做出初步评价，总结评价的目的，在于吸取经验教训，为今后执行同类项目积累经验；同时，也是对借款国在实施项目中成绩优劣的评价和使用世界银行贷款能力的考核。

世界银行对贷款项目的这套程序和管理办法比较科学、严谨，投资前期工作做得比较深透，所以世界银行贷款项目的成功率很高，很少失误。

第三节　建设项目管理体制

我国的项目建设管理体制与完全市场经济国家是不同的，完全市场经济国家大多数项目为私人投资，国家对建设项目的管理主要是对项目的"公共利益"的监督管理，而我国政府除了对项目"公共利益"的监督管理外，对建设项目的经济效益、建设布局和对国民经济发展计划的适应性等，都要进行严格的审批，可见，我国的建设项目管理体制与完全市场经济国家是有很大区别的。

一、改革开放前我国的建设项目管理体制

改革开放前我国的建设项目管理体制经历了自营制、指挥部制、投资包干责任制等阶段。新中国成立初期及以后相当长的时期普遍采用的是自营制方式，建设项目管理实行首长（或党委）负责制，行政命令主宰一切。在大跃进期间及其后，随着基建规模的扩大，大中型项目的建设采取以军事指挥的方式组织项目建设活动，即指挥部制。项目建设的指挥层由地方和中央复合构成，由于其不承担决策风险，对投资的使用、回收不承担责任，工程指挥部成员临时组成，项目结束后人员解散，这种一次性非专业化管理方式，使得工程项目建设始终处于低水平管理状态，因此对投资、进度和质量难以控制成为必然。随后出现了投资包干责任制，其特点是上级主管部门和承建的施工企业签订投资包干合同，规定了项目的规模、资金、工期，有的还列入了奖惩条款，这种体制明显优于自营制和指挥部制。但由于施工企业仍然一切依赖国家，这种模式仍摆脱不了自营制的根本缺陷。这些传统的工程项目管理体制由于自身的先天不足，使得我国工程建设的水平和投资效益长期得不到提高，投资失控、工期拖长、质量下降等问题无法从根本上得到解决。

二、当前我国建设项目管理体制的基本格局

随着社会主义市场经济体制的建立和发展，传统的建设与管理模式的弊端日趋显现。我国在工程建设领域进行了一系列的重大改革，从以前在工程设计和施工中采用行政分配、缺乏活力的计划管理方式，而改变为由项目法人为主体的工程招标发包体系，以设计、施工和材料设备供应为主体的投标承包体系，以工程监理单位为主体的技术咨询服务体系的三元主体，且三者之间以经济为纽带，以合同为依据，相互监督，相互制约，构成建设项目组织管理体制的新模式。水利部《水利工程建设项目管理规定》指出："水利工程建设要推行项目法人责任制、招标投标制和建设监理制"。通过推行项目法人责任制、招标投标制、工程监理制等改革举措，即以国家宏观监督调控为指导，项目法人责任制为核心，招标投标制和工程监理制为服务体系，构筑了当前我国建设项目管理体制的基本格局。

1. 项目法人责任制

法人是具有权利能力和行为能力，依法独立享有民事权利和承担民事义务的组织。项目法人是建设项目的投资者，项目投资风险的承担者，贷款建设项目的负债者，项目建设与运行的决策者，项目投产或使用效益的受益者，建成项目资产的所有者。项目法人是1994年提出的，此前称业主、建设单位、发包人等。建立、健全水利工程建设项目法人责任制，是推进工程建设管理体制改革的关键。项目法人责任制的前身是项目业主责任制，项目业主责任制是西方国家普遍实行的一种项目组织管理方式。我国实行的项目法人责任制，是建立社会主义市场经济的需要，是转换建设项目投资经营机制、提高投资效益的一项重要改革措施。项目法人责任制的主要职责是：对项目的策划、资金筹措、建设实施、生产经营、债务偿还及资产的保值增值，实行全过程负责。项目法人是工程建设投资行为的主体，要承担投资风险，并对投资效果全面负责，必然委托高智能的监理单位为其提供咨询和管理。

2. 招标投标制

招标投标是国际建筑市场中项目法人选择承包商的基本方式。我国在20世纪70年代之前都是根据国家或地方的计划，用行政分配方式下达建设任务。80年代后，随着改革开放的发展而逐步推行招标投标制。90年代后，逐步实施与完善招标投标制。建设工程实行招标投标，有利于开展竞争，使建设工程得到科学有效的控制和管理，从而提高我国水利工程建设的管理水平，促进我国水利水电建设事业的发展。

3. 工程监理制

工程监理制是我国工程建设领域中项目管理体制的重大改革举措之一，是一种科学的管理制度，监督管理的对象是建设行为人在工程项目实施过程的技术经济活动；要求这些活动及其结果必须符合有关法规、技术标准、规程、规范和工程承包合同的规定；目的在于确保工程项目在合理的期限内以合理的代价与合格的质量实现其预定的目标。工程监理制是我国实行项目法人责任制、招标投标制而配套推行的一项建设管理的科学制度。它的推行，使我国的工程建设项目管理体制由传统的自筹、自建、自管的小生产管理模式，开始向社会化、专业化、现代化的管理模式转变。

第四节　工程监理制

一、工程监理概念

（一）有关监理的概念

1. 监理概念

监理是指由一个机构或执行者，依据一定的行为准则，对某一行为的有关主体进行监督管理，使这些行为符合准则要求，并协助行为主体实现其行为目的。

在实施监理活动的过程中，需要具备的基本条件是：①明确的监理"执行者"，也就是必须有监理组织；②明确的行为"准则"，也就是监理的工作依据；③明确的被监理"对象"，也就是被监理的行为和行为主体；④明确的监理目的和行之有效的监理思想、理论、方法和手段。

2. 工程监理概念

工程监理，就是监理的执行者，依据有关工程建设的法律法规和技术标准，综合运用法律、经济、技术手段，对工程建设参与者的行为及其职责权利，进行必要的协调与约束，促使工程建设的进度、质量、和投资按计划实现，避免建设行为的随意性和盲目性，使工程建设目标得以最优实现。

3. 水利工程监理概念

按照水利部制定的《水利工程建设监理规定》，水利工程监理是指监理单位受项目法人委托，依据国家有关工程建设的法律、法规、规章和批准的项目建设文件、建设工程合同以及工程监理合同，对工程建设实行的管理。

水利工程监理的主要内容是进行工程建设合同管理，按照合同控制工程建设的投资、工期和质量，并协调有关各方的工作关系。

（二）工程监理的内涵

1. 工程监理是针对项目建设实施的监督管理

工程监理是围绕着工程项目建设来展开的，离开了工程项目，就谈不上监理活动。监理单位代表项目法人的利益，依据法规、合同、科学技术、现代方法和手段，对工程项目建设进行程序化管理。

2. 工程监理的行为主体是监理单位

监理单位是具有独立性、社会化、专业化特点的，专门从事工程监理和其他技术服务活动的组织。监理单位在工程建设中是独立的第三方，只有监理单位才能按照"公正、独立、自主"的原则，开展工程监理工作。

3. 工程监理的实施需要项目法人委托和授权

工程监理的实施需要项目法人委托和授权，这是工程监理的特点所决定的，也是工程监理制所规定的。工程监理不是一种强制性的，而是一种委托性的，这种委托与政府对工程建设的强制性监督有本质区别。

4. 工程监理是有明确依据的工程建设行为

工程监理实施的依据主要有：国家和建设管理部门颁发的法律、法规、规章和有关政策；国家有关部门颁发的技术规范、技术标准；政府建设主管部门批准的工程项目建设文件；工程承包合同和其他工程建设合同。

5. 工程监理在现阶段主要发生在实施阶段

鉴于目前工程监理工作在建设工程投资决策阶段和设计阶段尚未形成系统、成熟的经验，需要通过实践进一步研究探索。现阶段工程监理主要发生在项目建设的实施阶段。

6. 工程监理是微观管理活动

政府从宏观上对工程建设进行管理，通过强制性的立法、执法来规范建筑市场。工程监理属于微观层次，是针对一个具体的工程项目展开的，是紧紧围绕着工程建设项目的各项投资活动和生产活动进行的监督管理，注重具体工作的实际效益。

二、工程监理的主要任务

（一）监理的主要任务

工程监理的主要内容是进行建设工程的合同管理。按照合同控制工程建设的投资、工期和质量，并协调建设各方的工作关系。采取组织管理、经济、技术、合同和信息管理措施，对建设过程及参与各方的行为进行监督、协调和控制，以保证项目建设目标最优地实现。

1. 投资控制

监理单位受项目法人委托投资控制的任务主要是：在建设前期协助项目法人正确地进行投资决策，控制好投资估算总额；在设计阶段对设计方案、设计标准、总概算进行审核；在施工准备阶段协助项目法人组织招标投标工作；在施工阶段，严格计量与支付管理和审核工程变更，控制索赔；在工程完工阶段审核工程结算，在工程保修责任终止时，审核工程最终结算。

2. 进度控制

首先要在建设前期协助项目法人分析研究确定合理的工期目标，并规定在承包合同文件中。其次在合同实施阶段，根据合同规定的部分工程完工目标、单位工程完工目标和全部工程完工目标，审核施工组织设计和进度计划，并在计划实施中跟踪监督并做好协调工作，排除干扰，按照合同合理处理工期索赔、进度延误和施工暂停，控制工程进度。

3. 质量控制

质量控制贯穿于项目建设从可行性研究、设计、建设准备、施工、完工及运行维修的全过程，监理单位质量控制的主要任务包括：设计方案选择及图纸审核和概算审核；在施工前通过审查承包人资质，质检人员素质和所用材料、构配件、设备质量，审查施工技术方案和施工组织设计，实施质量预控；在施工过程中，通过重要技术复核，工序作业检查，监督合同文件规定的质量要求、标准、规范、规程的贯彻，严格进行隐蔽工程质量检验和工程验收签证等。

4. 合同管理

合同管理是监理工作的主要内容。广义地讲，监理工作可以概括为监理单位受项目法人的委托，协助项目法人组织工程项目建设合同的订立、签订，并在合同实施过程中管理合同。在合同管理中，狭义的合同管理主要指：合同文件管理、会议管理、支付、合同变更、违约、索赔及风险分担、合同争议协调等。

5. 信息管理

信息是反映客观事物规律的一种数据，是人们决策的重要依据。信息管理是项目工程监理的重要手段。只有及时、准确地掌握项目建设中的信息，严格、有序地管理各种文件、图纸、记录、指令、报告和有关技术资料，完善信息资料的接收、签发、归档和查询等制度，才能使信息及时、完整、准确和可靠地为工程监理提供工作依据，以便及时采取有效的措施，有效地完成监理任务。计算机信息管理系统是现代工程建设领域信息管理的重要手段。

6. 组织协调

在工程项目实施过程中，存在着大量组织协调工作，项目法人和承包商之间由于各自的经济利益和对问题的不同理解，就会产生各种矛盾和冲突；在项目建设过程中，多部门、多单位以不同的方式为项目建设服务，他们难以避免地会发生各种冲突。因此，监理工程师要及时、公正、合理地做好协调工作，是项目顺利进行的重要保证。

（二）三大控制目标之间的关系

工程建设项目质量、进度、投资这三大目标之间的关系，是既相互对立又相互统一的，如图1-3所示。

图中三角形内部，表示三个目标之间的矛盾关系，三角形外部，表示三个目标之间的统一关系。三个目标之间是相互关联的，任何一个目标发生变化，都必将影响其他两个目标，所以，在对建设项目的目标实施控制的同时，应兼顾到其他两个目标，以维持建设项目目标体系的整体平衡。良好的建设项目管理任务，就是要通过合理的组织、协调、控制和管理，达到质量、进度、投资整体最佳组合的目标。

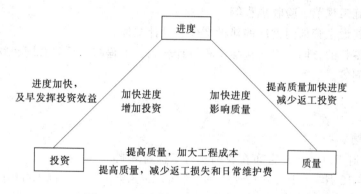

图 1-3 进度、投资、质量三者关系

在处理三者的矛盾时，应注意以下几点。

（1）必须坚持"质量第一"的观点。

对于水利水电工程，由于它对国民经济有着十分重大的影响，水利水电工程的失事，会造成巨大的财产损失，因此更应该始终把工程质量放在首位。越是赶进度越要注意质量控制。实践证明，为了赶进度而忽视质量，由此发生质量事故所造成的返工，往往会大大拖延工程进度，造成巨大的经济损失。所以在三个控制目标中，进度与投资应服从质量控制要求。

（2）应注意坚持合理的、必要的质量，而不是苛求质量。

建设项目的质量目标是根据该工程的规模，重要性，技术的复杂性和用户的需要等因素确定的。在水利水电工程中，则根据规范确定枢纽或建筑物的等级，采取相应的参数。质量目标越高相应的投资越大，进度越慢。

工程质量控制并不是一味地追求工程建设的绝对完美，应注重工程质量成本管理。一方面围绕工程质量成本的组成，对工程质量成本各种数据进行收集、汇总、分析施工对质量的投入，判定工程质量的保证程度，平衡资源的匮乏与浪费；另一方面，在日常质量管理中，既不放松质量标准，忽视工程质量，也不提出超出质量标准的更高要求，使工程建设满足设计标准，同时降低质量成本，提高工程建设的经济效益。因此，建设项目的项目法人和监理单位，应坚持合理的、必需的质量，而不是苛求质量。

（3）在掌握质量标准时，应注意具体情况具体分析。

由于各工程项目的具体条件不同，特别是水利水电工程，更各有其特性，有时很难用规范和标准"一刀切"。对于不同的工程部位，由于其重要性及对后续工程的影响不同，因此在掌握质量标准时，要做具体的分析，也不宜将合同条款和技术规范，千篇一律地到处生搬硬套。对于关键部位、关键工序，必须坚持质量标准；对非关键部位、非关键工序，经过验证，在不影响工程的使用功能和安全等特性的情况下，为了保证进度，采用适当的质量标准，也是必要的。

三、工程监理的主要依据

监理的主要依据可以概括为四个方面的内容：

（1）国家和部门制定颁发的法律、法规和有关政策。

（2）技术规范、规程和标准。主要包括国家有关部门颁发的设计规范、技术标准、质量标准及各种施工规范、验收规程等。

（3）政府建设主管部门批准的建设文件、设计文件。

（4）依法签订的合同。主要包括工程设计合同、工程施工承包合同、物资采购合同以及监理委托合同等。

思 考 题

单项选择题

1. 我国政府于（　　）宣布在我国实行工程监理制。

A. 1978 年 12 月　　B. 1984 年 10 月　　C. 1988 年 7 月　　D. 1989 年 7 月

2. 工程监理的实施需要（　　）。

A. 上级主管部门批准　　　　B. 项目法人委托和授权

C. 承包人的委托和授权　　　D. 水行政主管部门批准

3. 下列各项制度中，（　　）为工程项目建设提供了科学决策机制。

A. 项目法人责任制　　B. 招标投标制　　C. 工程监理制　　D. 项目咨询评估制

4. 在国家有关部门规定的基本建设程序中，各个步骤（　　）。

A. 次序可以颠倒，但不能交叉　　B. 次序不能颠倒，但可合理的交叉

C. 次序不能颠倒、交叉　　　　　D. 次序可颠倒、交叉

5. 监理单位是工程建设活动的"第三方"意味着工程监理具有（　　）。

A. 服务性　　B. 独立性　　C. 公正性　　D. 科学性

6. 如果没有（　　），工程建设管理经验就不能积累起来，建设管理水平就难以提高。

A. 社会化　　B. 公正性　　C. 专业化　　D. 服务性

7. 如果不具有（　　），那么工程监理就难以保持公正性，难以顺利进行合同管理，

难以调解项目法人与承包人之间的权益纠纷。

A. 科学性　　B. 独立性　　C. 服务性　　D. 委托性

8. 工程监理要达到的目的是（　　）实现项目目标。

A. 保证　　B. 圆满　　C. 力求　　D. 积极

9. 项目投资、质量、进度三大目标是一个（　　）的整体。

A. 对立　　B. 矛盾　　C. 一致　　D. 相互关联

10. 我国监理单位是专门为（　　）提供技术服务的单位。

A. 项目法人　　B. 承包人　　C. 项目法人和承包人　　D. 所有需求单位

第二章 工程监理单位

第一节 监理单位的概念和性质

一、建设工程监理单位的概念

监理单位一般是指取得监理单位资质证书，具有法人资格的监理公司、监理事务所和兼承监理业务的工程设计、科学研究及工程建设咨询的单位。

水利工程监理单位是指受项目法人委托，依据国家有关工程建设的法律、法规、规章和批准的项目建设文件、建设工程合同以及工程监理合同，对工程建设实行管理的单位。其主要内容是进行工程建设合同管理，按照合同控制工程建设投资、工期和质量，并协调有关各方的工作关系。

设备监理单位是指在合同条件下，受项目法人委托依据合同规定的技术标准和规范，对供方产品制造的程序、条件、方法、生产过程和产品的质量状态进行监控和验证的单位。

水土保持监理单位是指受项目法人委托，依据国家有关工程建设的法律、法规、规章和批准的设计文件以及工程施工合同、工程监理合同，对水土保持工程实行管理的单位。

大量的监理实践证明，凡是实行监理的工程项目投资效益明显，工期得到了控制，工程质量水平提高。

二、监理单位的性质

1. 合法性

我国现阶段的工程监理单位，必须是依法成立的单位，必须是经政府建设主管部门按法定程序进行资格审批、取得监理资格证书、确定监理范围，并向同级工商行政管理机关申请注册登记领取营业执照，才能开展工程监理业务。这就确定了监理单位的成立必须合法。从另一个方面来讲，监理单位开展业务，要依法签订监理委托合同，明确自己的权利和义务，在项目法人与承包商签订合同中也确认了监理单位的合法地位，承包商必须接受监理。这是工程监理合法的重要体现。

2. 服务性

监理单位是技术密集型的高智能服务组织，它本身不是建设产品的直接生产者或经营者，它为项目法人提供项目管理服务。监理单位拥有一批多学科、多行业、具有长期从事工程建设工作的丰富实践经验、精通技术与管理、通晓经济与法律的高层次专门人才，即监理工程师，他们通过对工程建设活动进行组织、协调、监督和控制，保证建设合同的顺利实施，达到项目法人的建设意图；在工程建设合同实施过程中，监理工程师有权监督项目法人和承包商严格遵守国家有关的建设标准和规范，贯彻国家的建设方针和政策，维护国家利益和公共利益。监理工程师的工作是服务性的，是为工程建设提供智力服务。同时，监理单位的劳动与相应的报酬是技术服务性的。监理单位与工程承包公司不同，它不参与工程承包的盈利分配，而是按其支付的脑力劳动量的大小取得相应的监理报酬。

3. 公正性

监理单位和监理工程师在工程监理中必须具备组织各方协作配合，调节各方利益，以及促使当事各方圆满履行合同责任和义务，保障各方合法权益等方面的职能，这就要求它必须坚持公正性。监理单位和监理工程师应当排除各种干扰，以公正的态度对待委托方和被监理方。当项目法人与承包商发生利益冲突时，监理工程师应当站在"公正的第三方"的立场上，以事实为依据，以有关的法律法规和双方所签订的工程建设合同为准绳，独立、公正地解决和处理问题。公正性是对监理行业的必然要求，是社会公认的职业准则，也是监理单位和监理工程师的基本职业道德准则。

4. 独立性

公正性是以独立性为前提的，因此，监理单位首先必须保持自己的独立性。其独立性表现在以下几个方面：

（1）监理单位在人际关系、业务关系和经济关系上必须独立，其单位和个人不得同时参与工程建设的各方发生利益关系。我国《工程建设监理规定》指出，"监理单位不得承包工程，不得经营建筑材料、构配件和建筑机械、设备。""监理工程师不得在政府机关或施工、设备制造、材料供应单位兼职，不得是施工、设备制造和材料、构配件供应单位的合伙经营者。"之所以这样规定，正是为了避免监理单位和其他单位之间的利益牵制，从而保持自己的独立性和公正性，这也是国际惯例。

（2）监理单位和项目法人是平等的合同约定关系。监理单位承担的监理任务不是由项目法人随时指定的，而是双方事先按平等协商的原则确立于监理委托合同之中的，监理单位可以不承担项目法人指定的合同以外的任务。如果实际工作中出现这种需要，双方必须通过协商，并以合同形式对增加的工作加以确定。监理委托合同一经确定，项目法人不得干涉监理工程师的正常工作。

（3）监理单位在实施监理的过程中，是处于工程承包合同的签约双方，即项目法人和承包商之外的独立的第三方。它应以自己的名义行使监理委托合同所确定的职权，承担相应的职业道德责任和法律责任，而不是作为项目法人"代表"行使职权。否则它在法律上就变成了从属于项目法人一方，而失去自身的独立地位，从而也就失去了调解项目法人和承包商利益纠纷的合法资格。

5. 科学性

科学性是监理单位区别于其他一般服务性组织的重要特征，也是其赖以生存的重要条件。监理单位必须具有能发现并解决工程设计和施工中所存在的技术与管理等方面问题的能力，能够提供高水平的专业服务，所以它必须具有科学性。而科学性又必须以监理人员的高素质为前提。国际上称这种行业为知识密集型高智能行业，其原因也就在此。

科学性主要表现在：工程监理单位应当由组织管理能力强、工程建设经验丰富的人员担任领导；应当有足够数量的、有丰富的管理经验和应变能力的监理工程师组成的骨干队伍；要有一套健全的管理制度；要有现代化的管理手段；要掌握先进的管理理论、方法和手段；要积累足够的技术、经济资料和数据；要有科学的工作态度和严谨的工作作风，要实事求是、创造性地开展工作。

三、监理的范围

依据《水利工程建设监理规定》的规定："在我国境内的大中型水利工程建设项目，必须实施监理，小型水利工程应根据具体情况逐步实施工程监理"。这里所指的水利工程包括由中央和地方独资和合资、企事业单位投资以及其他投资方式（包括外商独资、中外合资等）兴建的防洪、除涝、灌溉、发电、供水、围垦、水资源保护等水利工程（包括新建、扩建、改建、加固、修复）以及配套和附属工程。

中国规定外商独资兴建的水利工程项目，需要委托国外监理单位承担工程监理业务时，必须遵守中国的法律、法规，接受中国水行政主管部门的管理与监督。中外合资兴建的水利工程项目，应当委托中国水利工程监理单位进行监理。国外贷款和赠款兴建的水利工程项目，应由中国水利工程监理单位进行监理。国内投资的建设项目必须由中国的监理单位承担监理任务，但一些重点工程的重要部位，也可聘请国外知名监理公司参与工程监理。如近年来，国内少数基础设施暴露出令人震惊的质量问题，如何保证工程质量成为中国政府面临的重大难题。1998年国务院朱镕基总理考察三峡工程时提出，对于工程的某些重要部位，可以聘请国外知名监理公司参与工程监理。1999年5月，中国长江三峡工程开发总公司聘请美国阿肯森公司对混凝土浇筑进行咨询和监理。同时，还与法国电力公司、法国技术监督局组成的联营体签署合同，聘请其专家对首批14台发电机组的生产进行质量监督，这在中国的大型工程建设中还是首次。5名外国监理人员的月薪相当于500名中国监理的月薪。

对于重点水利水电工程的重要设备，按照《水利水电设备监造规定（试行）》的规定应实行设备监理制度。

第二节　监理单位的类别和资质等级标准

一、监理单位的类别

监理单位是一种企业，企业是实行独立核算、从事营利性经营和服务活动的经济组织。不同的企业有不同的性质和特点。根据不同的标准可将监理单位划分成不同的类别。

（一）按所有制性质分

1. 全民所有制企业

全民所有制企业是依法自主经营、自负盈亏、独立核算的社会主义商品生产和经营单位。目前我国的监理单位大多数为全民所有制企业。

2. 集体所有制企业

集体所有制企业是以生产资料的劳动群众集体所有制为基础的独立的商品经济组织，可分为城镇集体所有制企业和乡村集体所有制企业两种。

我国有关法规允许成立集体所有制的监理单位，近几年来申请设立这类经济性质的监理单位逐渐增多。

3. 私营企业

私营企业是指企业资产归私人所有、雇工8人以上的营利性经济组织（雇工8人以下的称为个体工商户，不能称为企业）。私营企业分为独资企业、合伙企业、有限责任公司。

在国外，私营企业比较普遍。现阶段，我国私营性质的监理单位尚属少见。

4．混合所有制企业

混合所有制企业是指资产由不同所有制成分构成的企业。

（二）按组建方式分

1．独资企业

独资企业是指一家投资经营的企业，可分为国内独资企业和国外独资企业。

2．合伙企业（合营企业）

合伙企业是指两家以上共同投资、共同经营、共负盈亏的企业，可分为合资企业和合作企业。

合资企业是现阶段经济体制形态下的产物，合资各方按照投入资金的多少或者按照约定的投资章程的规定对企业承担一定的责任，同时享有相应的权利。它包括国内合资和国外合资。合资单位一般为两家，也有多家合资的。

合作企业由两家或多家企业以独立法人的方式按照约定的合作章程组成，且必须经工商行政管理局注册。合作各方以独立法人的资格享有民事权利，承担民事责任，两家或多家监理单位仅合作监理而不注册者不构成合作监理单位。

3．公司

公司是指依照《中华人民共和国公司法》设立的营利性社团法人，可分为有限责任公司和股份有限责任公司。

（1）有限责任公司。有限责任公司是指由一定人数的股东组成的，股东以其出资额为限对公司承担责任、公司以其全部资产对公司的债务承担责任的公司。

（2）股份有限公司。股份有限公司是指由一定人数以上的股东组成，公司全部资本分为等额股份，股东以其所持股份为限对公司承担责任，公司以其全部资产对公司的债务承担责任的公司。

（三）按经济责任划分的类别

1．有限责任公司

有限责任公司的股东都是只以其对公司的出资额为限来对公司承担责任。公司只是以其全部资产来承担公司的债务，股东对超出公司全部资产的债务不承担责任。

2．无限责任公司

无限责任公司在民事责任中承担无限责任，即无论资本金多少，在民事责任中承担应担负的经济责任。

（四）按监理企业资质等级划分的类别

监理单位资质，是指从事监理业务应当具备的人员素质、资金数量、专业技能、管理水平及管理业绩等。监理单位资质分为甲级、乙级、丙级。据此，监理单位可分为：甲级资质监理单位、乙级资质监理单位和丙级资质监理单位。

（五）按专业类别分

目前，我国的工程类别按大专业来分有10多种，如果按小专业细分，有近50种。依照通行的做法，按大专业来分，一般有土木工程专业、铁道专业、石油化工专业、冶金专业、煤炭矿山专业、水利水电专业、火电专业、港口及航道专业、电气自动化专业、机械设备制造专业、地质勘测专业、航天航空专业、核工业专业和邮电通信专业等，其中水利水电专业的监理工作分为水利工程监理、水利工程设备监理、水土保持监理以及移民监理。

二、水利工程监理单位的资质管理

（一）工程监理单位资质的内涵

监理单位的资质，主要体现在监理能力及其监理效果上。所谓监理能力，是指所监理项目的规模及复杂程度。所谓监理效果，是指对工程建设项目实施监理后，在工程建设投资控制、工程建设质量控制、工程建设进度控制等方面取得的成果。监理单位监理的"大"、"难"的工程项目数量越多，成效越大，表明其资质越高。资质高的监理单位，其社会知名度也大，取得的监理成效也会越显赫。

监理单位的监理能力和监理效果主要取决于：监理人员素质、专业配套能力、技术装备、监理经历和管理水平等。正因为如此，我国工程监理的有关规章规定，按照这些要素的状况来划分与审定监理单位的资质等级。

（二）资质管理的内容

1. 监理人员素质

监理人员要具备较高的工程技术或经济专业知识。监理单位的监理人员应有较高的学历，一般应为大专以上学历，且应以本科以上学历者为大多数。

一个人如果没有较高的专业技术水平，就难以胜任监理工作。作为一个群体，哪个监理单位的人员素质高，它的监理能力就强，取得较好监理成效的概率就大。因此，监理单位必须加强人力资源管理，把如何培养、吸引高素质的监理人才提升到企业发展战略高度。

技术职称方面，监理单位拥有中级以上专业技术职称的人员应在70％左右，具有初级专业技术职称的人员应在20％左右，其他人员应在10％以下。

每一个监理人员不仅要具备某一专业技能，而且还要掌握与自己本专业相关的其他专业方面的知识，以及经营管理方面的基本知识，成为一专多能的复合型人才。

2. 专业配套能力

水利水电工程建设工艺十分复杂，涉及的学科知识相当广泛，需要多个专业的人员共同努力进行建设，需要配备建筑、结构、地质、水工、水利水电机械设备、工业电力、电气、给水排水、供暖、测量和工程经济等专业人员。

一个监理单位按照它所从事的监理业务范围的要求，配备的专业监理人员是否齐全，在很大程度上决定了它的监理能力的强弱。专业监理人员配备齐全，每个监理人员的素质又好，那么，这个监理单位的整体素质就高。如果一个监理单位在某一方面缺少专业监理人员，或者某一方面的专业监理人员素质很低，那么，这个监理单位就不能从事相应专业的监理工作。根据所承担的监理项目业务的要求，配备专业齐全的监理人员，这是专业配套能力的起码要求。

当然，一个监理单位要配齐能适应各类工程项目建设的专业人员是不可能的，即使规模较大的甲级资质监理单位，也不可能包容各类专业的监理人员。鉴于此，对甲级资质的监理单位，也限定了监理业务范围。另外，即使在册的人员中专业配备比较齐全，但在具体监理业务中，也还会发生某个专业的监理人员满足不了工作需要的现象。因此，可以短期或长期聘用一些专家；或就某项监理业务的需要，而临时聘用；或与其他监理单位订立合作监理协议；或者根据专业的需要和业务量大小的变化，与其他监理单位建立具有弹性变化的联营关系，以求解决专业配套能力不足的问题。随着市场经济体制的建立和完善，这些形式会更广泛、更科学地得到应用。

3. 监理单位的技术装备

在科学发达的今天，如果没有较先进的技术装备辅助管理，就不能称其为科学管理，甚至谈不上管理。何况，工程监理还不单是一种管理工作，还是一项有必要的验证性的、具体的工程建设的实施行为。

监理单位应当拥有一定数量的检测、测量、交通、通信、计算等方面的技术装备。例如应有一定数量的计算机，以用于计算机辅助监理；应有一定的测量、检测仪器，以用于监理中的检查、检测工作；对某些关键部位结构设计或工艺设计的复核验算，运用高精度的测量仪器对建筑物方位的复核测定，使用先进的无损探伤设备对焊接质量的复核检验等，借此做出科学的判断，加强对工程建设的监督管理。应有一定数量的交通、通信设备，以便于高效率地开展监理活动；拥有一定的照相、录像设备，以便及时、真实地记录工程实况等。

监理单位用于工程项目监理的大量设施、设备可由项目法人方提供（监理合同附录中列出），或由有关检测单位代为检查、检测。

4. 监理单位的管理水平

管理是一门科学。对于企业来说，管理包括组织管理、人事管理、财务管理、设备管理、生产经营管理、科技管理以及档案文书管理等多方面内容。监理单位的管理也都涉及上述各项内容。

一个单位、一个企业管理的好坏，领导的素质（包括领导者本身的技术水平、领导者的品德和作风、领导艺术和领导方法等）高低至关重要。不难设想，一个没有一定专业技术能力的领导，或是一个品行不端、独断专行，或者没有领导方法，不懂领导艺术的领导能把一个企业管理好。另外，管理工作说到底是一种法制，即制定并严格执行科学的规章制度，靠法规制度进行管理，而不是单靠一二个领导进行管理。所以，考察一个单位管理工作的优劣，一是要考察其领导者的能力，二是要侧重考察其规章制度的建立和贯彻情况。一般情况下，监理单位应建立以下几种管理制度：

（1）组织管理制度，包括关于机构设置和各种机构职能划分、职责确定的规定以及组织发展规划等。

（2）人事管理制度，包括职员录用制度、职员培训制度、职员晋升制度、工资分配制度、奖励制度等激励机制。

（3）财务管理制度，包括资产管理制度、财务计划管理、投资管理、资金管理制度、财务审计管理制度等。

（4）生产经营管理制度，包括企业的经营规划（经营目标、方针、战略、对策等）、工程项目监理机构的运行办法、各项监理工作的标准及检查评定办法、生产统计办法等。

（5）设备管理制度，包括设备的购置办法，设备的使用、保养规定等。

（6）科技管理制度，包括科技开发规划、科技成果评审办法、科技成果汇编和推广应用办法等。

（7）档案文书管理制度等，包括档案的整理和保管制度，文件和资料的使用管理办法等。

另外，还有会议制度、工作报告制度、党、团、工会工作制度等。

一个管理水平高的监理单位，不单是领导能力强、管理制度健全，各项制度能得到很好的贯彻落实，达到人尽其才、物尽其用、成效突出，而且还孕育着蓬勃发展的巨大动力。

5. 监理单位的经历和成效

监理单位的经历是指监理单位成立之后，从事监理工作的历程。一般情况下，监理单位从事监理工作的年限越长，监理的工程项目就可能越多，监理的成效就会越大，监理的经验也会越丰富。而刚成立不久的监理单位，由于其从事监理活动的经历短，实践少，资历浅，经验也不会太多，其资质高低也就难以评定。尤其是在建设领域，一、二年的监理经历，往往完不成稍大一点的工程建设项目。工程没有竣工，投资问题、质量问题、工期问题等都没有最后定论，对监理工作也难评出优劣。所以，有关法规规定，对刚成立的监理单位不定资质等级，有了两年的工作经历以后，才可以申请定级。显然，监理经历是确定监理单位资质的重要因素之一。

一般情况下，监理成效是一个监理单位人员素质、专业配套能力、技术装备状况和管理水平以及监理经历的综合反映。同时，监理的工程规模越大，技术难度越大，监理成效就越显著，就说明监理单位的资质越高。

此外，监理单位要有起码的经济实力，即要有一定数额的注册资金。

三、水利工程监理的资格等级标准

（一）水利工程监理资格等级标准

水利工程监理单位分甲、乙、丙三个资格等级，各等级的监理单位，必须具备的资质、能力、及监理工程范围如下。

1. 甲级

（1）监理单位技术负责人具有高级专业技术职务任职资格、具备水利工程监理工程师资格并经注册上岗。

（2）技术力量雄厚。取得水利工程监理工程师资格证书并获准在监理单位注册的工程技术、经济和管理人员不少于50人，且专业配套。具有高级专业技术职务任职资格人员不少于10人，其中高级经济师（或从事工程经济工作且具有高级专业技术职务任职资格）应不少于3人。

（3）具有4年以上工程监理经历，近3年内承担过一个以上大型或两个以上中型水利工程项目的工程监理工作。

（4）能运用现代工程技术和科学管理方法完成工程监理任务。具有计算机应用能力，能系统应用计算机开展监理业务。有固定的工作场所和必要的检测、测量等设备。

（5）监理人员结构合理，总监理工程师约占15%，监理工程师约占40%，监理员约占45%。

（6）注册资金不少于 100 万元。

甲级单位可在全国范围内承担各类水利工程的工程监理业务。

2. 乙级

（1）监理单位技术负责人具有高级专业技术职务任职资格、具备水利工程监理工程师资格并经注册上岗。

（2）技术力量较强。取得水利工程监理工程师资格证书并获准在监理单位注册的工程技术、经济和管理人员不少于 30 人，且专业配套。具有高级专业技术职务任职资格人员不少于 6 人，其中高级经济师（或从事工程经济工作且具有高级专业技术职务任职资格）应不少于 2 人。

（3）具有 3 年以上工程监理经历，近 3 年内承担过两个以上中型水利工程项目的工程监理工作。

（4）能运用先进技术和科学管理方法完成工程监理任务。具有计算机应用能力，能较好地应用计算机开展监理业务。有固定的工作场所，配备必要的检测、测量等设备。

（5）监理人员结构合理，总监理工程师约占 10％，监理工程师约占 40％，监理员约占 50％。

（6）注册资金不少于 60 万元。

乙级单位可承担大Ⅱ型及其以下各类水利工程监理业务。

3. 丙级

（1）监理单位技术负责人具有高级专业技术职务任职资格、具备水利工程监理工程师资格并经注册上岗。

（2）有一定的技术力量。取得水利工程监理工程师资格证书并获准在监理单位注册的工程技术、经济和管理人员不少于 10 人，且专业配套。具有高级专业技术职务任职资格人员不少于 3 人，其中高级经济师（或从事工程经济工作且具有高级专业技术职务任职资格）应不少于 1 人。

（3）在取得暂定级监理资格期间承担过一个以上中型或两个以上小型水利工程项目的工程监理工作。

（4）能运用先进技术和科学管理方法完成工程监理任务，能应用计算机辅助完成监理业务，有固定的工作场所和一定的技术装备。

（5）监理人员结构合理，总监理工程师约占 7％，监理工程师约占 43％，监理员约占 50％。

（6）注册资金不少于 30 万元。

丙级单位可以承担中小型各类水利工程监理业务。

各级监理单位只能承担核定专业范围内的工程监理业务，不得跨专业承担监理业务；乙、丙级监理单位不得越级承担监理业务。监理单位开业后，每监理一个工程，都应填写监理业务手册，作为考核业务和承揽业务的依据。监理业务手册包括下列主要内容：

（1）监理资格证书和营业执照复印件。

（2）监理单位法人代表或负责人的照片与印鉴。

（3）监理工程项目登记表，包括项目名称、主要工程内容、监理范围、监理起止时间、执行监理业务的情况和成果、监理失误造成的事故、奖罚记录、项目法人和施工单位的鉴定意见。

监理业务手册每两年由批准资格证书的水利工程监理主管部门核验一次。必要时，水利工程监理主管部门可随时通知监理单位送验。

外国监理单位和中外合办的监理单位，在中国监理水利工程，必须遵守中国的国家法律、行政法规，接受中国水利工程监理主管部门的管理和监督。

监理单位变更名称、地址、场所、业务范围、监理等级或停业，应在30天前向原颁发监理资格证书的水利工程监理主管部门提出申请并批准。

（二）设备监理的资格等级标准

设备监理单位的资质管理按照《水利工程设备制造监理规定》的要求暂不分等级，但按下列专业划分范围，申请单位可根据本单位的专业范围申请其中一项或数项。即：金属结构、起重设备、清淤设备、灌排设备、水利水电施工设备、水利水电电器设备、发电设备、给排水设备等。

申请水利工程设备监理单位资质需具备如下条件：

（1）法定代表人和技术负责人已取得水利工程设备监理工程师资格且具有高级专业职称的人员。

（2）取得水利工程设备制造监理工程师证书的工程技术人员与经济管理人员不少于12人，其中监理工程师不少于10人，且与相对于申请的专业范围配套，其中具有高级专业技术职称的人员不少于5人。

（3）监理过2次大型水利水电设备或4次中型水电设备并有良好的业绩。

（4）水利水电设备监理单位的注册资金不少于10万元。

水利水电设备监理单位的资质每3年核定一次，凡不符合上述条件，则取消其水利水电设备监理单位资格。水利水电设备监理单位必须在所批准的监理专业范围内，从事监理活动。不得擅自超越范围及转让监理业务。水利水电设备监理单位应建立《监理管理手册》，编制监理大纲、监理条例，明确阐述本单位开展监理工作的内容、方法、制度、标准等。

（三）移民监理资格标准

（1）必须是独立法人，熟悉水库移民行业的有关政策法规及技术标准。

（2）监理单位具有健全的组织机构、完善的组织章程和管理制度。监理单位技术负责人具有高级专业技术职称资格，并从事水库移民工作10年以上，具有移民监理工程师资格或具有移民监理培训证书。

（3）技术力量雄厚。

1）申请专业移民监理资格。取得水利工程监理工程师资格证书或移民监理工程师资格证书的技术人员不少于5人，具有移民监理培训证书的技术人员不少于10人，具有高级专业技术职务任职资格人员不少于3人。

2）申请增加移民监理资格。取得水利工程监理工程师资格证书或移民监理工程师资格证书的技术人员不少于15人，具有移民监理培训证书的技术人员不少于10人，具有高级专业技术职务任职资格人员不少于3人。

（4）具有水利工程监理或水库移民工程监理经历，近 3 年内承担过一个以上水利水电工程移民监理工作。

（5）能运用现代工程技术和科学管理方法完成工程监理任务。具有计算机应用能力，能系统应用计算机开展监理业务。有固定的工作场所和必要的检测、测量等设备。

（6）注册资金不少于 50 万元。

（四）水土保持监理资格等级标准

水土保持监理单位的资质管理按照水利部《水土保持生态建设工程监理管理暂行办法》的规定，参照工程监理的相关规定进行管理。

1. 甲级

（1）必须是独立法人，具有从事水土保持工程监理的专门机构，并具有健全的组织机构、完善的组织章程和管理制度。

（2）单位技术负责人具有水土保持或相关专业高级技术职务任职资格、具备水土保持监理工程师资格并经注册上岗，具有 12 年以上从事水土保持施工或管理的经历；从事水土保持监理的人员应熟悉水土保持有关法规、标准及技术规范。

（3）技术力量雄厚。取得水土保持监理工程师资格证书并获准在本单位注册的人员不少于 40 人（其中专职人员不少于 25 人），水土保持、林业等环境工程专业，农田水利等农业工程专业，水利工程和经济类等专业的技术人员配备齐全。具有水土保持高级专业技术职务任职资格人员不少于 8 人，其中高级经济师（或从事工程经济工作且具有高级专业技术职务任职资格）不少于 3 人。

（4）监理单位具有 4 年以上水土保持工程监理经历，近 3 年内承担过 2 个中型以上的水土保持工程项目的工程监理任务。

（5）能运用现代工程技术和科学管理方法完成工程监理任务，能系统应用计算机开展监理业务。有固定的工作场所和必要的检测、测量等设备。

（6）监理人员结构合理，总监理工程师和监理工程师约占 40%，监理员约占 60%。

（7）注册资金不少于 100 万元。

2. 乙级

（1）必须是独立法人，具有从事水土保持工程监理的专门机构，并具有健全的组织机构、完善的组织章程和管理制度。

（2）单位技术负责人具有水土保持或相关专业高级技术职务任职资格、具备水土保持监理工程师资格并经注册上岗，具有 10 年以上从事水土保持工程施工或管理的经历；从事水土保持监理的人员应熟悉水土保持有关法规、标准及技术规范。

（3）技术力量较强。取得水土保持监理工程师资格证书并获准在本单位注册的人员不少于 25 人（其中专职人员不少于 12 人），水土保持、林业等环境工程专业，农田水利等农业工程专业，水利工程和经济类等专业的技术人员配备齐全。具有水土保持高级专业技术职务任职资格人员不少于 6 人，其中高级经济师（或从事工程经济工作且具有高级专业技术职务任职资格）不少于 2 人。

（4）监理单位具有 3 年以上水土保持工程监理经历，近 3 年内承担过 2 个小型以上的水土保持工程项目的工程监理任务。

（5）能运用现代工程技术和科学管理方法完成工程监理任务，能系统应用计算机开展监理业务。有固定的工作场所和必要的检测、测量等设备。

（6）监理人员结构合理，总监理工程师和监理工程师约占 30%，监理员和信息员约占 70%。

（7）注册资金不少于 60 万元。

3. 丙级

（1）必须是独立法人，具有从事水土保持工程监理的专门机构，并具有健全的组织机构、完善的组织章程和管理制度。

（2）单位技术负责人具有水土保持或相关专业高级技术职务任职资格、具备水土保持监理工程师资格并经注册上岗，具有 5 年以上从事水土保持工程施工或管理的经历；从事水土保持监理的人员应熟悉水土保持有关法规、标准及技术规范。

（3）有一定的技术力量。取得水土保持监理工程师资格证书并获准在本单位注册的不少于 10 人（其中专职人员不少于 6 人），水土保持、林业等环境工程专业，农田水利等农业工程专业，水利工程和经济类等专业的技术人员配备齐全。具有水土保持高级专业技术职务任职资格人员不少于 3 人，其中高级经济师（或从事工程经济工作且具有高级专业技术职务任职资格）不少于 1 人。

（4）在取得丙级（暂定）监理资格期间承担过水土保持工程项目的工程监理任务。

（5）能运用先进技术和科学管理方法完成工程监理任务，能应用计算机辅助完成监理业务，有固定的工作场所和一定的技术装备。

（6）监理人员结构合理，总监理工程师和监理工程师约占 20%，监理员和信息员约占 80%。

（7）注册资金不少于 30 万元。

新申请监理资格等级的监理单位，条件符合丙级资格标准中的（1）、（2）、（3）、（5）、（6）、（7）款，先定为丙级（暂定），一年后年检合格并具备了丙级资质标准中第（4）款的要求，方可正式定为丙级。

第三节　监理单位的设立和管理

一、水利工程监理单位的设立

申请设立水利工程监理单位，必须先向水行政主管部门提出申请，取得资格证书，确定监理范围，再向工商行政管理机关申请注册登记，领取营业执照。兼承监理业务的单位，也必须先向水行政主管部门提出申请，取得监理资格证书，才能开展水利工程监理业务。

（一）设立监理单位

1. 设立监理单位的基本条件

（1）有自己的名称和固定的办公场所。

（2）有自己的组织机构。如领导机构、财务机构、技术机构等，有一定数量的专门从事监理工作的工程经济、技术人员，而且专业基本配套、技术人员数量和职称符合要求。

（3）有符合国家规定的注册资金。

（4）有监理单位的章程。

（5）有主管单位的，要有主管单位同意设立监理单位的批准文件。

（6）拟从事监理工作的人员中，有一定数量的人已取得国家水行政主管部门颁发的《监理工程师资格证书》，并有一定数量的人取得了监理培训结业合格证书。

2. 提出申请

符合以上条件的单位，可填写《水利工程建设监理单位资格申请书》。申请书包括以下内容：

（1）监理单位的名称和地址。

（2）法人代表或负责人的姓名、年龄、文化程度、专业、职称和简历。

（3）技术负责人的姓名、年龄、文化程度、专业、职称和简历。

（4）监理工程师一览表，内容包括：姓名、年龄、文化程度、专业、职称和简历，并附资格证书复印件。

（5）监理单位的所有制性质。

（6）拟申请的监理业务范围，资格等级。

（二）设立工程监理股份有限责任公司

1. 设立工程监理股份有限责任公司的条件

设立工程监理股份有限责任公司，除应符合设立监理单位的基本条件外，还必须同时符合下列条件：

（1）发起人数符合法定人数。

（2）股份发行、筹办事项符合法律规定。

（3）按照组建股份有限公司的要求组建机构。

2. 设立工程监理有限责任公司的有关事项

设立工程监理有限责任公司，除应符合设立监理单位的基本条件外，还必须同时符合下列条件。

（1）股东数量符合法定人数。

（2）有限责任公司名称中必须标有有限责任公司字样。

（3）有限责任公司的内部组织机构必须符合有限责任公司的要求，其权力机构为股东代表大会，经营决策和业务执行机构为董事会，监督机构为监事会或监事。

（三）设立监理单位的申报与审批程序

设立监理单位的申报、审批程序一般分为两步。

1. 向工商行政管理机关申请登记注册取得企业法人营业执照

工商行政管理部门对申请登记注册监理单位的审查，主要是按企业法人应具备的条件进行审查。经审查合格者，给予登记注册，并填发企业法人营业执照。监理单位营业执照的签发日期为监理单位的成立日期。

登记注册是对法人成立的确认。没有获准登记注册的，不得以申请登记注册的法人名称进行经营活动。

2. 到水行政主管部门办理资质申请手续

水行政主管部门按行政许可流程对具备条件的申请单位审核，核定其监理业务范围和资格等级，发给资格等级证书。新成立或刚开始开展业务的，只能发给临时资格证书，在有了一定的监理业绩后才能正式定级；监理单位在领取资格等级证书后，需向工商行政管理机关申请登记注册，经核准登记注册后，即可以从事监理工作。一般监理单位的资格等级每3年核定一次，凡达到上一级资格等级标准的可申请升级，复核不合格的应予以降级。

二、水利工程监理单位的管理

水行政主管部门负责水利工程监理单位的管理工作。

（一）水利工程监理单位的审查

水利工程监理单位资格等级每两年复查一次。甲级监理单位及水利部直属监理单位资格等级的复查工作由水利部负责。乙、丙级监理单位资格等级的复查工作由各流域机构、省、自治区、直辖市水利（水电）厅（局）负责，复查结果报水利部备案。

（二）水利工程监理单位的升级和降级

凡执业成绩优异，获得良好社会信誉，经审查达到上级资格等级的监理单位，可按《水利工程监理单位管理办法》第五条规定和第十一条规定办理升级手续；凡复查时被核定降级的监理单位，由水利部收缴原资格证书，并核发新的资格证书。

申请升级和被核定降级时，须报送以下材料：

（1）资格升级申请报告或资格降级鉴定报告。

（2）原《水利工程建设监理单位资格等级证书》和《营业执照》副本。

（3）法人代表和技术负责人的有关证明。

（4）《水利工程建设监理单位监理业务手册》。

（5）其他有关证明文件。

（三）水利工程监理单位的分立、合并和终止

监理单位分立或合并，应向水利部交回《水利工程建设监理单位资格等级证书》和《水利工程建设监理单位监理业务手册》，经重新审查核定资格等级，取得相应的《水利工程建设监理单位资格等级证书》后，方可从事监理业务。

监理单位名称或法人代表、技术负责人变更，需到水利部办理变更手续。

监理单位终止监理业务，应报水利部备案并交回《水利工程建设监理单位资格等级证书》和《水利工程建设监理单位业务手册》。

思 考 题

一、选择题

1. 监理单位是工程建设活动的"第三方"意味着工程监理具有（　　）。

A. 合法性　　B. 服务性　　C. 公正性　　D. 独立性　　E. 科学性

2. 按照《水利工程建设监理规定》的规定，以下在我国境内实施的哪些项目必须实施监理（　　）。

A. 大型水利工程建设项目　　B. 中型水利工程建设项目

C. 小型水利工程　　　　　　D. 其他工程

3. 我国的监理单位资质包括（　　）。

A. 甲级　　　B. 乙级　　　C. 丙级

4. 监理业务手册每（　　）由批准资格证书的水利工程监理主管部门核验一次，必要时，水利工程监理主管部门可随时通知监理单位送验。

A. 1 年　　　B. 2 年　　C. 3 年　　D. 4 年

5. 乙级监理单位注册资金不能少于（　　）。

A. 60 万元　　　B. 50 万元　　　C. 40 万元　　　D. 30 万元

二、简答题

1. 简述我国监理工程师资质管理的内容。

2. 简述设立监理单位的申报与审批程序。

第三章　监理工程师

第一节　监理工程师的概念与素质要求

一、监理工程师的概念

监理工程师是指经过专门培训并经全国统一考试合格后取得监理工程师资格证书并经注册且从事监理业务的人员。它包含三层含义：第一，他是从事工程监理工作的人员；第二，已取得国家确认的《监理工程师资格证书》；第三，经省、自治区、直辖市建委（建设厅）或由国务院工业、交通等建设主管部门核准、注册，取得《监理工程师岗位证书》。

根据水利部颁布的《水利工程建设监理人员管理办法》、《水利水电设备监造单位与监造工程师资质管理办法（试行）》以及《水土保持生态建设工程监理管理暂行办法》的规定，获取水利监理工程师资格须经由水利专业监理主管单位授权批准的培训单位培训合格，并经全国水利工程监理工程师资格统一考试合格，经批准获得相应的水利工程监理师资格证书，并经注册取得监理工程师岗位证书。总监理工程师除了取得水利工程监理工程师资格证书和水利监理工程师岗位证书外，还需参加水利部举办的总监理工程师培训班培训合格并取得结业证书，经过综合审核发给相应专业的总监理工程师岗位证书。

监理工程师并非国家现有专业技术职称的一个分支，而是指工程监理岗位职务和执业资格。按国家主管部门的有关规定，获得这一资格的人员必须是已取得我国专业技术中级以上（含中级）职称的专业人员。监理工程师按专业性质设置岗位。监理工程师系岗位职务的这一特点，决定了监理工程师对一个专业人员来说并非是终身职务，只有在监理单位工作，从事工程监理工作的专业技术人员，才可能成为监理工程师。反之，对一位已取得监理工程师资格的人员来讲，如果他脱离了监理单位，不再从事工程监理工作，其监理工程师资格也将被取消。

按照国家的相关规定监理工程师不得以个人名义承接工程监理业务，必须服务于专业的监理单位或者兼承监理业务的工程设计、科学研究、工程咨询和施工等单位。监理业务只能由取得监理资格证书并经注册的监理单位承担。

从事工程监理工作，但尚未取得《监理工程师岗位证书》的人员统称为监理人员。在监理工作中，监理员与监理工程师的区别主要在于监理工程师具有相应岗位责任的签字权，监理员则没有相应岗位责任的签字权。

关于监理人员的称谓，不同国家的叫法不尽相同。有的按资质等级把监理人员分为四类。凡取得监理岗位资质的人员统称为监理工程师；根据工作岗位的需要，聘任资深的监理工程师为主任监理工程师；同样，根据工作岗位的需要，可聘资深的主任监理工程师为工程项目的总监理工程师（简称总监）或副总监理工程师（简称副总监）；不具备监理工程师资格的其他监理人员称为监理员。主任监理工程师、总监理工程师等都是临时聘任的工程建设项目上的岗位职务，就是说，一旦没有被聘用，他就没有总监理工程师或主任监理工程师的头衔，只有监理工程师的称谓。

二、监理工程师的素质要求

监理工程师作为从事工程活动的骨干人员，其工作质量的好坏对被监理工程项目效果影响极大。要求从事监理工作的监理工程师，不仅要有较为深厚的理论知识，能够对工程建设进行监督管理，提出指导性意见，而且要能够组织、协调与工程建设有关的各方共同完成工程建设任务。也就是说，监理工程师不但要具备一定的理论知识，还要有一定的组织协调能力。所以说，监理人员，尤其是监理工程师，是一种复合型人才。对这种高智能人才素质的要求，主要体现在以下几个方面。

（一）具有较高的理论水平

现代工程建设，工艺越来越先进，材料、设备越来越新颖，而且规模越来越大，应用科技门类多，需要组织多专业、多工种人员，形成分工协作、共同工作的群体。即使是规模不大、工艺简单的工程项目，为了优质、高效地搞好工程建设，也需要具有较深厚的现代科技理论知识、经济管理理论知识和一定的法律知识的人员进行组织管理。如果工程建设委托监理，监理工程师不仅要担负一般的组织管理，而且要指导参加工程建设各方搞好工作。所以，监理工程师不具备上述理论知识就难以胜任监理岗位工作。

监理工程师作为从事工程监理活动的骨干人员，具有较高的理论水平，才能保证在监理过程中抓中心、抓方法、抓效果，把握监理的大方向和大原则，才能起到权威作用。监理工程师的理论水平来自自身的理论修养，这种理论修养应当是多方面的。首先是对工程建设方针、政策、法律、法规方面应当具有较高的造诣，并能联系实际，使监理工作有根有据，扎实稳妥。其次，应当掌握工程建设方面的专业理论，知其然并知其所以然，在解决实际问题时能够透过现象看本质，从根本上解决和处理问题。

监理工程师要向项目法人提供工程项目的技术咨询服务，就应该能够发现和解决工程设计单位和施工单位不能发现的和不能解决的复杂的问题。因此，监理工程师必须具有高于一般专业技术人员的专业技术知识。这就要求监理工程师除了要有较高的专业技术水平外，还应在专业知识的深度与广度方面，达到能够解决和处理工程问题的程度。他们需要把建筑、结构、施工、材料、设备、工艺等方面的知识融于监理之中，去发现问题，提出方案，做出决策，确定细则，贯彻实施。

（二）具有合理的知识结构

监理工程师要向项目法人提供工程项目管理咨询服务，要求监理工程师必须熟知国家颁发的建设法规以及相应的规章制度，必须具有丰富的工程建设管理知识和经验，同时还要具备一定水平的行政管理知识和管理经验。监理单位在一个项目建设中应作为管理核心，它的监理工程师应能独当一面地进行规划、控制和协调，其中组织协调的能力是衡量他的管理能力最主要的方面。因此，监理工程师要胜任监理工作，就应当有足够的管理知识和技能。其中，最直接的管理知识是工程项目管理。监理工程师为了能够协助项目法人在预定的目标内实现工程项目，他们所做的一系列工作都是在管理这条线上。诸如，风险分析与管理、目标分解与综合、动态控制、信息管理、合同管理、协调管理、组织设计和安全管理等。监理工程师所进行的管理工作是贯穿于整个项目始终的。

监理工程师要协助项目法人组织招标工作，协助项目法人起草和商签承包合同，并进行工程承包合同实施的监督管理，就必须熟知《中华人民共和国建筑法》、《中华人民共和国合同法》、《中华人民共和国招标投标法》及有关的法律法规，同时还要具备工程建设合同管理方面的知识和经验。监理工程师要做项目法人与承包商双方之间的合同纠纷调解工作，要求监理工程师必须懂得法律，必须具备较高的组织协调能力，同时，必须有高尚的品德，公正地处理建设合同履行过程中出现的问题，维护项目法人和承包商双方的利益，不能偏袒任何一方。

因此，监理工程师应当熟悉和掌握工程建设的法律、法规，尤其要通晓工程监理法规体系。工程监理是基于一个法制环境下的制度，工程监理法规是监理工程师开展监理工作的依据，没有法律、法规作为监理的后盾，工程监理将一事无成。合同是监理工程师最直接的监理依据，它是一项工程实施的操作手册。每一位监理工程师不论他从事何种监理工作，其实都是在实施监理委托合同和监督管理工程建设合同的实施。法律和法规方面的知识以及合同知识，对监理工程师是必不可少的。

监理工程师还应当具备足够的工程经济方面的知识。工程项目的实现是一项投资的实现，从项目的提出到项目的建成乃至它的整个寿命期，资金的筹集、使用、控制和偿还，都是极为重要的工作。在项目实施过程中，监理工程师需要做好各项经济方面的监理工作，他们要收集、加工、整理经济信息，协助项目法人确定项目或对项目进行论证；他们要对计划进行资源、经济、财务方面的可行性分析；对各种工程变更方案进行技术经济分析；他们要审核概预算、编制资金使用计划、价值分析、工程结算等。

监理工程师如果从事国际工程的监理，则必须具有较高的专业外语水平，即具有专业会话、谈判、阅读（招标文件、合同条件、技术规范等）以及写作（公函、合同、电传等）方面的外语能力。同时，还要具有国际金融、国际贸易和国际经济技术合作有关的法律方面的基础知识。

此外，监理工作还需要一些其他方面的知识。例如，监理工程师要在不断的协调中开展工作，就需要掌握一些公关知识和心理学知识等。

以上所归纳的监理工程师应当具备的专业知识，是他们开展工作所必须的。对于监理工程师而言，他们应当做到"一专多能"。某位监理工程师，他可能是技术方面的专家，同时又懂得管理、经济和法律方面监理所需要的基本知识；他是管理方面的专家，同时应当懂技术、经济和法律方面的监理所需的知识；他是合同管理方面的专家，他应当懂得技术、管理和经济方面的基本知识。工程监理需要"通才"，监理工程师的知识结构应当具备综合性的特点。同时监理工程师还应当具有"专长"，应当对工程建设的某些方面具有特殊能力。只有这样，才符合工程监理对于人才的需要。

对监理工程师的这种知识结构的要求，来自于工程项目监督和管理的特殊性。在监理过程中，每解决一项工程问题，往往要打破各个专业界限，综合地应用各种专业知识。例如，负责进度控制的监理工程师，他需要制定一个可行又优化的进度计划，然后再实施这项计划。制定计划时需要进行技术可行性分析与经济可行性分析，需要对计划中的工作具体确定实施方案，同时还需要理解工程承包合同的要求等。这里就包括了技术、经济、合同方面的基本知识和技能。在实施过程中要不断地发现问题、提出解决问题的方案、确定实施方案、制定具体实施措施，并在执行过程中进行检查。所有这些都属于管理的范畴。

可见，监理是一项综合性的工作，只有具有综合的知识结构和专业特长的人才能胜任这项工作。

监理工程师应当具有较高的学历和学识水平。在国外，监理工程师都具有大学学历，而且大都具有硕士甚至博士学位。如美国的兰德公司，在547名咨询人员中，有200名博士，178名硕士，具有博士、硕士学位的人员占总人数的近70％。德国的某工程公司，在100名咨询人员中，50％的人具有博士学位。

掌握一定的工程建设经济、法律和组织管理等方面的理论知识，从而达到一专多能的程度，成为工程建设中的复合型人才，使监理单位真正成为智力密集型的知识群体。

（三）要有丰富的工程建设实践经验

作为一名监理工程师，必须具有丰富的工程建设实践经验。没有知识就谈不到应用，而提高知识应用的水平离不开实践的过程，经验来自积累。解决工程实际问题，离不开正反两方面的工程经验。

工程监理是在工程项目的动态过程开展的实践性很强的一项工作。因此，监理工程师需要在动态过程中实施监理。从监理的主要工作来看，发现问题与解决问题贯穿于整个监理过程中。发现问题和解决问题的能力在很大程度上取决于监理工程师的经验和阅历。见多识广，就能够对可能发生的问题加以预见，从而采取主动控制措施；经验丰富，就能够对突然出现的问题及时采取有效方法加以处理。积累工程经验相当于建立存储解决工程问题的"方法库"，对"常见病"，可以按惯用"药方"有效解决，对新问题可以借鉴类似问题的解决方法。因此，丰富的工程经验是胜任监理工作、有信心做好监理工作的基本保证。

监理工程师需要设计方面的经验，需要施工方面的经验，因为这两方面构成了工程项目实施阶段的基本工作，是监理工程师进行监督管理的主要内容。监理工程师需要工程招标方面的经验，因为协助选择理想的承包商是项目法人的基本需求，也是做好监理工作的先决条件。监理工程师需要积累工程项目环境经验，包括项目的自然环境经验和社会环境经验，这是因为工程项目的实现总是与环境息息相关的，环境既能对项目带来干扰，又能输入营养，了解环境、熟悉环境并对环境具有一定的适应性，是工程顺利实施的重要条件。概括起来，工程经验包括：从事工程建设的时间长短，经历过的工程种类多少，所涉及的工程专业范围大小，工程所在地区域范围，有无国外工程经验，项目外部环境经验，工程业绩，工作职务经历，以及专业会员资格等。

工程建设实践经验就是理论知识在工程建设中的成功应用。一般说来，一个人从事工程建设的时间越长，经验就越丰富；反之，经验则不足。工程建设中出现失误，往往与经验不足有关。当然，若不从实际出发，单凭以往的经验，也难以取得预期的成效。世界各国都很重视监理人员的工程建设实践经验，在考核某一个单位，或某一个人的能力大小时，都把实践经验作为重要的衡量尺度。如英国咨询工程师协会规定，入会的会员年龄必须在38岁以上。

我国在考核监理工程师的资格中，对其从事工程建设实践的工作年限也作了相应的规定，即取得中级技术职称后还要有3年的工作实践，方可参加监理工程师的资格考试。当然，个人的工作年限不等于其工作经验，只有及时地、不断地把工作实践中的做法、体会以及失败的教训加以总结，使之条理化，才能升华成为经验。

（四）要有良好的品德

监理工程师还应具备较高的政治素质和高尚的职业道德。监理工程师应热爱社会主义祖国、热爱人民、热爱建设事业，有为监理事业贡献力量的强烈责任心；具有科学的工作态度、实事求是的工作作风；具有廉洁奉公、为人正直、办事公道的高尚情操；有不断学习、不断探索的进取心；能听取不同意见，有良好的包容性。

（五）具有高超的领导艺术与组织协调能力

监理工程师要实现项目监理目标，需要与各参与单位合作，要与不同地位和知识背景的人打交道，要把各方面的关系协调好。这一切都离不开高超的领导艺术和良好的组织协调能力。

监理工程师应该认识到，良好的群众意识会产生巨大的向心力，温暖的集体本身对成员就是一种激励；适度的竞争氛围与和谐的共事氛围互相补充，才易于保持良好的人际关系和人们心理的平衡。

水利水电工程施工中的水文、地质、设计、施工条件和施工设备等情况多变，及时决断、灵活应变才能抓住战机，避免失误。例如在重大施工方案选择、合同谈判、纠纷处理等重大问题处理上，监理工程师的决策应变水平显得特别重要。

监理工程师在项目建设中责任大、任务繁重，因而良好的组织指挥才能就成了监理工程师的必备素质。监理工程师要避免组织指挥失误，特别需要统筹全局，防止陷入事务圈子或把精力过分集中于某一专门性问题。良好的组织指挥才能的产生需要阅历的积累和实践的磨炼，而且这种才能的发挥需要以充分的授权为前提。

监理工程师要力求把参加工程建设各方的活动组织成一个整体，要处理各种矛盾、纠纷，就要求具备良好的协调能力和控制能力。为了确保工程目标的实现，监理工程师应该认识到：协调是手段，控制是目的，两者缺一不可，互相促进。监理工程师必须对工程的进度、质量、投资和所有重大工程活动进行严格监督，科学控制。

监理工程师在工程建设中经常扮演多重角色，处理各种人际关系，必须具备交际沟通能力、谈判能力、说服他人的能力、必要的妥协能力等。

会议是监理工程师了解情况、协调矛盾、反馈信息、制定决策和下达指令的主要方式，也是监理工程师对工程进行监督控制和对内部人员进行有效管理的重要工具。如何高效率地召开会议、掌握会议组织与控制技巧，是监理工程师的基本功之一。

水利水电工程推行招投标和工程监理的实践告诉我们，在工程建设过程中必然会举行众多类型的会议。有的会议需要由监理工程师主持召开，例如设计交底会议、施工方案审查会议、工程阶段验收会议、索赔谈判协调会议以及监理机构内部的人员组织、工作研讨、管理工作等会议；有的会议需要监理工程师参加或主持，如招标前会议、评议标会议、设备采购会议、年度工程计划会议、工程各协调管理例会、竣工验收会议、机组启动试运转会议等。这些众多类型的会议有着不同目的、不同参加人员和专门议题。监理工程师要提高会议效率，就必须掌握会议组织和控制艺术，学会利用会议解决矛盾，推动工作顺利进行。

（六）要有健康的体魄和充沛的精力

尽管工程监理是一种高智能的技术服务，以脑力劳动为主，但是，也必须具有健康的身体和充沛的精力，才能胜任繁忙、严谨的监理工作。特别是水利水电工程建设施工阶段，由于露天作业、工作条件艰苦、工期往往紧迫、业务繁忙，更要有健康的身体；否则，难以胜任工作。

第二节　监理工程师的职业道德与工作纪律

各行各业都有自己的道德规范，这些规范是由职业特点决定的。为了确保工程监理事业的健康发展，对监理工程师的职业道德和工作纪律都有严格的要求，具体介绍如下。

一、职业道德守则

（1）监理工程师首要的问题，就是要热爱本职工作，忠于职守、认真负责，具有对工程建设的高度责任感。

（2）坚持严格按照工程承包合同实施对工程项目的监理，既要保护项目法人的利益，又要公正合理地对待承包商。

（3）监理工程师本身要模范地遵守国家以及地方的各种法律、法规和规定，同时也要求承包商模范地遵守，并据以保护项目法人的正当权益。

（4）廉洁奉公，监理工程师不得接受项目法人所支付的监理酬金以外的报酬以及任何形式的回扣、提成、津贴或其他间接报酬。同时，也不得接受承包商的任何好处，以保持监理工程师的廉洁性。

（5）监理工程师要为项目法人严格保密。监理工程师了解和掌握的有关项目法人的情报资料，必须严格保密，不得泄露。

（6）当监理工程师认为自己正确的判断或决定被项目法人否决时，监理工程师应阐明自己的观点，并且要以书面的形式通知项目法人，说明可能给项目法人一方带来的不良后果。如认为项目法人的判断或决定不可行时，应书面向项目法人提出劝告。

（7）监理工程师当发现自己处理问题有错误时，应及时向项目法人承认错误并同时提出改进意见。

（8）监理工程师对本监理机构的介绍应实事求是，不得向项目法人隐瞒本机构组织的人员情况、过去的业绩以及可能影响监理服务的因素。

（9）监理单位和监理工程师个人，不得经营或参与经营承包施工，也不得参与采购、营销设备和材料，也不得在政府部门、施工单位和设备、材料供应单位任职或兼职。

（10）监理工程师不得以谎言欺骗项目法人和承包商，不得伤害、诽谤他人名誉借以提高自己的地位和信誉。

（11）监理工程师不得以个人名义接受委托，开展工程监理任务，只能由监理单位承担。

（12）为自己所监理的工程项目聘请外单位监理人员时，须征得项目法人的认可。

监理工程师违背职业道德或违反工作纪律，由政府主管部门没收非法所得，收缴《监理工程师岗位证书》，并可处以罚款。监理单位还要根据企业内部的规章制度给与处罚。

二、国际咨询工程师职业道德简介

国际咨询工程师联合会（FIDIC）于 1991 年在慕尼黑召开的全体成员大会上，讨论批准了 FIDIC 通用道德准则。该准则分别从社会和职业的责任、能力、正直性、公正性、对他人的公正等 5 个问题计 14 个方面规定了监理工程师的道德行为准则。目前，国际咨询工程师联合会的会员国家都认真地执行这一准则。FIDIC 道德准则，见表 3-1。

表 3-1　　　　　　　　　　　　　FIDIC 道 德 准 则

对社会和职业的责任	1. 接受对社会的职业责任； 2. 寻求与确认的发展原则相适应的解决办法； 3. 在任何时候，维护职业的尊严、名誉和荣誉
能　力	4. 保持其知识和技能与技术、法规、管理的发展相一致的水平，对于委托人要求的服务采用相应的技能，并尽心尽力； 5. 仅在有能力从事服务时才才进行
正直性	6. 在任何时候均为委托人的合法权益行使其职责，并且正直和忠诚地进行职业服务
公正性	7. 在提供职业咨询、评审或决策时不偏不倚； 8. 通知委托人在行使其委托权时可能引起的任何潜在的利益冲突； 9. 不接受可能导致判断不公的报酬
对他人的公正	10. 加强"按照能力进行选择"的观念； 11. 不得故意或无意地做出损害他人名誉或事务的事情； 12. 不得直接或间接取代某一特定工作中已经任命的其他咨询工程师的位置； 13. 通知该咨询工程师并且接到委托人终止其先前任命的建议前不得取代该咨询工程师的工作； 14. 在被要求对其他咨询工程师的工作进行审查的情况下，要以适当的职业行为和礼节进行

第三节　监理工程师的资格管理和注册

改革开放以来，我国开始逐步实行专业技术人员执业资格制度。自 1997 年起，在我国举行监理工程师执业资格考试，并将此项工作纳入全国专业技术人员执业资格制度实施计划。截止到 1997 年 11 月，我国实行执业资格制度的专业已有 15 个。因此，监理工程师实际上是一种执业资格，若要获此称谓，则必须参加全国统考。考试合格者获得相应专业的监理工程师资格证书，否则，就不具备监理工程师资格。监理工作是一项高智能的工作，需要监理队伍和监理人员具有较高的素质，实施对监理工程师的资格管理和注册管理是加强监理队伍建设的一项重要内容，具有重要的意义：第一，它可以保证监理工程师队伍的素质和水平，更重要的是，它可以促进广大监理工作人员努力钻研监理业务，向监理工程师的标准奋进；第二，它是政府建设主管部门加强监理工程师队伍管理的需要，也便于项目法人选聘工程项目监理班子；第三，它可以与国际惯例衔接起来，便于开展监理业务的国际交流和合作，逐步向国际监理水平靠近；第四，它有利于开拓国际监理市场。

为了加强对水利工程监理人员的管理，水利部制定了《水利工程建设监理规定》、《水利工程建设监理工程师管理办法》、《水利水电设备监造规定（试行）》、《水利水电设备监造单位和监造工程师资质管理办法（试行）》、《水土保持生态建设工程监理管理暂行办法》

等文件，对水利工程监理工程师的资格管理和注册做出了明确的规定，具体介绍如下。

一、监理工程师资格申请的基本条件

（一）申请水利工程监理员的人员应具备的条件

（1）取得中级技术职务任职资格，或取得初级专业技术职务任职资格两年以上，或中专毕业且工作5年以上，大专毕业且工作3年以上，本科毕业且工作2年以上。

（2）经过水利部或流域机构、省、自治区、直辖市水利（水电）厅（局）举办的培训班培训，并取得结业证书。

（3）有一定的专业技术水平和组织管理能力。

（二）申请水利工程监理工程师的人员应具备的条件

申请水利工程监理工程师需同时具备以下条件：

（1）获得高级技术职称或获得中级技术职称后具有3年以上水利工程建设实践经验。

（2）具有2年以上监理工作经历。

（3）经水利部认定的监理工程师培训单位培训并取得结业证书。

（三）申请水利水电设备监理工程师的人员应具备的条件

申请水利水电设备监理工程师的人员应具备以下条件：

（1）具有中级以上专业技术职称，并具有2年以上水利水电设备监理工作经验或在制造厂从事水利水电设备的生产、工艺、安装等工作5年以上者。

（2）在水利水电行业项目法人管理部门认可的培训单位经过设备监理业务培训并取得结业证书。

（3）热爱祖国、遵纪守法、身体健康，具有良好的职业道德。

二、监理工程师资格考试

具备以上条件者，如参加监理工程师资格考试，需填写监理工程师资格申请表，由所在单位按隶属关系逐级审查。经各单位审查合格后，报水利部备案，经水利部复核后，发放考试通知，方可参加考试。资格考试在全国水利工程监理资格评审委员会、水利水电设备监理工程师资格评审委员会的统一指导下进行。其中水利工程监理资格考试每年举行一次，由水利工程监理资格评审委员会下设的考试委员会负责水利工程监理工程师资格考试的管理工作，主要任务是：制定监理工程师资格考试大纲和有关要求；发布监理工程师资格考试通知；确定考试命题，提出考试合格标准等。各省、自治区、直辖市水利（水电）厅（局）负责本行政区域所属单位监理工程师考试资格审查工作。

水利工程监理工程师资格考试的内容包括工程监理的基本概念、工程建设投资控制、工程建设进度控制、工程建设质量控制、工程建设合同管理和工程建设信息管理等六方面的理论知识和技能。监理工程师资格考试设四个科目，即工程监理基本概念及相关法规、工程建设合同管理、工程建设三大控制（投资、进度、质量）、工程监理案例分析，其中工程监理案例分析主要是考评对监理理论知识的理解和在工程中运用这些基本理论的综合能力。

三、监理工程师资格审批

监理工程师资格审批，由水利部水利工程监理资格评审委员会以及水利水电设备监造工程师资格评审委员会等单位负责。资格评审委员会根据申请人的资历、业绩和考试成绩，经审查合格后，发给各专业的水利工程监理工程师资格证书。

四、监理工程师注册

经过监理工程师资格考试合格，并不能意味着取得监理工程师岗位资格，因为考试仅仅是对考试者知识含量的检验，只有注册才是对申请注册者的素质和岗位责任能力的全面考查。若不从事监理工作，或不具备岗位责任能力，注册机关可以不予注册。经过注册，取得监理工程师岗位资格，才具有岗位签字权。

监理工程师只能在一个监理单位注册并在该单位承接的监理项目中工作。其中水利建设工程监理工程师的注册按专业设置岗位，并在《监理工程师岗位证书》注明专业，水利工程监理工程师分为水工建筑、工程测量、地质、电站水轮发电机、电气设备、金属结构、经济合同管理等专业。同时，申请者还应具备如下条件：

（1）热爱中华人民共和国，拥护社会主义制度，遵纪守法，遵守监理工程师的职业道德。

（2）身体健康，胜任水利工程建设项目的现场工作。

（3）已取得水利工程相关领域的监理工程师资格证书。

符合以上条件者，由监理单位提出申请，经主管部门审查合格后予以注册。

如果监理工程师退出、调离所在的监理单位或被解聘，由该单位报告原主管部门核销其注册，如果再次要求从事水利工程监理业务者，应重新申请注册。监理工程师资格和注册，由主管部门每两年复查一次，凡复查不符合条件的，应核销其注册，并收缴其监理工程师资格证书。

五、监理工程师的罚则

根据水利部有关规定，对违纪的监理工程师进行如下处罚：

（1）对于以弄虚作假或其他不正当手段取得监理工程师资格者，除由原主管部门收缴其资格证书外，并在3年内不准其申请监理工程师资格。

（2）对于未取得监理工程师资格证书和虽已取得监理工程师资格证书但未经注册便以监理工程师名义从事水利工程监理业务者，由主管部门责令其停止执业，并在3年内不准其申请监理工程师资格和注册，对录用其工作的监理单位，可根据情节轻重给予警告、通报批评、罚款直至收缴其单位资格证书的处罚。

（3）监理工程师严重违法乱纪、触犯刑律或因明显的过失造成国家财产严重损失的，除收缴其监理工程师资格证书、取消其注册外，还应依法追究其经济、刑事责任。

六、我国监理工程师的资格管理及注册与国外的区别

监理工程师实施注册制度也是国际惯例。几乎所有实施监理制的国家，都要求监理工程师从业之前进行注册。美国有专门的机构，对担任监理工作的专业工程师进行注册；加拿大的监理需要经过职业工程师理事会中的学历条件委员会、资历条件委员会和注册委员会的审查核准，获得授权证书后才能开展监理业务；新加坡的建筑师或专业工程师开展其他工程业务，只要参加各自的学会即可，而如果从事工程监理业务，则必须在建筑师理事会或专业工程师理事会进行注册；日本的建筑师从事工程监理，需要得到相应级别的政府官员（建设大臣或都道府县知事）的批准并登记注册。

根据国际惯例，从事各类关系到公众利益的专业工作的人，必须取得专业资格方可开

展业务。对更为重要或影响更大的行业或职业，则有更严格的要求。这些工作往往涉及国计民生，影响社会和民众的基本利益。工程监理就是这样一类职业，所以不能当做一般的工程技术管理工作对待，而要采取更严格的规定才能保证这种职业所带来的社会和经济效益。监理工程师考试与注册制度，正是从这一原则出发制定的。它对于工程监理制的实施，对于提高工程监理人员的业务水平，都有着重大的意义。

从我国目前实行的监理工程师资格考试和注册办法看，在考试和注册条件上以及管理机构等方面，与国际普遍作法既有相同的地方，又有不同的地方，总的模式是力求与国际惯例看齐，但是在很多细节方面是从当前的实际情况出发而采取的适应性办法。所以，有的规定比较特殊，有些规定也与多数国家作法不完全相同。

首先，从注册管理机关看，国际上监理工程师注册和管理机关，多数是学会组织或专门机构，我国则是政府建设行政管理部门。采用这样一种方式，是符合我国国情和推行工程监理制的要求的。因为如推行工程监理制这样的重大改革措施，没有一个具有权威性的执行机构是不可能实施的，尤其是对于长期处于计划经济体制下的我国更是如此。而监理工程师是工程监理体系中的重要组成部分，他们的素质和结构，直接影响着工程监理的水平，尤其在工程监理推行的阶段，他们直接影响着人们对工程监理制的肯定还是否定。所以，既然工程监理制由政府所提出又由政府所推行，那么由政府承担监理工程师考试和注册管理，也就是责无旁贷的了。按照这种方式对监理工程师进行监督管理的也有一些国家，例如日本。我国台湾省也是按这种方式对监理工程师实施监督管理的。

其次，监理工程师的资格条件。国际惯例是按学历和工程经验来确定，我国则基本按专业技术职称来衡量。这是根据我国国情出发的又一措施。我国的教育体系，长期以来一直处于封闭或半封闭状态，一方面表现出它的水平不高，另一方面反映出它没有与国际惯例沟通，所以在一些作法上极具特殊性。达到监理工程师的素质要求，需要经过一个严格的学习过程和较长的经验积累以及培养能力的过程，即所谓学历和工程经验的要求。由于长期以来，我国高等学历的人数占比例较小，尤其在工程建设领域更甚，这样就产生了一个矛盾：经验丰富者，往往学历不够，而学历达标的，又表现为经验尚不足。而这个矛盾可以通过专业技术职称加以调和。专业技术职称反映了学历（又不唯学历）和经验，它可以在现阶段代替学历要求（当然，学历要求更具科学的严密性）。随着教育事业的发展，改革的不断深入，学历要求将会成为监理工程师资格的基本条件。

另外，我国规定监理工程师不能以个人名义承揽工程监理业务，这点与国际惯例有所不同。国外监理工程师以个人名义开办工程监理事务所是极平常的事，当然他以个人名义开展监理业务也就顺理成章。国际金融组织一般对借款人聘请个体咨询人也持积极态度，世界银行就是如此。在《世界银行借款人以及世界银行作为执行机构使用咨询专家的指南》中明确指出，世界银行对借款人聘请个体咨询人为其提供咨询服务与聘用咨询公司具有同样兴趣。而且在选择程序上也不如对咨询公司那么严谨。在谈判及签订协定前，世界银行只需批准职责范围以及个体咨询人的资格和受聘条件。当然，咨询或监理的任务，是决定聘请公司还是个人的重要因素。然而，监理业务是多种多样的，有许多工作可以而且更合适监理工程师个人发挥作用，尤其如下面所述的一些任务：不需要监理小组完成的工作；不需要其他更多的专业支持的工作，而需要个人的经验、资格和能力的工作。这些工作如果邀请多人来完成，则在协调、管理和责任等问题上反而造成困难。在许多情况下，监理公司的监理工程师作为个体咨询人为客户所聘用。这种情况虽然也经常与被聘公司签订合同，但对监理质量负责的通常是被聘者本人而非公司。同时，这种情况下不可能或很少能够得到监理公司的专业支持。一些国家采取以监理工程师个人名义承揽监理业务的方式，一样可以实现对工程项目的监理，甚至达到了很好的效果，说明了工程监理作为咨询性质的职业是可以由个人名义来承揽监理业务的，更何况工程有大小人员的组合。随着市场经济的发展，相信这个规定会逐步放开。

思　考　题

一、判断题（对的画√，错的画×）

1. 在我国监理工程师可以以个人名义承接工程工程监理业务。　　　　　　（　　）
2. 在监理工作中，监理员与监理工程师都具有相应岗位责任的签字权。　　（　　）

二、选择题

1. 只有经过（　　）的监理人员，才能以监理工程师名义开展工程监理业务。

A. 监理工程师注册　　　　　　B. 监理工程师资格考试合格

C. 监理工程师培训并结业　　　D. 监理单位认可

2. 作为总监理工程师应该获取以下哪几个证书（　　）？

A. 水利工程监理工程师资格证书　　　　B. 水利工程监理工程师岗位证书

C. 总监理工程师培训班培训结业证书　　D. 水利工程建设总监理工程师岗位证书

3. 对于未取得监理工程师资格证书便以监理工程师名义从事水利工程监理业务者，由主管部门责令其停止执业，同时，要求其在（　　）内不准申请监理工程师资格和注册。

A. 1 年　　B. 2 年　　C. 3 年　　D. 4 年

4. 对违纪的监理工程师适用的罚则有（　　）。

A. 收缴其资格证书　　　B. 4 年内不准其申请监理工程师资格

C. 责令其停止执业　　　D. 依法追究其经济、刑事责任

三、简答题

1. 简述我国监理工程师的资格管理及注册与国外的区别。
2. 简述监理工程师资格申请的基本条件。
3. 简述监理工程师的素质要求包括哪几个方面。

第四章 工程监理组织

第一节 组织基本原理

组织是管理的一项重要职能，建立高效率的组织体系和组织机构，是工程项目成功的组织保证。为了有效地开展工程监理工作，控制工程项目总目标，合理设置工程项目监理组织机构及其管理职能的分工，是一个十分重要的问题。工程项目监理组织是监理目标能否实现的决定性因素。

一、组织的含义

组织是为了使系统达到某种特定的目标，经各部门分工与协作以及设置不同层次的权力和责任制度而构成的人的组合体。

组织有两种含义：一种是作为名词出现，是指组织机构，属于组织结构学分支学科，侧重于组织的静态研究，以建立精干、合理、高效的组织结构为目的；另一种是作为动词出现，是指组织行为（或活动），属于组织行为学分支学科，侧重于组织的动态研究。后一种一般包括两个方面：一是对个体、群体和领导的心理与行为及其相互之间关系进行研究，同时通过了解人的需求、研究人的感情和动机与行为的关系，掌握其心理与行为规律，调动人的积极性；二是在对人和人力资源管理与开发研究的基础上，在外部环境和内部条件的不断变化中，通过组织变革，减少内耗，提高效益。

组织有三个特点：

（1）组织必须有目标，目标是组织存在的前提。

（2）没有分工与协作就不能称其为组织。分工与协作的关系是由目标限定的，只有将两者结合起来才能产生较高的效率。

（3）组织要有不同层次的权力和责任制度。有了分工即赋予了各人相应的权力和责任制度，要完成某项任务，就必须具备完成该项任务的权力，同时又必须负有相应的责任。

国内外许多学者在深入研究组织原理的基础上，将组织称为生产的第四大要素，而它与其他三大要素（人、劳动对象、劳动工具）相比有其独特鲜明的特点，即在生产中其他要素可以互相替代，例如增加机器设备等劳动手段可以替代劳动力，而组织不能替代其他要素，也不能被其他要素所替代，它是使其他三个要素合理配合而得以增值的要素，所谓"2＋2＝5"。也就是说，组织可以提高其他要素的使用效率和效益。随着现代化社会大生产的发展，随着其他生产要素的增加和复杂程度的提高，组织在经济活动中的作用也愈重要。

二、组织结构

组织内部形成的较为稳定的相互关系和联系方式，称为组织结构。组织活动所产生的效果与反应，称为组织效应（或效果）。

组织结构有以下几方面内涵。

（一）组织结构与职权的关系

组织结构与职权形态之间存在着一种直接的相互关系。因为组织结构与职位以及职位间关系的确立密切相关，它为职权关系规定了一定的格局。职权指的是组织中成员间的关系，而不是某一个人的属性。职权是以下级服从上级的命令为基础的。

（二）组织结构与职责的关系

组织结构与组织中各部门的职责分配有着直接的关系。有了职位就有了职权，也就有了职责。管理是以机构和人员职责的确定和分配为基础的，组织结构为职责的分配奠定了基础。

（三）组织结构与工作监督和业绩考核的关系

组织结构明确了部门间的职责分工和上下级层次间的权力和责任，由此奠定了对各部门、各层次工作质量监督和业绩考核的基础。

（四）组织结构与组织行为的关系

组织结构明确了各部门或个人分派的任务和各种活动的方式。合理的组织结构，由于分工合理明确，权力与职责统一协调；有利于人力资源的充分利用，有利于增强个人、群体的责任心和调动工作积极性，团队精神好，战斗力强。相反，不合理的组织结构，可能由于分工不明，责任交叉，工作冲突或连续性差等原因，造成机构内部部门或个人间相互推诿、相互摩擦、影响工作效率和效果。

（五）组织结构与协调的关系

在组织结构内部，由于各部门或个人的利益角度不同，因此，处理问题的观点和方式可能有较大差别，经常影响到其他部门或个人的利益；甚至影响到组织的整体利益。组织结构规定了组织中各部门或个人的权力、地位和等级关系，这种关系一定程度上讲是下级服从上级、局部服从整体的关系，因此，组织结构为协调关系、解决矛盾、调动各方的积极性，为维护组织整体利益提供了保证。

三、组织机构设置的原则

组织机构作为项目管理的组织保证，对项目管理的成败起着决定性的作用。凡是失败的项目，首先可以从组织设计失策和组织效率低下找到原因。组织机构设置应遵循以下几方面原则。

（一）目的性原则

组织机构设置的根本目的，是为了产生组织功能，确保项目总目标的实现。从这一根本目的出发，应因目标设事，因事设机构、定编制，按编制设岗位、定人员，以职责定制度。组织机构设置程序，如图4-1所示。

（二）管理跨度和分层统一的原则

管理跨度亦称管理幅度，是指一个主管人员直接管辖下属人员的数量。适当的管理跨度，加上适当的层次划分和适当授权，是建立高效率组织的基本条件。管理跨度大，管理人员的接触关系增多，处理人与人之间关系数量随之增大。法国管理学家丘纳斯提出：一个领导者直接管辖的人数与它们之间可能产生的沟通关系数，可按式（4-1）计算：

$$C = N(2^{N-1} + N - 1) \tag{4-1}$$

式中　C——需要协调的关系数；

N——管理跨度。

可见，随着管理跨度的加大，双向信息沟通量将以惊人的几何级数增长。

因此，在进行组织机构设计时，必须使管理跨度适当，而跨度大小又与分层多少有关。管理跨度与层次划分的多少成反比，即层次多，则跨度小；层次少，则跨度大，这就需要根据领导者的能力和项目的大小、下级人员能力、沟通程度、层次高低进行权衡。美国管理学家戴尔曾调查41家大企业，管理跨度的中位数是6～7人之间。究竟多大的管理跨度合适，至今没有公认的客观标准，如国外调查表明管理跨度以不超过5～6人为宜。结合我国具体情况，也有人在探讨，有人建议一般企业领导直接管辖的下级人员数应以4～7人为宜。例如在鲁布革工程引水隧洞施工项目管理中，采用了适当的分层、授权，运用管理跨度进行了有效的组织，项目经理下属33人，分成了4个层次，管理跨度为5。

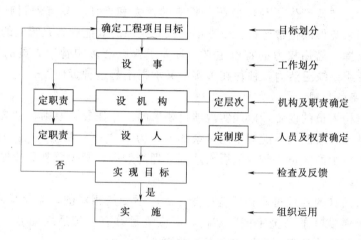

图 4-1　组织结构设置程序图

在组建组织机构时，必须认真设计切实可行的跨度和层次，画出机构系统图，以便讨论、修正，按设计组建组织机构。

（三）系统化原则

由于项目是一个复杂的大系统，由众多子系统组成一个大系统，各子系统之间，子系统内部各单位工程之间，不同组织、工种、工序之间存在着大量结合部，这就要求项目组织也必须是一个完整的组织结构系统，恰当分层和设置部门，以便在结合部上能形成一个相互制约、相互联系的有机整体。防止产生职能分工、权限划分和信息沟通上相互矛盾或重叠。要求在设计组织机构时以业务工作系统化原则作指导，周密考虑层次关系、分层与跨度关系、部门划分、授权范围、人员配备及信息沟通等，使组织机构自身成为一个严密的、完整的组织系统，能够为完成项目管理总目标而实行合理分工及和谐地协作。

（四）集权与分权统一原则

集权是指把权力集中在主要领导手中；分权是指经过领导授权，将部分权力授予下级。事实上，在组织中不存在绝对的集权，也不存在绝对的分权，应根据工作的具体情况，使下级既具有一定的自主权和灵活性，又应在大的原则问题上得到控制。

（五）分工与协作统一原则

分工就是按照提高专业化程度和工作效率的要求，把组织的目标、任务分成各级、各部门、每个人的目标、任务，明确干什么、谁负责干、有何要求等。

在分工中为了提高工作效率还应强调：

（1）尽可能按照专业化的要求来设置组织结构。

（2）每个人所承担的工作应该是他所熟悉和擅长的。

在组织中有分工就必然有协作，明确部门之间和部门内的协调关系与配合方式十分重要。应明确部门与部门之间的关系，在工作中相互联系与衔接，找出易出矛盾所在，合理协调。

（六）权责一致原则

权责一致的原则就是在组织中明确划分职责、权利范围，同等的岗位职务赋予同等的权力，做到责任和权力相一致。从组织结构的规律来看，一定的人总是在一定的岗位上担任一定的职务，这样就产生了与岗位职务相应的权力和责任，只有做到有职、有权、有责，才能使组织系统得以正常运行。权责不一致对组织的效能损害是很大的。权大于责就很容易产生瞎指挥、滥用权力的官僚主义；责大于权就会影响管理人员的积极性、主动性、创造性，使组织缺乏活力，往往在事实上又承担不起这种责任。

（七）精干高效原则

项目组织机构人员的设置，以能实现项目要求的工作任务为原则，尽量简化机构，减少层次，做到精干高效。人员配置不用多余的人，力求"一专多能"，将组织机构精简到最低限度，要以较少的人员，较少的层次达到管理的效果，减少重复和扯皮。

（八）适应性原则

组织机构所面临的管理对象和环境是变化的，不变是相对的，变化是绝对的。因此，组织机构不应该是僵死的"金字塔"结构，而应该是具有一定适应能力的"太阳系"结构。这样，才能在变化的客观世界中立于不败之地。

第二节　工程项目管理模式

工程项目发包与承包的组织模式不同，合同结构不同，监理单位的组织结构也相应不同，它直接关系到工程项目的目标控制。因此，监理单位为了实现项目的目标控制，它的组织结构必须与工程项目的发包及承包组织模式相适应。

目前，我国工程项目建设任务发包与承包组织模式，主要有四种：平行承发包、设计/施工总承包、工程项目总承包和工程项目总承包管理。

在工程项目建设实践中，针对工程项目的实际情况，应选择一种对项目组织、投资控制、进度控制、质量控制和合同管理最有利的模式。

一、平行承发包

平行承发包，即分标发包，项目法人将一个工程建设项目分解为若干个任务，分别发包给多个设计单位、多个施工单位和设备供应单位。各设计单位之间的关系是平行的，各施工单位之间的关系也是平行的，各设备供应单位之间的关系还是平行的，如图 4-2 所示。

这种模式一般在投资大、工期长、各部分质量标准、专业技术工艺要求不同，又有工期提前要求的大型工程建设项目中采用，优点是有利于投资、进度、质量的合理安排和控制。当设计单位、施工单位规模小，且专业性很强，或者项目法人愿意分散风险时，也多采用这种模式。

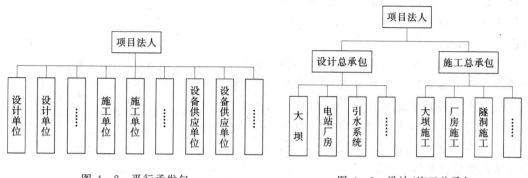

图 4-2 平行承发包　　　　　图 4-3 设计/施工总承包

例如，位于我国云南澜沧江上已投产的漫湾水电站，总装机容量 150 万 kW，批准总投资为 10.48 亿元，总工期 9 年。在工程建设中，考虑以下工程特点：

（1）从初步设计结束到招标设计的时间较短，如以电站或主体工程作为一个总标进行招标，不仅工程规模大，难以形成竞争，而且设计也很难达到指挥部提出的提前发电的总进度要求。

（2）施工场地开阔，可以同时容纳多个施工单位进场作业，不会发生大的干扰。

（3）进行分标，有利于通过竞争降低工程造价，缩短工期。

因此，采用了分项招标，即将电站的施工准备工程分为 13 个小标，主体工程分为 4 个大标，机电设备工程分主机、主变和机电安装 3 个大标和若干附属设备小标。

实践证明，漫湾水电站采用了分项招标，使十几项施工准备工作同时开工，赢得了时间，取得了提前一年截流的成效，而且取得了经济效益，全部招标工程标价总和低于标底的总和。

但是，平行承发包的模式，对项目组织管理不利，对进度协调不利，因为项目法人要和多个设计单位或多个施工单位签订合同，为控制项目总目标，协调工作量大，不仅要协调各设计单位、各施工单位的进度，还要协调它们之间的进度和作业干扰。

二、设计/施工总承包

设计/施工总承包，即设计和施工分别总承包，如图 4-3 所示。

这种模式的优点是对项目组织管理有利，项目法人只需和一个设计总承包单位和一个施工总承包单位签订合同，因此，相对平行承发包模式而言，其协调工作量小，合同管理简单。

采用这种模式时，国际惯例一般规定设计总承包单位（或施工总承包单位）不可把总承包合同规定的任务全部转包给其他设计单位（或施工单位），并且还要求总承包单位将任何部分任务分包给其他单位时，必须得到项目法人的认可，以保证工程项目投资、进度、质量目标不受影响。《中华人民共和国合同法》规定：建设工程中主体工程的结构部分不得分包。

三、工程项目总承包

工程项目总承包亦称建设全过程承包，也常称为"交钥匙承包"、"一揽子承包"，总承包是在项目全部竣工试运行达到正常生产水平后，再把项目移交给项目法人，如图 4-4 所示。

项目法人把一个工程项目的设计、材料采购、施工等全部任务都发包给一个单位，这一单位称总承包单位。总承包单位可以自行完成全部任务，也可以把项目的部分任务在取得项目法人认可的前提下，分包给其他设计和施工单位。

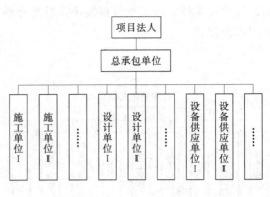

图 4-4　工程项目总承包

这种总承包模式工作量最大、工作范围最广，所以合同内容也最复杂，对项目法人、总承包单位来说，承担的风险都很大，一旦总承包失败，就可能导致总承包单位破产，项目法人也将造成巨大的损失。但对项目组织投资控制、合同管理都非常简单，而且这种模式责任明确、合同关系简单明了，易于形成统一的项目管理保证系统，便于按现代化大生产方式组织项目建设，是近年来现代化大生产方式进入建设领域和项目管理不断发展的产物。相对来说，总承包单位一般都具有管理大型项目的良好素质和丰富经验，工程项目总承包可以依靠总包的综合管理优势，加上总包合同法律约束，使项目的实施纳入统一管理的保证系统。近年来，我国一些大型项目采用了工程项目总承包，一般都取得了工期短、质量高、投资省的良好效果。

四、工程项目总承包管理

工程项目总承包管理亦称"工程托管"。工程项目总承包管理单位在从项目法人处承揽了工程项目的设计和施工任务之后，经过项目法人的同意，再把承揽的全部设计和施工任务转包给其他单位，如图 4-5 所示。项目总承包管理单位是纯管理公司，主要是经营项目管理，本身不承担任何设计和施工任务。这类承包管理是站在项目总承包立场上的项目管理，而不是站在项目法人立场上的"监理"，项目法人还需要有自己的项目管理，以监督总承包单位的工作。

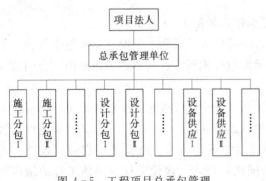

图 4-5　工程项目总承包管理

上述四种不同的承发包模式，对投资、进度、质量目标的控制和对合同管理、组织协调的难易程度是不同的，其结果也不同，项目法人应该根据实际情况进行选择，监理单位也应相应地调整自己的组织机构和工作职能。

五、国外工程建设管理模式

在国际上，各国在长期的工程建设实践中形成了多种建设管理模式。每一种模式的出现都有它的历史背景、社会经济制度环境，每一种模式都有其优点和局限性，各自适用于不同的工程类型。目前，在各国工程项目建设中广泛使用的工程项目管理模式，既包括历史悠久的传统模式，也有新发展起来的工程管理模式，如建筑工程管理方式、设计—建造方式及 BOT 方式等。国际间的相互交流、相互学习，促进了工程建设管理水平的发展。

（一）设计—招标—建造模式

设计—招标—建造（Design－Bid－Build Method）模式，是一种传统项目管理模式。采用这种方法时，项目法人与设计机构（建筑师/工程师）签订专业服务合同。设计机构负责提供项目的设计和施工文件。在设计机构的协助下，项目法人通过竞争性招标将工程施工的任务交给报价最低且/或最具资质的投标人（总承包商）来完成。在施工阶段，设计专业人员通常担任重要的监督角色（主要是查看），并且是项目法人与承包商通信的桥梁。在这种模式中，与工程项目有关的各方关系，如图 4－6 所示。

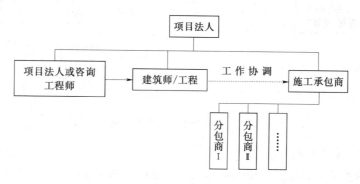

图 4－6　设计—招标—建造模式示意图

这种模式将项目建设过程分为可行性研究阶段、设计阶段、施工阶段，即一个阶段衔接一个阶段，工程项目建设程度清晰明了。当前，无论是各国的国内项目，还是在国际工程中，都得到广泛应用。这种模式的主要优点是管理方法成熟，属于标准化的合同关系，采用竞争性投标，对设计可完全控制，可自由选择咨询人员。主要缺点是项目周期较长，项目法人的管理费用较高，在明确整个项目的成本之前投入较大，索赔与变更的费用较高。

（二）CM 模式

CM 模式（Construction Management Approach）的创始人是美国的 Charles. B. Thomsen。随着国际建筑市场的发展变化，人们对 CM 概念有各种不同的解释，但都有一个共同点，即项目法人委托一个单位来负责与设计协调，并管理施工。

采用 CM 模式，就是从项目开始阶段就雇佣具有施工经验的咨询人员参与到项目实施过程中来，以便为设计专业人员提供施工方面的建议并随后负责管理施工过程。这种安排的目的是工程项目作为以下完整的过程来对待，在决策时能够同时考虑设计与施工的因素，力争使项目在最短时间内，以最经济的成本和满足要求的质量完成并交付使用。

CM 管理方式主要适用于：

（1）对变更的灵活性要求较高的项目。

（2）由于工作范围和规模不确定而无法准确定价的项目。

CM 模式的中心在于 CM 经理的使用。由于 CM 经理的参与，打破了传统模式中的项目法人、建筑师/工程师、承包商的固定关系，出现了一种新型关系。在选定 CM 经理时，项目法人应仔细客观地审查 CM 经理的资质，尤其应注意其在类似的项目中设计过程的所有阶段与建筑师和工程师一同工作的经历并将合同授予最有资质且其报价亦可接受的 CM 经理。

CM 模式可有多种不同的实现形式，项目法人可根据工程项目的具体情况选用。传统的代表型 CM 模式如图 4-7 所示。采用这种模式时，CM 经理是项目法人的咨询人员和代理，提供工程建设管理服务，可只提供项目某一阶段的服务，亦可提供全过程的服务。

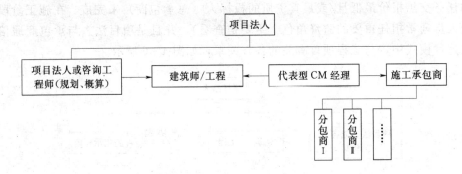

图 4-7　代表型 CM 模式示意图

（三）设计—管理模式

设计—管理模式（Design-Management Method）通常是指一种类似 CM 模式但更为复杂的，由同一实体向项目法人提供设计和施工管理服务的工程管理方式。在通常的 CM 方式中，项目法人分别就设计服务和专业施工过程管理服务签订合同。采用设计—管理模式时，项目法人只签订一份既包括设计也包括 CM 服务在内的合同。在这种情况下，设计师与 CM 经济是同一实体。这一实体常常是设计机构与施工管理企业的联合体。设计—管理模式如图 4-8 所示。

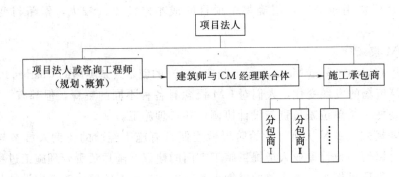

图 4-8　设计—管理模式示意图

（四）设计—建造模式

采用设计—建造模式（Design-Build Method），在项目原则确定以后，项目法人只需选定唯一的实体负责项目的设计与施工，设计—建造承包商对设计阶段的成本负责并以竞争性招标的方式选择分包或使用本公司的专业人员自行完成工程实施。同样，设计工作亦可由承包商的内部机构完成或由与设计—建造承包签订合同的专业设计机构完成。近年来，设计—建造模式在建筑业的应用越来越广泛。设计—建造模式如图4-9所示。

在设计—建造合同中，项目法人应明确拟建项目的基本要求。这些要求将成为选定设计—建造承包商的基础。项目法人应授权一个具有足够专业知识的个人代表项目法人，作为在项目期间与设计—建造承包商之间的联络人。在确定项目的细节时，项目法人应与设计—建造承包商紧密合作。项目法人及时地审阅设计—建造承包商的送审材料对项目的成功有十分重要的影响。

选定设计—建造承包商的过程比较复杂。如果项目中使用了公共资金，则项目法人必须采用竞争性招标的方式选择承包商。项目法人必须保证对项

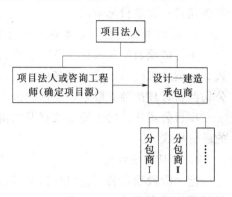

图4-9　设计—建造模式示意图

目要求的陈述清晰明确，以使得到的投标具有可比性。为了确保承包商的质量，还可确立正式的资格预审原则。此类原则应包括每一个承包商的专业经历、能充分证明承包商具有从事设计建造项目能力的资料、足够的财务能力，以及为项目提供称职的专业人员。在私营项目中，项目法人可以采用邀请的方式选定承包商。

经常提到的"交钥匙"方式（Turn Key）是具有特定含义的设计—建造方式，即承包商为项目法人提供包括项目融资、土地购买、设计与施工，直至竣工移交的全套服务。

（五）BOT模式（Build - Operate - Transfer）

BOT模式即项目建设的建造—运营—移交方式。这种方式产生于20世纪80年代，是国际上兴起的一种主要利用国外私人资本融资、建造基础设施的项目管理方式。它是项目所在国政府开放本国基础设施建设和运营市场，吸收国外资金，授予项目公司特许权负责融资和组织建设，建成后负责运营及偿还贷款，在特许期满将工程移交给项目所在国政府的项目运作方式。

目前在世界上许多国家都在研究或已开始采用BOT方式。如铁路建设、公路建设、港口建设等。

BOT模式的运作程序如下。

1. 项目的提出与招标

拟采用BOT方式建设的基础设施项目一般均由当地政府提出，大型项目则由中央政府部门提出，往往委托一家咨询公司对项目进行了初步的可行性研究，随后，颁发特许意向，准备招标文件，公开招标。

BOT方式的招标程序与一般项目招标程序相同。

2. 项目发起人组织投标

项目发起人往往是强有力的咨询顾问公司与财团或是大型的工程公司，它们申请资格预审并在通过资格预审后购买招标文件进行投标。BOT项目的投标显然要比一般工程项目的投标复杂的多，需要进行对BOT项目进行深入的技术和财务的可行性分析，才有可

能向政府提出有关实施方案以及特许年限要求等。同时还要与金融机构接洽，使自己的实施方案，特别是融资方案得到金融机构的认可，才可正式递交投标书。在这个过程中，项目发起人常常要聘用各种专业咨询机构（包括法律、金融、财务等）协助编制投标文件，需要花费一大笔投标费用。

3. 成立项目公司，签署各种合同与协议

中标的项目发起人往往就是项目公司的组织者。项目公司参与各方一般包括项目发起人、大型承包公司、设备材料供应商、所有国国营企业。此外，还有一些不直接参加项目公司经营管理的独立股东，如保险公司、金融机构等。

项目公司签订的主要协议有股东协议、与政府谈判签订的特许协议和与金融机构签署的融资协议。

4. 项目建设和运营

这一阶段项目公司组织项目发包，选择项目的承包商和咨询公司，筹措并支付资金，保证项目顺利建成，投入运行。

项目部分或全部投入运营后，即按照原定协议向股东分红，同时向金融机构归还贷款和利息。

5. 项目移交

在特许期满之前，应做好必要的维修以及资产评估等工作，以便按时将 BOT 项目移交政府进行。政府可以仍旧聘用原有运营公司或另组经营公司来运行项目。

第三节　工程项目监理组织模式

监理单位履行施工阶段的委托监理合同时，必须在施工现场建立项目监理机构。项目监理机构的组织形式和规模，应根据委托监理合同规定的服务内容、服务期限、工程类型、规模、技术复杂程序、工程环境等因素确定。监理人员应专业配套，数量要满足工程项目监理工作的需要。监理人员应包括总监理工程师、专业监理工程师和监理员，必要时可配备副总监理工程师或总监理工程师代表。

监理单位应按照委托监理合同的规定将项目监理机构的组织形式、人员构成及总监理工程师的任命书，书面通知项目法人。当总监理工程师需要调整时，监理单位应征得项目法人同意；当专业监理工程师需要调整时，总监理工程师应书面通知项目法人和承包单位。

一、建立工程项目监理组织的步骤

监理单位在组建项目监理组织机构时，一般按以下步骤进行。

（一）确定工程监理目标

工程监理目标是项目监理组织设立的前提，应根据工程监理合同中确定的监理目标，明确划分为具体的分目标，形成项目管理目标体系。

（二）确定工作内容

根据监理目标和监理委托合同中规定的监理任务，明确列出监理工作内容，并进行分类、归并及组合，这是一项重要的组织工作。对各项工作进行归并及组合应以便于监理目标控制为目的,并考虑监理项目的规模、性质、工期、工程复杂程度以及监理单位自身技术业务水平、监理人员数量和素质、组织管理水平等。

如包括从设计到施工验收全过程的监理,可以按设计监理和施工监理两阶段进行组合和归并。施工阶段监理,又可按以下模式进行组合和归并,如表4-1所示。

表 4-1
施工阶段监理工作内容的组合

质量控制	工程管理	投资控制	合同管理
原材料质量控制	现场协调	工程预算	合同履行情况检查
半成品质量控制	进度控制	审核工程量付款	调节与仲裁等
施工手段质量控制	施工安全监督	工程结算	
技术资料审核	工程计量等	索赔处理等	
施工工程质量控制			
中间产品验收			
工程试验、检测等			

(三)组织结构设计

1.确定组织结构模式

由于工程项目规模、性质、建设阶段等不同,可以选择不同的监理组织结构模式以适应监理工作的需要。结构模式的选择应考虑有利于项目合同管理,有利于目标控制,有利于决策指挥,有利于信息沟通。

2.合理确定管理层次

监理组织结构中一般应有三个层次:

(1)决策层由总监理工程师或其助手组成。应能根据工程项目的监理活动特点与内容进行科学化、程序化决策。

(2)中间控制层(协调层和执行层)是承上启下的管理层次,由专业监理工程师和子项目监理工程师组成。具体负责监理规划的落实、目标控制及合同实施管理。

(3)作业层(操作层)由监理员等组成,具体负责监理工作的操作。

3.制定岗位职责与考核要求

岗位职务及职责的确定,要有明确的目的性,不可因人设岗。根据责权一致的原则,应进行适当的授权,并明确相应的职责。监理人员岗位职责主要规定各类人员的工作职责和考核要求。在工作职责中又分为应完成的工作指标和基本责任。在考核要求中又可分为考核标准和完成时间,对监理人员的工作进行定期考核,包括考核内容、考核标准及考核时间、奖惩办法等。

4.选派监理人员

根据监理工作的任务,选择相应的各层次人员,除应考虑监理人员个人素质外,还应考虑总体的合理性与协调性。

(四)制定工作流程

监理工作流程是根据监理工作制度对监理工作程序所作的规定,它是保证监理工作科学、有序、有效和规范化地进行。

二、工程监理的组织模式

监理组织模式应根据工程项目的特点、工程项目承发包模式、项目法人委托的任务以及监理单位自身情况而确定。在工程监理实践中形成的监理组织模式一般分为：直线型模式、职能型模式、直线—职能型模式和矩阵模式四种。

（一）直线型监理组织模式

直线型组织模式又称单线制组织结构，是一种最简单的古老而传统的组织形式，最早出现在古代军事指挥系统中。它的特点是组织中各种职位是按垂直系统直线排列的，即每个低级管理者只对唯一的高级管理者负责，上下级之间按管理层次垂直进行管理，命令系统自上而下进行，责任系统自下而上承担。上层管理下层若干个子项目管理部门，下层只接受唯一的上层指令，如图4-10所示。

这种组织模式适用于监理项目能划分为若干相对独立子项的大、中型项目工程监理。总监理工程师负责整个项目的计划、组织和指导，并着

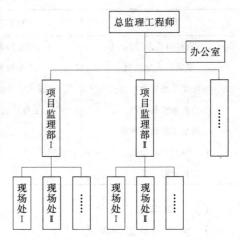

图4-10 直线型监理组织模式示意图

重整个项目内各方面的协调工作。子项目监理部门分别负责子项目的目标控制，具体领导现场专业或专项监理组的工作。四川理县甘堡水电站、乐山市黄丹水电站、茂县南新水电站均采用这种组织模式。

此模式的主要优点是结构简单、权力集中、命令统一、职责分明、决策迅速、隶属关系明确。缺点是实行"个人管理"，这就要求各级监理负责人员博晓各有关业务，通晓多种知识技能，成为"全能"式人物。显然，在技术和管理较复杂的项目监理中，这种组织形式不太合适。

（二）职能型监理组织模式

职能型监理组织模式，总监理工程师下设若干个职能机构，分别从职能角度对基层监理组进行业务管理。这些职能机构可以在总监理工程师授权的范围内，就其主管的业务范围，向下下达命令和指标，如图4-11所示。

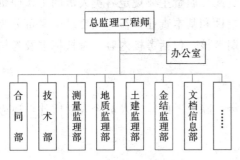

图4-11 职能型监理组织模式示意图

这种组织模式适用于工程项目在地理位置上相对集中、技术较复杂的工程监理，其优点是能体现专业化分工特点，人才资源分配方便，有利于人员发挥专业特长，处理专门性问题水平高；缺点是命令源不唯一，责权关系不够明确，有时决策效率低。

（三）直线—职能型监理组织模式

直线—职能型监理组织模式是吸收了直线型组织模式和职能型组织模式的优点而构成的一种

组织模式，如图4-12所示。

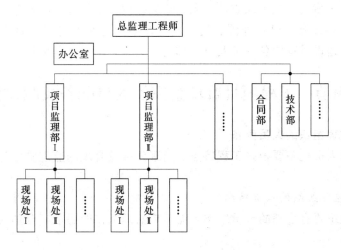

图4-12　直线—职能型监理组织模式示意图

这种组织模式既有直线型组织模式权力集中、责权分明、决策效率高等优点，又兼有职能部门处理专业化问题能力强的优点。但是，此模式的最大缺点是需投入的监理人员数量较大。

实际上，在直线—职能型监理组织模式中，职能部门是直线机构的参谋机构，故这种模式也叫直线—参谋模式或直线—顾问模式。

（四）矩阵型监理组织模式

矩阵结构是第二次世界大战后在美国首先出现的。矩阵结构是一种新型的组织模式，它是随着企业系统规模的扩大，技术的发展，产品类型的增多，必须考虑的企业外部因素的增多而要求企业系统的管理组织有很好的适应性，既有利于业务专业管理，又有利于产品（项目）的开发，并能克服以上几种组织结构的缺点，如灵活性差、部门之间的横向联系薄弱等。

矩阵结构是从专门从事某项工作小组（不同背景、不同技能、不同知识、分别选自不同部门的人员为某个特定任务而工作）形式发展而来的一种组织结构。在一个系统中既有纵向管理部门，又有横向管理部门，纵横交叉，形成矩阵，所以称其为矩阵结构，如图4-13所示。

这种组织模式常用于有纵向监理系统，又有横向监理系统的大、中型项目监理。内蒙古灌溉项目河套总排干沟扩建工程，采用的就是这种矩阵型监理组织模式。

此种模式的优点是加强了各职能部门的横向联系，具有较大的动机性和适应性；把上下左右集权与分权实行最优的结合，有利于解决复杂难题，有利于监理人员业务能力的培养。缺点是命令源不唯

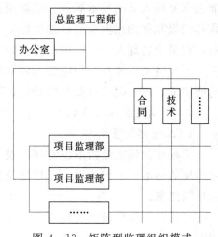

图4-13　矩阵型监理组织模式

一，纵横向协调工作量大，处理不当会造成扯皮现象，产生矛盾。

为克服权力纵横交叉这一缺点，必须严格区分两类工作部门的任务、责任和权力，并应根据项目建设的具体情况和外围环境，确定在某一时期纵向、横向哪一个为主命令方向，解决好项目建设过程中各环节及有关部门的关系，确保工程项目总目标最优的实现。

第四节　工程项目监理组织的人员配备及职责分工

一、工程监理组织的人员配备

监理组织的人员配备要根据工程特点、监理任务及合理的监理深度与密度，进行优化组合和分派。

（一）项目监理组织的人员结构

项目监理组织要有合理的人员结构才能适应监理工作的要求，合理的人员结构包括以下两方面的内容。

1. 要有合理的专业结构

监理项目部（如监理合同、监理技术部和监理现场部）应由与监理项目的专业特点（如是水利水电枢纽项目，或是河道堤防项目）及项目法人对项目监理的要求（是全过程监理，或是某一阶段如设计阶段或施工阶段的监理，还是投资、质量、进度的多目标控制，还或是某一目标的控制等）相称职的各专业人员组成。监理项目部各专业人员要配套。

一般来说，监理组织应具备与所承担的监理任务相适应的专业人员。但是，当监理项目局部具有某些特殊性，或项目法人提出某些特殊的监理要求而需要借助于某种特殊的监控手段时，如闸门、引水钢管等质量监控需采用无损探伤；水下及地下混凝土防渗墙，需采用遥测仪器探测等，此时，将这些局部的、专业性很强的监控工作另行委托给相应资质的咨询机构来承担，也应视为保证了监理人员的合理专业结构。

2. 要有合理的技术职务、职称结构

监理工作虽然是一种高智能的技术性劳务工作，但应根据监理项目的要求和需要，绝非追求监理人员的技术职务、职称越高越好。合理的技术职称结构应是高级职称、中级职称和初级职称的比例应与监理工作要求相匹配。一般来说，具备中级及中级以上职称的人员，在整个监理人员结构中应占多数，初级职称人员（包括助理工程师、助理经济师、技术员、经济员以及具有相应能力的实践经验丰富的工人）仅占少数，且要求这部分人员能看懂图纸、能正确填报有关原始凭证等。

（二）确定监理人员数量考虑的因素

1. 工程建设强度

工程建设强度是指单位时间内投入的工程建设资金的数量，它是衡量一项工程建设紧张程度的标准。一般来说，工程建设的强度可以从现场安排的作业面和各作业面的劳动强度反映出来。

显然，工程建设强度越大，投入的监理人力就越多，工程建设强度是确定人数的重要因素。

2. 工程复杂程度和监理合同的规定

每项工程都具有不同的工程监理环境，如工程位置、气候条件、工程性质、空间范围、工程地质、施工方法，以及后勤供应等。不同的工程监理环境，则投入的监理人员数量也就不同。工程监理环境是由工程本身的复杂程度和监理委托合同的规定决定的，涉及的因素主要有：

（1）工程性质及其建筑物组成。

（2）设计图纸签发方式。

（3）工程位置。

（4）气候条件。

（5）地形条件。

（6）工程地质。

（7）交通、食宿条件。

（8）施工方法。

（9）涉及的专业种类。

（10）旁站要求。

（11）工期要求。

（12）工程款结算方式。

（13）材料供应。

（14）工程分散程度等。

根据工程的上述因素，可绘制工作分解结构图（WBS）和组织结构图，按监理工作需要配备监理人员。

3. 监理组织机构和监理人员

监理组织机构不同，所需的监理人员数量、结构不同。另外，监理人员的业务水平和素质、专业面、工程经验、管理水平，都将影响监理人员数量的配置。

配备监理人员主要依据工程的复杂程度和工程投资密度。所谓投资密度是指每年投资额的多少。据有关资料介绍，国外中小型规模的项目，每100万美元左右需监理人员1名，大型项目150万美元需监理人员1名。国内一般情况下，每年投资密度为100万元（人民币）应配备1~1.5人。监理人员的配备除了考虑上述因素外，还应考虑监理组织机构设置的情况。

配备足够数量的监理人员，是保障监理工作的重要一环。监理人员应配备的数量指标常以所谓"监理人员密度"表示，即在被监理的工程范围内应当被足够密度的监理人员所覆盖，才能进行有效的监理。监理人员密度应根据工程项目类型、规模、复杂程度，以及监理人员素质和施工承包队伍的资质等因素而定。目前我国尚无公认的标准和定额。我国交通部《公路工程施工监理暂行办法》中规定：一般道路工程的监理密度为0.8~1.0人/km。但实践表明，在目前我国施工机械化程度较低的情况下，这一指标偏低，所以京津塘高速公路的监理密度为1.3~1.5人/km，或相当于年度投资额每100万元人民币为0.7名监理人员，在快速施工的情况下，监理密度需达2人/km以上。根据水利部在1998年《水利水电工程设计概（估）算费用构成及计算标准》（水建［1998］15号）中规定折算监理人员为：中型工程 10～20 人，大（2）型工程 25～50 人，大（1）型工程 50～100 人，特大型工程 200 人以上。

二、监理组织中各类监理人员的基本职责分工

根据水利部发布的 SL288—2003《水利工程建设项目施工监理规范》的规定，各级监理人员的职责如下。

（一）总监理工程师职责

水利工程监理实行总监理工程师负责制。总监理工程师应负责全面履行监理合同中所约定的监理单位的职责。主要职责应包括以下各项：

（1）主持编制监理规划，制定监理机构规章制度，审批监理实施细则；签发监理机构的文件。

（2）确定监理机构各部门职责分工及各级监理人员职责权限，协调监理机构内部工作。

（3）指导监理工程师开展工作；负责本监理机构中监理人员的工作考核，调换不称职的监理人员；根据工程建设进展情况，调整监理人员。

（4）主持审核承包人提出的分包项目和分包人，报项目法人批准。

（5）审批承包人提交的施工组织设计、施工措施计划、施工进度计划和资金流计划。

（6）组织或授权监理工程师组织设计交底；签发施工图纸。

（7）主持第一次工地会议，主持或授权监理工程师主持监理例会和监理专题会议。

（8）签发进场通知、合同项目开工令、分部工程开工通知、暂停施工通知和复工通知等重要监理文件。

（9）组织审核付款申请，签发各类付款证书。

（10）主持处理合同违约、变更和索赔等事宜，签发变更和索赔的有关文件。

（11）主持施工合同实施中的协调工作，调解合同争议，必要时对施工合同条款做出解释。

（12）要求承包人撤换不称职或不宜在本工程工作的现场施工人员或技术、管理人员。

（13）审核质量保证体系文件并监督其实施；审批工程质量缺陷的处理方案；参与或协助项目法人组织处理工程质量及安全事故。

（14）组织或协助项目法人组织工程项目的分部工程验收、单位工程完工验收、合同项目完工验收，参加阶段验收、单位工程投入使用验收和工程竣工验收。

（15）签发工程移交证书和保修责任终止证书。

（16）检查监理日志；组织编写并签发监理月报、监理专题报告、监理工作报告；组织整理监理合同文件和档案资料。

（二）副总监理工程师的职责

一名总监理工程师只宜承担一个工程建设项目的总监理工程师工作。如需担任两个标段或项目的总监理工程师时，应经项目法人同意，并配备副总监理工程师。总监理工程师可通过书面授权副总监理工程师履行除下述职责规定外的总监理工程师的职责。

（1）主持编制监理规划，审批监理实施细则。

（2）主持审核承包人提出的分包项目和分包人。

（3）审批承包人提交的施工组织设计、施工措施计划、施工进度计划和资金流计划。

（4）主持第一次工地会议，签发进场通知、合同项目开工令、暂停施工通知、复工通知。

（5）签发各类付款证书。

（6）签发变更和索赔的有关文件。

（7）要求承包人撤换不称职或不宜在本工程工作的现场施工人员或技术、管理人员。

（8）签发工程移交证书和保修责任终止证书。

（9）签发监理月报、监理专题报告和监理工作报告。

（三）监理工程师职责

监理工程师应按照总监理工程师所授予的职责权限开展监理工作，是执行监理工作的直接责任人，并对总监理工程师负责。主要职责包括以下各项：

（1）参与编制监理规划，编制监理实施细则。

（2）预审承包人提出的分包项目和分包人。

（3）预审承包人提交的施工组织设计、施工措施计划、施工进度计划和资金流计划。

（4）预审或经授权签发施工图纸。

（5）核查进场材料、构配件、工程设备的原始凭证、检测报告等质量证明文件及其质量情况。

（6）审批分部工程开工申请报告。

（7）协助总监理工程师协调参建各方之间的工作关系。按照职责权限处理施工现场发生的有关问题，签发一般监理文件。

（8）检验工程的施工质量，并予以确认或否认。

（9）审核工程计量的数据和原始凭证，确认工程计量结果。

（10）预审各类付款证书。

（11）提出变更、索赔及质量和安全事故处理等方面的初步意见。

（12）按照职责权限参与工程的质量评定工作和验收工作。

（13）收集、汇总、整理监理资料，参与编写监理月报，填写监理日志。

（14）施工中发生重大问题和遇到紧急情况时，及时向总监理工程师报告、请示。

（15）指导、检查监理员的工作。必要时可向总监理工程师建议调换监理员。

（四）监理员的职责

监理员应按被授予的职责权限开展监理工作，其主要职责应包括以下各项：

（1）核实进场原材料质量检验报告和施工测量成果报告等原始资料。

（2）检查承包人用于工程建设的材料、构配件、工程设备使用情况，并做好现场记录。

（3）检查并记录现场施工程序、施工工法等实施过程情况。

（4）检查和统计计日工情况；核实工程计量结果。

（5）核查关键岗位施工人员的上岗资格；检查、监督工程现场的施工安全和环境保护措施的落实情况，发现异常情况及时向监理工程师报告。

（6）检查承包人的施工日志和试验室记录。

（7）核实承包人质量评定的相关原始记录。

思 考 题

1. 什么是组织？组织的特点是什么？
2. 组织结构的内涵有哪几方面？
3. 组织机构设置的原则有哪些？
4. 项目承发包有哪些主要模式？各自优缺点是什么？
5. 国际上工程管理有哪些主要模式？
6. 工程监理组织有哪些模式？各有哪些优缺点？
7. 监理组织机构设置考虑的主要因素是什么？
8. 项目监理组织应具备什么样的人员结构？
9. 试叙述各级监理人员的主要职责分工。

第五章　工程项目监理招标投标

第一节　工程项目监理招标

一、工程监理招投标的必要性

一个合适的工程监理单位，对工程项目的建设起着举足轻重的作用。因此，需要经过一个慎重选择的过程，以便能最终确认一家有经验、有人才、有方法、有手段、有信誉的监理单位，顺利实现工程项目的建设，是完全必要的。而监理招投标则是择优选择监理单位的最佳途径，它有利于确保监理单位的素质与管理水平，达到坚持基本建设程序，缩短工程建设周期，控制工程投资，提高工程质量的目的。同时通过监理招投标也可大大提高参与工程建设各方的素质，推动我国建设事业的健康稳步发展。

二、工程监理招标的范围与标准

根据《水利工程建设项目招标投标管理规定》，符合下列具体范围与规模标准之一的水利工程建设项目必须依法进行监理招标。

（一）具体范围

（1）关系社会公共利益、公共安全的防洪、排涝、灌溉、水力发电、引（供）水、滩涂治理、水土保持、水资源保护等水利工程建设项目。

（2）使用国有资金投资或者国家融资的水利工程建设项目。

（3）使用国际组织或者外国政府贷款、援助资金的水利工程建设项目。

（二）规模标准

（1）施工单项合同估算价在 200 万元人民币以上的。

（2）重要设备、材料等货物的采购，单项合同估算价在 100 万元人民币以上的。

（3）勘察设计、监理等服务的采购，单项合同估算价在 50 万元人民币以上的。

（4）项目总投资额在 3000 万元人民币以上，但分标单项合同估算价低于本项第（1）、（2）、（3）规定标准的项目原则上都必须招标。

国家和水利部对项目技术复杂或者有特殊要求的水利工程建设项目监理另有规定的，从其规定。

三、项目监理招标应具备的条件

根据《水利工程建设项目监理招标投标管理办法》规定，项目监理招标应具备以下条件：

（1）项目可行性研究报告或者初步设计已经批复。

（2）监理所需资金已经落实。

（3）项目已列入年度计划。

四、项目监理招标的方式

项目监理招标分为公开招标和邀请招标。国家重点水利项目、地方重点水利项目及全部使用国有资金投资或者国有资金投资占控股或者主导地位的项目应采用公开招标。对于符合下列情况之一的，按规定经批准后可采用邀请招标：

（1）项目总投资额在 3000 万元人民币以上，但分标单项合同估算价对于施工单项合同低于 200 万元人民币，或对于重要设备、材料等货物的采购单项合同低于 100 万元人民币，或对于勘察设计、监理等服务的采购单项合同低于 50 万元人民币的项目。

（2）项目技术复杂，有特殊要求或涉及专利权保护，受自然资源或环境限制，新技术或技术规范事先难以确定的项目。

（3）应急度汛项目。

（4）其他特殊项目。

采用邀请招标的，招标前招标人必须履行批准手续；国家重点水利项目经水利部初审后，报国家发展计划委员会批准；其他中央项目报水利部或其委托的流域管理机构批准；地方重点水利项目经省、自治区、直辖市人民政府水行政主管部门会同同级发展计划行政主管部门审核后，报本级人民政府批准；其他地方项目报省、自治区、直辖市人民政府水行政主管部门批准。

五、项目监理招标的程序

该项目的项目法人是项目监理的招标人。招标人应按有关规定选择自行办理或委托招标代理机构办理招标事宜。项目监理招标宜在相应的工程勘察、设计、施工、设备和材料招标活动开始前完成。其招标工作一般按下列程序进行：

（1）招标前，按项目管理权限向水行政主管部门提交招标报告备案。

（2）编制招标文件。

（3）发布招标信息（招标公告或投标邀请书）。

（4）发售资格预审文件。

（5）按规定日期接受潜在投标人编制的资格预审文件。

（6）组织对潜在投标人资格预审文件进行审核。

（7）向资格预审合格的潜在投标人发售招标文件。

（8）组织购买招标文件的潜在投标人现场踏勘。

（9）接受投标人对招标文件有关问题要求澄清的函件，对问题进行澄清，并书面通知所有潜在投标人。

（10）组织成立评标委员会，并在中标结果确定前保密。

（11）在规定时间和地点，接受符合招标文件要求的投标文件。

（12）组织开标评标会。

（13）在评标委员会推荐的中标候选人中，确定中标人。

（14）向水行政主管部门提交招标投标情况的书面总结报告。

（15）发中标通知书，并将中标结果通知所有投标人。

（16）进行合同谈判，并与中标人订立书面合同。

六、项目监理招标程序中的几个重要环节

虽然项目监理招标程序与水利工程建设的招标程序相同，但其具体内容存在着差异，现就几个重要环节简述如下：

（一）监理招标文件

监理招标文件的内容包括：投标邀请书；投标人须知；书面合同书格式；投标报价书、投标保证金和授权委托书、协议书和履约保函的格式；必要的设计文件、图纸和有关资料；投标报价要求及其计算方式；评标标准与方法；投标文件格式；其他辅助资料等九方面。其中投标人须知还包括：招标项目概况，监理范围、内容和监理服务期，招标人提供的现场工作及生活条件（包括交通、通信、住宿等）和试验检测条件，对投标人和现场监理人员的要求，投标人应当提供的有关资格和资信证明文件，投标文件的编制要求，提交投标文件的方式、地点和截止时间，开标日程安排，投标有效期等。对于书面合同书格式，大、中型项目的监理合同书应使用 GF—2000—0211《水利工程建设监理合同示范文本》，小型项目可参照使用。

为便于投标人有足够的时间编制投标文件，自招标文件发出之日起至投标人提交投标文件截止之日止，不少于 20 日。

招标文件一经发出，招标内容一般不作修改。如需对招标文件进行修改和澄清，应在提交投标文件截止日期 15 日前书面通知所有潜在投标人。该修改和澄清的内容是招标文件的一部分。

（二）发布招标信息（招标公告或投标邀请书）

招标公告或者投标邀请书应至少载明：招标人的名称和地址；监理项目的内容、规模、资金来源；监理项目的实施地点和服务期；获取招标文件或者资格预审文件的地点和时间；对招标文件或者资格预审文件收取的费用；对投标人的资质等级要求。

（三）资格审查

为提高招标效率和保证招标质量，招标人应对投标人进行资格审查。资格审查分为资格预审和资格后审。除招标文件另有规定，一般进行资格预审的，不再进行资格后审。公开招标时，要求进行资格预审的只有通过资格预审的监理单位才可以参加投标。

资格预审，是指在投标前对潜在投标人进行的资格审查。资格预审的一般原则是：①招标人组建的资格预审工作组负责资格预审；②资格预审工作组按照资格预审文件中规定的资格评审条件，对所有潜在投标人提交的资格预审文件进行评审；③资格预审完成后，资格预审工作组应提交由资格预审工作组成员签字的资格预审报告，并由招标人存档备查；④经资格预审后，招标人应当向资格预审合格的潜在投标人发出资格预审合格通知书，告知获取招标文件的时间、地点和方法，并同时向资格预审不合格的潜在投标人告知资格预审结果。

资格后审，是指在开标后，招标人对投标人进行资格审查，提出资格审查报告，经参审人员签字由招标人存档备查，同时交评标委员会参考。

资格审查主要审查潜在投标人或者投标人是否符合下列条件：①具有独立合同签署及履行的权利；②具有履行合同的能力，包括专业、技术资格和能力，资金、设备和其他物质设施能力，管理能力，类似工程经验、信誉状况等；③没有处于被责令停业，投标资格被取消，财产被接管、冻结等；④在最近三年内没有骗取中标和严重违约及重大质量问题。

资格审查时，招标人不得以不合理的条件限制、排斥潜在投标人或者投标人，不得对潜在投标人或者投标人实行歧视待遇。任何单位和个人不得以行政手段或者其他不合理方式限制投标人的数量。

（四）评标标准和方法

项目监理评标标准和方法应当体现根据监理服务质量选择中标人的原则。评标标准和方法应在招标文件中载明，在评标时不得另行制定或者修改、补充任何评标标准和方法。

1. 评标标准

评标标准包括投标人的业绩和资信、项目总监理工程师的素质和能力、资源配置、监理大纲以及投标报价等五个方面。其重要程度宜分别赋予 20%、25%、25%、20%、10% 的权重，也可根据项目具体情况确定。每个方面又设置若干具体的评价指标。

业绩和资信的评价指标：①有关资质证书、营业执照等情况；②人力、物力与财力资源；③近 3～5 年完成或者正在实施的项目情况及监理效果；④投标人以往的履约情况；⑤近 5 年受到的表彰或者不良业绩记录情况；⑥有关方面对投标人的评价意见等。

项目总监理工程师的素质和能力的评价指标：①项目总监理工程师的简历、监理资格；②项目总监理工程师主持或者参与监理的类似工程项目及监理业绩；③有关方面对项目总监理工程师的评价意见；④项目总监理工程师月驻现场工作时间；⑤项目总监理工程师的陈述情况等。

资源配置的评价指标：①项目副总监理工程师、部门负责人的简历及监理资格；②项目相关专业人员和管理人员的数量、来源、职称、监理资格、年龄结构、人员进场计划；③主要监理人员的月驻现场工作时间；④主要监理人员从事类似工程的相关经验；⑤拟为工程项目配置的检测及办公设备；⑥随时可调用的后备资源等。

监理大纲的评价指标：①监理范围与目标；②对影响项目工期、质量和投资的关键问题的理解程度；③项目监理组织机构与管理的实效性；④质量、进度、投资控制和合同、信息管理的方法与措施的针对性；⑤拟定的监理质量体系文件等；⑥工程安全监督措施的有效性。

投标报价的评价指标：①监理服务范围、时限；②监理费用结构、总价及所包含的项目；③人员进场计划；④监理费用报价取费原则是否合理。

2. 评标方法

评标方法主要有综合评分法、两阶段评标法和综合评议法，可根据工程规模和技术难易程度选用。大、中型项目或者技术复杂的项目宜采用综合评分法或者两阶段评标法，项目规模小或者技术简单的项目可采用综合评议法。

（1）综合评分法。根据评标标准设置详细的评价指标和评分标准，经评标委员会集体评审后，评标委员会分别对所有投标文件的各项评价指标进行评分，去掉最高分和最低分后，其余评委评分的算术和即为投标人的总得分。评标委员会根据投标人总得分的高低排序选择中标候选人 1～3 名。若候选人出现分值相同情况，则对分值相同的投标人改为投票法，以少数服从多数的方式，也可根据总监理工程师、监理大纲的得分高低决定次序选择中标候选人。

（2）两阶段评标法。对投标文件的评审分为两阶段进行。首先进行技术评审，然后进行商务评审。有关评审方法可采用综合评分法或综合评议法。评标委员会在技术评审结束之前，不得接触投标文件中商务部分的内容。

评标委员会根据确定的评审标准选出技术评审排序的前几名投标人，而后对其进行商务评审。根据规定的技术和商务权重，对这些投标人进行综合评价和比较，确定中标候选人1～3名。

（3）综合评议法。根据评标标准设置详细的评价指标，评标委员会成员对各个投标人进行定性比较分析，综合评议，采用投票表决的形式，以少数服从多数的方式，排序推荐中标候选人1～3名。

（五）开标、评标和中标

开标应在招标文件中确定的时间、地点进行。开标的工作人员由主持人、监标人、开标人、唱标人、记录人组成。招标人只受理在规定的截止时间前送达的投标文件，同时检查其密封性，进行登记并提供回执。已收投标文件应妥善保管，开标前不得开启。

开标由招标人主持，邀请所有投标人参加。投标人的法定代表人或者授权代表人应出席开标会议，在指定的登记表上签名报到，并接受开标人员对其身份证明的检查。评标委员会成员不出席开标会议。

评标由评标委员会负责。评标委员会的组成与成员的选择要符合相关规定。评标委员会成员应当客观、公正地履行职责，遵守职业道德，以保证中标人是能够最大限度地满足招标文件中规定的各项综合评价标准的投标人。

评标工作一般按照以下程序进行：

（1）招标人宣布评标委员会成员名单并确定主任委员。

（2）招标人宣布有关评标纪律。

（3）在主任委员的主持下，根据需要，讨论通过成立有关专业组和工作组。

（4）听取招标人介绍招标文件。

（5）组织评标人员学习评标标准与方法。

（6）评标委员会对投标文件进行符合性和响应性评定。

（7）评标委员会对投标文件中的算术错误进行更正。

（8）评标委员会根据招标文件规定的评标标准与方法对有效投标文件进行评审。

（9）评标委员会听取项目总监理工程师陈述。

（10）经评标委员会讨论，并经二分之一以上成员同意，提出需投标人澄清的问题，并以书面形式送达投标人。

（11）投标人对需书面澄清的问题，经法定代表人或者授权代表人签字后，作为投标文件的组成部分，在规定的时间内送达评标委员会，但澄清不得改变投标文件提出的主要监理人员、监理大纲和投标报价等实质性内容。

（12）评标委员会依据招标文件确定的评标标准与方法，对投标文件进行横向比较，确定中标候选人推荐顺序。

（13）在评标委员会三分之二以上成员同意并在全体成员签字的情况下，通过评标报告。评标委员会成员必须在评标报告上签字。若有不同意见，应明确记载并由其本人签字，方可作为评标报告附件。

评标报告的内容包括：招标项目基本情况；对投标人的业绩和资信的评价；对项目总

监理工程师的素质和能力的评价；对资源配置的评价；对监理大纲的评价；对投标报价的评价；评标标准和方法；评审结果及推荐顺序；废标情况说明；问题澄清、说明、补正事项纪要；其他说明；附件等。

评标委员会经评审，认为所有投标文件都不符合招标文件要求，可以否决所有投标，招标人重新招标，并报水行政主管部门备案。

招标人可授权评标委员会直接确定中标人，也可根据评标委员会提出的书面评标报告和推荐的中标候选人顺序确定中标人。当招标人确定的中标人与评标委员会推荐的中标候选人顺序不一致时，应有充足的理由，并按项目管理权限报水行政主管部门备案。

在确定中标人前，招标人不得与投标人就投标方案、投标价格等实质性内容进行谈判。自评标委员会提出书面评标报告之日起，招标人一般应在 15 日内确定中标人，最迟应在投标有效期结束日 30 个工作日前确定。

中标人确定后，招标人在招标文件规定的有效期内应以书面形式向中标人发出中标通知书，并将中标结果通知所有未中标的投标人。招标人不得向中标人提出压低报价、增加工作量、延长服务期或其他违背中标人意愿的要求，并以此作为发出中标通知书和签订合同的条件。中标通知书对招标人和中标人具有法律效力。中标通知书发出后，招标人改变中标结果的，或者中标人放弃中标项目的，都应依法承担法律责任。

招标人和中标人应在中标通知书发出之日后的 30 日内，按照招标文件和中标人的投标文件订立书面合同。招标人不得再与中标人订立背离合同实质性内容的其他协议。中标人也不得向他人转让中标项目，或将中标项目肢解后向他人转让。当确定的中标人拒绝签订合同时，招标人可与确定的候补中标人签订合同。

在确定中标人后 15 日之内，招标人应按项目管理权限向水行政主管部门提交招标投标情况的书面总结报告。书面总结报告应至少包括：开标前招标准备情况；开标记录；评标委员会的组成和评标报告；中标结果确定；附件（招标文件）。

第二节　工程项目监理投标

一、监理投标人应具备的条件

投标人是响应招标、参加投标竞争的法人或者其他组织。投标人必须具有水利部颁发的水利工程监理资质证书，并具有招标文件要求的资质等级和类似项目的监理经验与业绩；有与招标项目要求相适应的人力、物力和财力等。

两个以上监理单位可以自愿组成一个联合体，以一个投标人的身份投标。联合体各方签订共同投标协议后，不得再以自己名义单独投标，也不得组成新的联合体或参加其他联合体在同一项目中投标。联合体通过资格预审后，其组成的任何变化都必须在提交投标文件截止之日前征得招标人的同意。如果变化后的联合体削弱了竞争，含有事先未经过资格预审或者资格预审不合格的法人，或者使联合体的资质降到资格预审文件中规定的最低标准下，招标人有权拒绝。联合体各方应指定牵头人，授权其代表所有联合体成员负责投标和合同实施阶段的主办、协调工作，并向招标人提交由所有联合体成员法定代表人签署的授权书。

二、监理投标组织

建设项目监理招标与投标是激烈的市场竞争活动，招标人希望通过招标力求获得高质量的监理服务，实现工程预期的建设目标。投标人则希望以自己在技术、经验、实力和信誉等方面的优势在竞争中获胜，占据市场，求得进一步发展。因此，当一个公司进行工程监理投标时，组织一个强有力的投标班子是十分重要的。

一个好的投标班子的成员应主要包括经济管理、专业技术、合同管理等类人才。所谓经济管理类人才，是指能直接从事工程费用计算，掌握生产要素的市场行情，能运用科学的调查、分析、预测的方法，准确控制工程中发生的各类费用的人员。所谓专业技术人才，是指精于工程设计和施工的各类技术人才，他们掌握本专业领域内的最新技术知识，具有较丰富的工程经验，能选择和确认技术可行、经济合理的设计和施工方案。所谓合同管理类人才，是指熟悉合同相关法律、法规，熟悉合同条件并能进行深入分析、提出应特别注意的问题、具有合同谈判和合同签订经验、善于发现和处理索赔等方面的专业人员。在组织投标班子时，可考虑让拟任的项目总监理工程师及有关人员参加，利用他们在类似工程中的监理经历和过早熟悉工程情况的优势，编制高水平的投标文件，提高总监理工程师在评标中的陈述水平，从而可大大增加项目监理的中标机会。总之，投标班子应由多方面的人才组成，并注意保持班子成员的相对稳定，积累和总结以往经验，不断提高其素质和水平，以形成一个高效率的工作集体，从而提高本公司投标的竞争力。

对于那些规模庞大、技术复杂的工程项目，可以由几家工程公司联合起来监理投标，这样可以发挥各公司的特长和优势，补充技术力量的不足，提高整体竞争能力。

三、项目监理投标的程序

项目监理投标的程序与其招标程序是相对应的。项目监理投标一般可按图 5-1 程序进行。

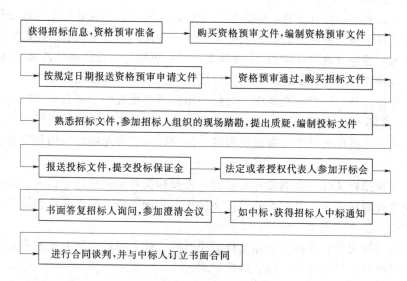

图 5-1　监理投标程序图

该投标程序是以公开招标方式为例列出的。如果采用邀请招标，其投标程序是招标人通过社会和市场调查，对认定有能力和实力完成招标项目的监理单位发出投标邀请书，其后的投标程序与公开招标的投标程序相同，但要对投标人进行资质和资格后审。一旦发现资格不符合招标条件时，招标人随时有权拒绝该投标人的投标。所以投标人对自己资格是否达到资格条件应十分注意，否则会给自己造成经济、名誉上的损失。以上各项工作内容和步骤，并非一成不变，应结合不同工程项目性质、工程规模和不同国家来确定其程序，但主要工作是必不可少的。

四、监理投标文件

投标人应当按照招标文件的要求编制投标文件，投标文件的编制质量直接影响着投标的结果，因此，投标人应给予高度重视。投标文件一般包括下列内容：

（1）投标报价书。

（2）投标保证金。

（3）委托投标时，法定代表人签署的授权委托书。

（4）投标人营业执照、资质证书以及其他有效证明文件的复印件。

（5）监理大纲。主要内容包括：工程概况、监理范围、监理目标、监理措施、对工程的理解、项目监理组织机构、监理人员等。

（6）项目总监理工程师及主要监理人员简历、业绩、学历证书、职称证书以及监理工程师资格证书和岗位证书等证明文件。

（7）拟用于本工程的设施设备、仪器。

（8）近3~5年完成的类似工程、有关方面对投标人的评价意见以及获奖证明。

（9）投标人近3年财务状况。

（10）投标报价的计算和说明。

（11）招标文件要求的其他内容。

投标人应认真编制投标文件，尤其要防止招标人可以拒绝或者按无效标处理的投标文件：①投标文件未按照要求密封；②投标文件未加盖投标人公章或者未经法定代表人（或者授权代表人）签字（或者印鉴）；③投标文件字迹模糊导致无法确认涉及关键技术方案、关键工期、关键工程质量保证措施、投标价格；④投标文件未按照规定的格式、内容和要求编制；⑤投标人在一份投标文件中，对同一招标项目报有两个或者多个报价且没有确定的报价说明；⑥投标人对同一招标项目递交两份或者多份内容不同的投标文件，未书面声明哪一个有效；⑦投标文件中含有虚假资料；⑧投标人名称与组织机构与资格预审文件不一致。

投标人应在招标文件要求的截止时间前，将投标文件密封送达招标人，并按照招标文件的规定提交投标保证金。投标人的投标文件正本和副本应分别包装，包装封套上加贴封条，加盖"正本"或"副本"标记。

投标人在招标文件要求提交投标文件截止时间之前，可以书面方式对投标文件进行修改、补充或者撤回，但应符合招标文件的要求。

五、监理招投标的注意事项

从以上过程看，建设项目的监理招投标与一般性质的工程招投标以及货物采购是有一定的区别的，应引起注意。

首先，项目监理招标一般不宜分标。如若分标，各监理标的监理合同估算价应当在50万元人民币以上。项目监理的分标，应利于管理和竞争，利于保证监理工作的连续性和相对独立性，避免相互交叉和干扰，造成监理责任不清；其次，项目监理的评标标准和方法体现了监理服务质量优先原则，项目监理招标一般不设置标底；再次，监理费用不是选择监理单位的主要因素。投标报价在评标的五项内容中所占权重最小。这是因为监理费用在整个工程建设费用中所占比例很小，而一个服务质量良好的监理单位在工程建设中可创造出远高于监理费的价值和财富。

第三节　工程项目监理取费

一、工程项目监理取费的必要性

我国的工程监理有关规定指出：水利工程工程监理是一种有偿的技术服务，而且是一种"高智能的有偿技术服务"。作为监理单位，他们在监理服务中，要投入相应的专业技术人员和监理设备，以力求达到工程预期建设目标的顺利实现，为此必须收取一定的监理费用，这是其得以生存和发展的血液。作为项目法人，只有聘请监理单位来对工程建设实施监理，才能达到自己预定的工程建设要求，为此必须付给他们适当的报酬，用以补偿监理单位在完成任务时的支出（包括合理的劳务补偿以及需要交纳的税金），这也是作为委托方应尽的义务。监理服务费的多少应根据监理单位受项目法人委托的监理内容和工作深度，由双方事先通过谈判确定，并在监理委托合同中说明。项目法人所付的监理费用应能客观体现监理单位所提供的监理服务价值，既不使监理单位从中获得过高的利益，增加项目法人的工程建设成本；也不能使监理费用过低，这对项目法人来说同样得不偿失，这一点我们应特别注意。实际上适当的补偿费与工程服务所产生的价值相比，补偿费只是很小的一部分，花费适当的监理服务费用，取得专家高智能高质量的技术服务，以实现对工程质量、进度、投资的有力控制，反而能降低工程成本。在这方面，国内外的监理实践早就有了有力的论证。

二、监理费用的构成

概括地说，监理费用的构成，是指监理单位在项目工程监理活动中所需要的全部成本，再加上合理的利润和税金。

（一）直接成本

直接成本是指监理人履行本监理合同时所发生的成本。主要包括：

（1）监理人员的工资：包括其基本工资，职务工资，工龄工资等。

（2）监理人员的各种津贴、补贴：包括岗位津贴，加班津贴及目标奖励津贴，探亲旅费，伙食补贴等。

（3）办公及公用经费：包括办公费，文印费，摄录费，邮电通信费，房租、水、电、气费，专业软件购置费，书报资料费，培训费，出差费，环卫、保安费及生活设施费等。

（4）测试维护费：如工程常规抽查试验、检测费，检测设备维护费和运行费等。

（二）间接成本

间接成本是指所允许的全部业务经费开支及非项目的特定开支。主要包括：

（1）监理单位管理费。

（2）附加费：工会经费，职工教育经费，职工福利费，社会保险基金包括养老保险基金、医疗保险基金、失业保险基金，住房公积金。附加费用的比例系数应遵照国家和地方的有关规定执行。

为简化计算，以上费用可按监理人员工资计提。

（3）监理人自备设备折旧、运行费。

（4）辅助人员费用：指监理机构雇佣的司机、炊事员及勤杂人员的工资、津贴、补贴等。

（5）技术开发费。

（6）保险费：包括监理人员人身意外伤害保险费、设备保险费。

（7）咨询专家费及其他营业性开支。

（三）税金

税金是指按照国家有关规定，监理单位所应交纳的各种税金总额，如营业税、所得税等。

（四）利润

利润一般是监理单位的费用收入和经营成本（直接成本、间接成本及各种税金之和）之差。监理单位的利润应当高于社会平均利润。

当然，不同行业、不同的工程监理项目，其费用构成也不可能完全相同，监理单位在计算监理费用时，要充分注意这一点，以便准确计算监理费用。如中国工程监理协会水电工程监理分会于 2003 年印发的《水电工程建设监理费行业市场指导价》中指出大中型水利水电工程施工阶段监理服务除上述费用外，还包括设备费、进出场费和可报销费用等。

三、监理费用的计算方法

目前，一方面由于我国各地区、各工程实际情况的差异，及监理的工作量、难度的不同，导致国家和各部门、各地区很难较为准确合理地确定统一的取费标准；另一方面，随着社会主义市场经济的建立，工程投资主体的多元化，及监理招投标机制的引入，作为政府部门自然不应强制性地制定某一取费标准。当然我国有关工程监理主管部门根据监理发展的需要，为维护监理单位等各方面的合法权益，对监理取费作一些指导性的规定也是必要的。如 1992 年国家物价总局和建设部联合发布的（1992）价费字 497 号文，另外各部门地区都有一些规定，如中国工程监理协会水电工程监理分会 2003 年印发了《水电工程建设监理费行业市场指导价》。

监理费在工程概算中作为一级项目费用单独列支。根据所委托的监理工作范围和内容，由项目法人与监理单位协商确定监理费计算办法，并写入工程监理委托合同中。目前监理工作中常见的计算方法主要有以下几项。

1. 监理工程造价的一定比例计算法

这种方法计算简单、使用较多，只要确定了建设工程造价就可计算出所需的监理费用。但是在合同中必须写明建设工程造价是指概算的工程费用还是实际的工程费用，有的还可能指不含永久设备费用的枢纽建筑物费用。若根据估计概算比例确定监理费，则即使在实施过程中设计修改使得工程费降低，那么监理费也不会相应地减少。如果是根据实际工程费的比例确定监理费的话，则提出合理化建议修改设计、降低成本后建设工程费支出减少，那么相应的监理费也减少了，这样会削弱监理单位主动降低成本的积极性。因此采用这种办法在签订合同时，项目法人应对监理人提出并落实的合理化建议给予奖励，奖励数额比例按国家有关规定或双方协商确定。一般来说，监理费占监理工程造价的一定比例是随着投资规模的增大而减少的。

2. 人年费用法

按人年费用法计算的总监理费用等于人年费用标准与年度监理人员平均数及监理年限三者的乘积。这种方法计算简便，难点在于如何科学确定人年费用标准和监理人员数量。

人年费用标准应随市场变化及时予以调整，如 2003 年大中型水利水电工程按照每人每年 7.5 万～9.6 万元计，具体根据工程项目所处的地区、工作条件及工程的难易程度来选取人年费的数值，条件差、难度大选大值，西部边疆高寒地区不受此标准高限限制。

监理人数要满足工程建设要求，监理人员配置必须按工程进度、质量、专业配套、技术要求配备，年龄要结构合理，并考虑劳动换休等。计算监理人年数时，只计算按工程进度计划、实际需要参加监理工作的人数，而换休人员仅计算其休假工资及附加，不计算其他费用。

3. 按时计算方式

依据监理服务所需的天数或小时数乘以 1 天或 1h 的工时费用率来计算的按时计费方式，适用于工期比较短，监理人员较少的工程项目。工时费用率中包括监理工作人员费、监理单位管理费、利润和税金等。但是也可以协商在合同中说明哪些可以按小时、日计算费用，哪些可以按其他方式支付。这种方式对监理单位来说显得方便、灵活。但是这也要求监理单位必须合理用时，保存详细的使用时间记录，以供项目法人随时审查、核实。

4. 包足总价方式

包足总价或称为费用包干，是指如果没有出现其他意外情况，这笔监理费用是包死不变的。这种监理费计算方式对监理单位来说承担着一定风险，在包足的总价中，往往需考虑加进一定数额的不可预见费。但要注意的是，由于工程在建设中常会遇见意想不到的变化，特别是工期较长，工程比较复杂的工程，如果由于非监理的原因以及其他客观原因，而造成工程延期，增加了监理服务，包足的总价还是可以调整的。如何调整变更部分所引起的监理费用，应在合同中详细说明。

5. 监理成本加固定费用方式

项目法人对监理单位从事工程监理所发生的直接成本全部予以补偿，同时还增加一笔固定的费用（管理费和利润之和）。采用这种方式时，监理单位必须准确地记录消耗的人、财、物费用，正确核算成本。但是，这种方式不利于监理单位主动降低从事工程监理所发生的直接成本，而且双方在如何公正、公平地确定监理成本上往往会引发分歧。所以，这种计算方式使用很少。

需要说明两点：一是由于资金时间价值的作用，无论采用哪种方式计取监理费，监理合同中对付款的金额与时间，必须详细地加以说明，超过应付款期限的款项应计息，计息的利率也应有所规定；二是既然任何一种计算方式都有其利弊，所以在进行监理费用计算的谈判中，要结合具体工程，在双方互相理解和信任的基础上合理确定其计算方法，这样才能比较顺利地合作。

第四节 工程监理委托合同

一、签订工程监理委托合同的必要性

我国有关工程监理法规中规定："项目法人委托监理单位承担监理业务，要与被委托单位签订监理委托合同，主要内容包括监理工程对象、双方权利和义务、监理酬金、争议的解决方式等。"这也符合国际惯例的规定。工程监理的委托与被委托实质上是一种商业行为，所以在监理的委托与被委托过程中，要用书面的形式来明确工程服务合同，最终达到为委托方和被委托方共同利益服务的目的。它用文字明确了合同各方所要考虑的问题及想达到的目标，包括实施服务的具体内容、所需支付的费用以及工作需要的条件等。在监理委托合同中，还必须确认签约双方对所讨论问题的认识，以及在执行合同过程中由于认识上的分歧而可能导致的各种合同纠纷，或是因为理解和认识上的不一致而出现争议时的解决方式，更换工作人员或对其他不可预见事件发生的处理方法等。依法签订的合同对双方都具有法律约束力。所谓法律约束力主要是指：

（1）合同必须全面履行，双方当事人对于承诺的合同必须全面地、适当地履行合同规定的义务，如果不履行或不适当履行合同义务，则被视为违约行为。

（2）合同不得擅自变更或解除，合同一旦签订，就不能随意变动，如果客观情况发生变化，一方要求变更或解除合同时，也须经双方协商，达成新的协议之后才能变更或解除原合同，否则就是违约行为。

（3）合同是一种法律文书，是解决双方纠纷的根据，双方当事人对于在履行合同中所发生的争议，都应以合同的条款、约定为根据。

（4）国家强制力是履行合同的保障，除了不可抗力等法律规定的情况外，当事人不履行或不完全履行合同时，就要支付违约赔偿金，或强制违约方依法履行合同。

由此说来，签订委托合同实际上是为双方在事先就提供了一个法律保护的基础。一旦双方对合同执行中监理服务或要支付的费用等发生争议，书面合同可以作为法律活动的依据。国外有的咨询监理公司需要从银行借款垫付合同项目监理所需要的资金，这时书面的合同就是贷款的一个主要依据。因此，项目法人和监理单位应采用书面合同的形式明确委托方与被委托方的协议内容。

二、监理委托合同的形式

1. 正规合同

这是根据法律要求制定的，并经当事人双方协商一致同意，由双方法定代表人签订并执行的正规合同。

2. 比较简单的信件式合同

常用于任务较小和简单的工程，如正规合同订立后，项目法人另追加工程建设任务时可采用比较简单的信件式合同。这是因为双方的权利义务已写入正规合同，此次只需要以书面方式证明这部分任务的增加。这种信件式合同通常是由项目法人（委托方）制订，由委托方、监理单位签署后执行。

3. 由委托方发出监理委托通知单

有时，项目法人（委托方）喜欢采用这种办法，即通过向监理单位发出一份通知单，把监理单位在争取委托任务时所提建议中规定的工作内容委托给他们，如果监理单位不表示异议，此委托通知单就成为监理单位所接受的协议。

4. 标准合同

国际上许多咨询监理的行业协会或组织，专门制订了标准委托合同格式或指南，这有助于监理服务合同的准备工作。在西方发达国家中，有关行业和部门，都制订有一些合同参考格式或标准合同格式。随着国际咨询监理业务越来越发达，标准委托合同的应用已越来越普遍。采用这些通用性很强的标准合同格式，能够简化合同的准备工作，可以把一个重要的词句简略到最低程度，有利于双方的讨论、交流和统一认识，也易于通过有关部门的检查和批准。更重要的是标准合同都是由法律方面的专家着手制订，所以能够准确地在法律概念内反映出双方所想实现的意图。

目前，在世界范围内应用较多的合同格式，一般都经过多次的修改而更趋完善，它们已演变成一套打印好的标准格式，除了有委托方的名称和项目的描述以外，主要的内容有：要求提供的服务范围，报酬和补偿，支付报酬的方式和进度，常驻代表的权限，对常驻代表权限的有关说明和报酬、特殊条款等。一般只需在表中的这些栏目内填写适当的说明，一式五份附在委托方与咨询监理单位的协议书上，作为对协议条款和条件的说明和补充。这种做法的机动性及给双方带来的效率是不言而喻的。

国际咨询工程师联合会（FIDIC）编制的《业主/咨询工程师标准服务协议书》（1990年版），由于受到了世界银行等国际金融机构以及一些国家政府有关部门的认可，已作为一种标准委托合同格式，在世界大多数工程中应用。其主要内容包括：协议书格式和协议书条件（分为标准条件和特殊应用条件）。第一部分标准条件包括：定义及解释，咨询工程师的义务，项目法人的义务，职员，责任和保险，协议书的开始、完成、变更与终止，支付，一般规定，争端的解决等；第二部分特殊应用条件的内容与第一部分顺序编号相对应，这部分内容须专门拟定，以适应每个具体工程的实际情况和要求。

我国有关工程建设主管部门也根据各部门的实际情况制定并实施了各自的监理服务标准合同示范文本，如建设部与工商行政管理局 2000 年颁布的《工程建设监理合同》，水利部与工商行政管理局 2000 年颁布的《水利工程建设监理合同》等。

三、监理委托合同的主要内容

从各国情况看，监理委托合同的语言、形式和协议内容是丰富多彩的，但其基本内涵并没有多大区别，无论从实际的需要，还是为满足法律的要求，完善的合同都应该具备下列基本内容。

1. 签约双方的确认

在委托合同中，首项的内容通常是合同双方身份说明。主要是项目法人和监理单位的名称、地址等。一般为了避免在整个合同中重复使用全名的繁琐，常常是采用缩写的办法使用名称。例如，习惯上喜欢把项目法人或委托方称为"甲"方，监理单位称为"乙"方，用"工程师"来代替"监理工程师"或"某监理公司"等。有必要指出，确切地指出合同的各方是很重要的，否则，名称的错误很容易导致严重的后果。此外，作为监理单位的代表，还应该清楚，委托的意图是否遵守国家法律，是否符合国家政策和计划的要求，这是保证所签合同在法律上有效性的重要前提条件。

2. 合同的一般性叙述

当合同各方的关系得到确认并叙述清楚后，接下去将进入一般性的叙述，通常这个叙述是个比较固定的"套语"，如"鉴于……"，合同中的许多话（特别是国外合同用得更多）都是从这一词句引出的。可以说，一般性叙述是引出"标的"的过渡。在标准合同中，这些叙述常常被省略。

3. 监理单位的义务

对于受聘的监理工程师承担义务的叙述，经常包含两个部分：一是受聘监理工程师的义务；二是对所委托项目概况的描述。合同中是以法律语言来叙述承担的义务。

常见的国外合同格式为："项目法人聘请该监理工程师（单位）承担并代理此项目中的一切工程监理事务（或者明确地特指某一部分、某一阶段的监理事务）。"

对项目概况的描述是为了确定项目的内容，或便于规定服务的一般范围。具体的内容主要是项目性质（如新建、扩建或技术改造）、资金来源（属国家投资或自筹）、工程地点、工期要求以及项目规模或生产能力等。在我国，项目立项的批准文件可以替代有关内容。在这一部分的描述中文字一定要简练、不需冗长，只求把概况说清即可。

4. 监理工程师的服务内容

在合同中以专门的条款对监理工程师准备提供的服务内容进行详细的说明是必要的。如果项目法人只要监理工程师提供阶段性的监理服务，这种说明可以比较简单；如果服务内容包括全过程的监理服务，这种叙述就要比较详细。对于服务内容的描述必须恰如其分，因为每个合同项目的服务内容都不相同。可以说，每个合同项目所需要的都是一个特定的服务。有时可能会出现这种情况，在合同的执行过程中，由于项目法人要求或项目本身需要对合同规定的服务内容进行修改，或者增加其他服务内容，这是允许的，但须经过双方重新协商确定。

为了避免发生合同纠纷，监理工程师准备提供的每一项服务，都应当在合同中详细说明。对于不属于该监理工程师提供的服务内容，也同样有必要在合同中列出。

5. 监理服务费用

合同中规定费用的条款是不可缺少的，具体应明确费用额度及其支付时间和方式，如果是国际合同，还需规定支付的币种。对于有关成本补偿、费用项目等，也都要加以说明。

如果采用以时间为基础计算费用，不论是按小时、天数或月计算，都要对各个级别的监理工程师、技术员和其他人员的费用率开列支付明细表。对于采用工资加百分比的计费方法，有必要说明不同级别人员的工资率，以及所要采用的百分率或收益增值率。如果使用建设成本的百分率计算费用，在合同中应包括成本百分率的明细表，明确说明建设成本的定义（即按签订工程承包合同时的估算造价，还是按实际结算造价）。对于按成本加固定费用的计费方法，在合同中要对成本的项目定义说明，对补偿成本的百分率或固定费用的数额也要加以明确。

不论合同中商定采用哪种方法计算费用，都应该对支付的时间、次数、支付方式和条件规定清楚。常见的方法有：

（1）按实际发生额每月支付。

（2）按双方约定的计划明细表支付，按月或按规定的天数支付。

（3）按实际完成的某项工作的比例支付。

（4）按工程进度支付。

作为监理工程师来说，一般愿意项目法人适当地提前付款，以减少自己投入的流动资金，这样可以适当地降低完成任务所需要的工作投资和成本。

6. 项目法人应履行的义务

项目法人除了应该偿付监理费用外，还有责任创造一定条件促使监理工程师更有效地进行工作。因此，监理服务合同还应规定出项目法人应承担的义务。在正常情况下，项目法人应提供项目建设所需要的法律、资金和保险等服务。当监理单位需要各种合同中规定的工作数据和资料时，项目法人要想法迅速地提供，或者指定有关承包商提供（包括项目法人自己的工作人员或聘请其他咨询监理单位曾经作过的研究工作报告资料）。在有些监理委托合同中，项目法人可能同意提供以下条件：

（1）监理人员的现场办公用房。

（2）交通运输、检测、试验设施等在内的有关设备。

（3）在监理工程师指导下工作（或是协助其工作）的工作人员。

（4）国际性的项目，协助办理海关或签证手续。

一般说来，在合同中还应该包含有项目法人的承诺即提供超出监理单位可以控制的、紧急情况下的费用补偿或其他帮助。项目法人应当在限定时间内，审查和批复监理单位提出的任何与项目有关的报告书、计划和技术说明书以及其他信函文件。

有时，项目法人有可能把一个项目的监理业务按阶段或按专业委托给几家监理单位。这样，项目法人对几家监理单位的关系、项目法人的有关义务等，在与每一个监理单位的委托合同中都应明确清楚。

7. 维护项目法人利益的条款

项目法人聘请监理工程师的最根本目的，就是在合同范围内能够保证得到监理工程师的服务，所以，在监理委托合同中要明确写出保障项目法人实现意图的条款，通常有：

（1）进度表。注明各部分完成的日期，或附有工作进度的计划方案。

（2）保险。为了保护项目法人利益，可以要求监理单位进行某种类型的保险，或者向项目法人提供类似的保障。

（3）工作分配权。在未经项目法人许可或批准的情况下，监理工程师不得把合同或合同的一部分分包给其他监理单位。

（4）授权限制。即明确授权范围：监理工程师行使权力不得超越这个范围。

（5）终止合同。当项目法人认为监理工程师所做的工作不能令人满意，或项目合同遭到任意破坏时，项目法人有权终止合同。

（6）工作人员。监理单位必须提供足够的能够胜任工作的工作人员，他们大多数应该是公司的专职人员。对任何人员的工作或行为，如果不能令人满意，就应调离他们的工作岗位。

（7）各种记录和技术资料。在监理工程师整个工作期间，必须作好完整的记录并建立技术档案资料，以便随时可以提供清楚、详细的记录资料。

（8）报告。在工程建设的各个阶段，监理工程师要定期向项目法人报告阶段情况和月、季、年度报告。

8. 维护监理工程师利益的条款

监理工程师关心的是通过工作能够得到合同规定的费用和补偿，除此之外，在委托合同中也应该明确规定出某些保护其利益的条款：

（1）关于附加的工作。凡因改变工作范围而委托的附加工作，应确定所支付的附加费用标准。

（2）不应列入服务范围的内容。有时必须在合同中明确服务的范围不应包括哪些内容。

（3）工作延期。合同中要明确规定，由于非人力的意外原因（非监理工程师所能控制的），或由于项目法人的行为造成工作延误，监理工程师不应承担责任。

（4）项目法人引起的失误。合同中应明确规定由于项目法人未能按合同及时提供资料、信息或其他服务而造成了额外费用的支付，应当由项目法人承担，监理工程师对此不负责任。

（5）项目法人的批复。由于项目法人工作方面的拖拉，对监理工程师的报告、信函等要求批复的书面材料造成延期，监理工程师不承担责任。

（6）终止和结束。合同中任何授予项目法人终止合同权力的条款，都应该同时包括由于监理工程师的工作所投入的费用和终止合同所造成的损失，应给予合理补偿的条款。

9. 总括条款

比较标准规范的合同都包括一些总括条款，有些是用以确定签约各方的权力，有些则涉及一旦发生修改合同、终止合同，或出现紧急情况的处理程序。在国际性的合同中，常常包括不可抗力的条款，如：发生地震、动乱、战争等情况下不能履行合同的条款。

10. 签字

签字是监理委托合同中一项重要的组成部分，也是合同商签阶段最后一道程序。项目法人和监理工程师都签了字，便证明他们已承认双方达成的协议，合同也就具有了法律效力。项目法人可以由一个或几个人签字，这主要看法律的要求及授予签字人的职权决定。按国外的习惯，项目法人是一家独资公司时，通常授权一个人代表项目法人签字。有时，合同是由一家公司执行，还需由另一家公司作签证。如果项目法人是一股份或合营公司，则要求以董事会名义 3 人以上的签字。对于监理工程师一方来说，签字的方式将依据其法人情况决定。一般性公司，可以由法人代表或经其授权的代表签字，合伙经营者常常是授权一合伙人，代表合伙组织签字。

此外，在合同中也应明确规定有双方责任的条款。我国工程监理有关规定指出："监理单位及其成员在工作中发生过失，要视不同情况负行政、民事直至刑事责任。"由于导致工作失误的原因是多方面的，有技术的、经济的、社会的、时效的原因，责任方也可能是项目法人、设计单位、施工单位或监理工程师，所以对每一失误要作具体的分析，如果是其他方面的原因造成的失误，监理工程师不负责任；只有确属监理工程师的数据不实，检查、计算方法错误等造成了失误，才由监理工程师承担失误责任。对于项目法人未正当履行合同约定的义务则应承担违约责任，赔偿给监理单位造成的经济损失。

四、监理委托合同订立时应注意的问题

1. 坚持按法定程序签署合同

监理委托合同的签订，意味着委托代理关系的形成，委托与被委托方的关系也将受到合同的约束。因此，签订合同是件严肃的事情，必须由双方法人代表或经其授权的代表签署并监督执行。在合同签署过程中，双方可以进一步查明代表对方签字的人是否已被授予一定的职权，其实际行使的职权是否超出了被授予的范围，甚至可以要求对方出具授权签约合同的证明书。这些环节似乎繁杂，却很必要。否则，有可能造成合同失效或发生不应该的纠纷。因此，要认真注意合同签订的有关法律问题。这些问题，一般可在通晓法律的专家或受聘法律顾问的指导和协助下完成。

2. 不可忽视一些替代性的信件

有时候，尤其是对所委托的工作量很少的小项目监理服务，项目法人或监理单位认为没有必要正式签订一份合同，这时监理单位一般是采用写一封简要的信件来确认与项目法人达成的口头协议，以代表繁杂的合同商签工作。虽然说这种信件不是那么具有约束力的正规合同文件，但是，它也可以帮助确定双方的关系以及双方对项目的有关理解和意图，以免因为将来出现分歧而否定口头协议。这种将口头协议形成文字以保证其生效的信件，包括了项目法人提出的要求和承诺，它也是监理单位承担责任、履行义务的书面证据。所以说，这是一个不可忽视的替代物。

3. 监理合同的修改和变更

工程建设中难免出现许多不可预见的事件，因而经常会出现要求修改或变更合同条款的情况。如改变工作服务范围、工作进程、工作深度、费用的支付或委托和被委托方各自承担的责任等。特别是当出现需要改变服务范围和费用问题时，监理单位应该坚持要求修改合同。口头协议或者临时性交换函件等都是不可取的。可以采取修改合同的几种方式是：正式文件、信函协议或委托单。如果变动范围太大，重新制定一个新的合同来取代原有的合同，对于双方来说都是必要的。无论采用什么办法，修改之处一定要便于执行，这是避免纠纷、节约时间和资金的需要。如果忽视了这一点，仅仅是表面上通过的修改，就有可能缺乏合法性和可行性。

4. 其他应注意的问题

在监理委托合同的签署过程中，双方都应认真注意，涉及合同的每一份文件，都是双方在执行合同过程中对各自承担义务相互理解的基础。一旦出现争议，这些文件也是保护双方权力的法律基础。因此：

（1）要注意合同文字的简洁、清晰，每个措词都应该经过双方充分的讨论，以保证对工作范围、采取的工作方式以及双方对相互间的权力和义务的确切理解。如果一份写得很清楚的合同未经充分的讨论，只能是"一厢情愿"的东西，双方的理解不可能完全一致。

（2）对于一项时间要求特别紧迫的任务，在委托方选择了监理单位之后，在签订委托合同之前，双方可以通过使用意图性信件进行交流，监理单位对意图性信件的用词应认真审查，尽量使对方容易理解和接受。否则，就有可能在忙乱中致使合同谈判失败或者遭受

其他意外损失。

（3）监理单位在合同事务中，要注意充分利用有效的法律服务。监理委托合同的法律性很强，监理单位有必要配备这方面的专家，这样在准备标准合同格式、检查其他人提供的合同文件及研究意图性信件时，才不致出现失误。

思 考 题

1. 试述监理招投标的必要性。
2. 简述项目监理招标应具备的条件。
3. 监理招标文件的内容是什么？
4. 简述项目监理评标标准和方法。
5. 监理投标文件包括哪些内容？
6. 监理费用的构成有哪些？
7. 试述监理费用计算方法的种类与特点。
8. 试述签订工程监理委托合同的必要性。
9. 监理委托合同的形式有哪几种？
10. 监理委托合同的主要内容是什么？

第六章 工 程 监 理 规 划

第一节 工 程 监 理 规 划 概 述

一、工程监理规划的概念

工程监理规划是监理单位接受项目法人委托并签订委托监理合同之后，在项目总监理工程师的主持下，根据委托监理合同，在监理大纲的基础上，结合工程的具体情况，并在广泛收集工程信息和资料的情况下制定，经监理单位技术负责人批准，用来指导项目监理机构全面开展监理工作的指导性文件。

监理规划的内容，是随着工程的进展需要逐步完善、调整和补充的。监理规划的形成过程，真实地反映了一个工程项目监理的全貌。因此，它是监理单位的重要存档材料。

工程监理规划的编制应针对项目的实际情况，明确项目监理机构的工作范围、工作目标、人员配备计划和人员岗位职责，确定具体的工作制度、程序、方法和措施，并应具有可操作性。

二、监理大纲

（一）监理大纲的作用

监理大纲是监理单位为获得监理任务在投标阶段编制的项目监理方案性文件，它是监理投标书的重要组成部分。监理大纲的作用是：

（1）监理投标人通过监理大纲，使项目法人认识到该监理单位能胜任该项目的监理工作以及采用监理单位制定的监理方案能满足项目法人委托的监理工作要求，进而赢得竞争，承揽到监理业务。所以，监理大纲是为监理单位经营目标服务的，对承接监理任务起着重要作用。

（2）在监理合同签订后，监理大纲作为制订监理规划的基础。

（3）在监理合同签订后，监理大纲作为项目法人审核监理规划的基本根据。

（二）编制监理大纲的依据

编制监理大纲的主要依据是：

（1）监理招标文件。

（2）项目的特点和规模。

（3）监理单位的自身条件及以往的监理经验。

（三）编制监理大纲的要求

由于编制监理大纲的时间较短，资料少，与监理规划相比，其深度较浅。但是，应该强调的是：在编制监理大纲时，要求内容全面，能正确响应招标文件的要求，对所要监理的工程理解透彻、剖析深刻、措施得当，提出的监理工作方案合理，并能体现出监理单位的经验和管理水平。

监理大纲的内容和格式应按照监理招标文件的要求编制。有时招标文件规定了明确的内容和格式，有时，可由监理投标单位自行编排。监理大纲一般必须包括以下要点：

（1）监理单位拟组建的监理机构和拟委派的主要监理人员。

（2）根据监理范围、监理项目目标、监理服务内容和监理招标文件的其他要求和资料，监理单位制定的监理措施、程序、制度、报告等方案。

三、监理规划

（一）监理规划的作用

监理规划是监理单位根据监理委托合同确定的监理范围，并根据该项目的特点而编写的实施监理的工作计划。它是指导项目监理组织全面开展监理工作的纲领性文件，可以使监理工作规范化、标准化，其作用如下。

1. 指导项目监理组织全面开展监理工作

对项目监理组织全面开展监理工作进行指导，是监理规划的基本作用。工程项目实施监理是一个系统的过程，它需要制定计划，建立组织，配备监理人员，进行有效地领导，并实施目标控制。因此，事先须对各项工作做出全面地、系统地、科学地组织和安排，即确定监理目标，制定监理计划，安排目标控制、合同管理、信息管理、组织协调等各项工作，并确定各项工作的方法和手段。

2. 监理规划是主管机构对监理单位实施监督管理的重要依据

工程监理主管机构对社会上所有监理单位都要实施监督、管理和指导，对其管理水平、人员素质、专业配套和监理业绩要进行核查和考评，以确认它的资质和资质等级，以使我国整个工程监理能够达到应有的水平。要做到这一点，除了进行一般性的资质管理工作之外，更为重要的是通过监理单位的实际监理工作来认定它的水平。而监理单位的实际水平可从监理规划和它的实施中充分地表现出来。因此，工程监理主管机构对监理单位进行考核时应当十分重视对监理规划的检查。它是工程监理主管机构监督、管理和指导监理单位开展工程监理活动的重要依据。

3. 监理规划是项目法人确认监理单位是否全面、认真履行监理合同的主要依据

监理单位如何履行工程监理合同？如何落实项目法人委托监理单位所承担的各项监理服务工作？作为监理的委托方，项目法人不但需要而且应当加以了解和确认，同时，项目法人有权监督监理单位执行监理合同。监理规划正是项目法人了解和确认这些问题的最好资料，是项目法人确认监理单位是否履行监理合同的主要说明性文件。规划应当能够全面而详细地为项目法人监督监理合同的履行提供依据。

4. 监理规划是监理单位重要的存档资料

项目监理规划的内容随着工程的进展而逐步调整、补充和完善，在一定程度上真实地反映了一个工程项目监理的全貌，是最好的监理过程记录。因此，它是每一家监理单位的重要存档资料。

监理规划与监理大纲的主要区别是：一方面，由于监理规划起着更具体地指导监理单位内部自身业务工作的功能性作用，它是在明确监理委托关系，在更详细占有有关资料的基础上编制而成的，所以其包括的内容与深度要比监理大纲更为具体和详细；另一方面，经项目法人同意的监理规划将成为监理单位实施监理的方案性文件，对监理单位更具有约束力和指导作用。

（二）编制监理规划的依据

监理规划编制的主要依据如下：

（1）建设工程相关的法律、法规和规章。

（2）项目建设批准文件。

（3）工程建设相关的规范、规程、标准、设计文件和有关技术资料。

（4）项目建设规模、特点和建设条件，监理工作、生活条件和外部条件。

（5）监理合同（含监理大纲）及与所监理项目相关的合同文件。

（三）编制监理规划的要求

监理规划的编制应由项目总监理工程师主持，专业监理工程师参加。在监理规划中，应结合所监理项目的特点和合同要求，体现总监理工程师的组织管理思想、工作思路和总体安排。监理规划的编写应符合下列基本要求：

（1）监理规划的内容应具有针对性、指导性。每个监理项目各有其特点，监理单位只有根据监理项目的特点和自身的具体情况编制监理规划，而不是照搬以往的或其他项目的内容，才能保证监理规划对将要开展的监理工作具有指导意义和实用价值。

（2）监理规划应具有科学性。在编制监理规划时，只有重视科学性，才能提高监理规划的质量，从而不断指导、促进监理业务水平的提高。

（3）监理规划应实事求是。坚持实事求是，是监理单位开展监理工作和市场业务经营中的原则。只有实事求是地编制监理规划并在监理工作中认真落实，才能保证监理规划在监理机构内部管理中的严肃性和约束力，才能保证监理单位在项目监理中和监理市场中的良好信誉。

四、监理实施细则

（一）监理实施细则的作用

监理实施细则是在监理规划指导下，在落实了各专业监理的责任后，由专业监理工程师针对项目的具体情况编制的更具有实施性和可操作性的业务文件。它起着具体指导监理实物作业的作用。

（二）编制监理实施细则的依据

监理实施细则编制的主要依据为：

（1）监理合同、监理规划以及与所监理项目相关的合同文件。

（2）设计文件，包括设计图纸、技术资料以及设计变更。

（3）工程建设相关的规范、规程、标准。

（4）承包人提交并经监理机构批准的施工组织设计和技术措施设计。

（5）由生产厂家提供的工程建设有关原材料、半成品、构配件的使用技术说明，工程设备的安装、调试、检验等技术资料。

（三）编制监理实施细则的要求

监理实施细则一般应按照施工进度要求在相应工程开始施工前，由专业监理工程师编制并经总监理工程师批准。监理实施细则的编制应符合监理规划的要求，并应结合工程项目的专业特点，做到详细、具体、具有可操作性。

第二节　监理规划的主要内容

一、总则

（1）工程项目的基本概况。简述工程项目的名称、性质、等级、建设地点、自然条件与外部环境；工程项目组成及规模、特点；工程项目建设目的。

（2）工程项目的主要目标。工程项目总投资及组成、计划工期（包括项目阶段性目标的计划开工日期和完工日期）、质量目标。

（3）工程项目的组织。工程项目主管部门、项目法人、质量监督机构、设计单位、承包人、监理单位、材料设备供货人的简况。

（4）监理工程的范围和内容。项目法人委托监理的工程范围和服务内容等。

（5）监理的主要依据。列出开展监理工作所依据的法律、法规、规章，国家及部门颁发的有关技术标准，批准的工程建设文件，以及有关合同文件、设计文件等的名称、文号等。

（6）监理组织。现场监理机构的组织形式与部门设置，部门分工与协作，主要监理人员的配置和岗位职责等。

（7）监理工作的基本程序。

（8）监理工作的主要方法和主要制度。制定技术文件审核与审批，工程质量检验，工程计量与付款签证，会议，施工现场紧急情况处理，工作报告、工程验收等方面的监理工作的具体方法和制度。

（9）监理人员守则和奖惩制度。

二、工程质量控制

（1）质量控制的原则。

（2）质量控制的目标。根据有关规定和合同文件，明确合同项目各项工作的质量要求和目标。

（3）质量控制的内容。根据监理合同，明确监理机构质量控制的主要工作内容和任务。

（4）质量控制的措施。明确质量控制程序和质量控制方法，并明确质量控制点、质量控制要点与难点。

（5）明确监理机构所应制定的质量控制制度。

三、工程进度控制

（1）进度控制的原则。

（2）进度控制的目标。根据工程基本资料，建立进度控制目标体系，明确合同项目进度的控制性目标。

（3）进度控制的内容。根据监理合同，明确监理机构在施工中进度控制的主要工作内容。

（4）进度控制的措施。明确合同项目进度控制程序、控制制度和控制方法。

四、工程投资控制

（1）投资控制的原则。

（2）投资控制的目标。依据施工合同，建立投资控制体系。

（3）投资控制的内容。依据监理合同，明确投资控制的主要工作内容和任务。

（4）投资控制的措施。明确工程计量方法、程序和工程支付程序以及分析方法；明确监理机构所需制定的工程支付与合同管理制度。

五、合同管理

（1）变更的处理程序和监理工作方法。

（2）违约事件的处理程序和监理工作方法。

（3）索赔的处理程序和监理工作方法。

（4）担保与保险的审核和查验。

（5）分包管理的监理工作内容与程序。

（6）争议的调解原则、方法与程序。

（7）清场与撤离的监理工作内容。

六、协调

（1）明确监理机构协调工作的主要内容。

（2）明确协调工作的原则与方法。

七、工程验收与移交

明确监理机构在工程验收与移交中工作的内容。

八、保修期监理

（1）明确工程保修期的起算、终止和延长的依据和程序。

（2）明确保修期监理的主要工作内容。

九、信息管理

（1）信息管理程序、制度及人员岗位职责。

（2）文档清单及编码系统。

（3）文档管理计算机管理系统。

（4）文件信息流管理系统。

（5）文件资料归档系统。

（6）现场记录的内容、职责和审核。

（7）现场指令、通知、报告内容和程序。

十、监理设施

（1）制定现场交通、通信、试验、办公、食宿等设施设备的使用计划。

（2）制定交通、通信、试验、办公等设施使用的规章制度。

十一、其他根据合同项目需要应包括的内容

第三节　监理实施细则的主要内容

一、总则

（1）编制依据。包括施工合同文件、设计文件与图纸、监理规划、经监理机构批准的施工组织设计及技术措施（作业指导书），由生产厂家提供的有关材料、构配件和工程设备的使用技术说明，工程设备的安装、调试、检验等技术资料。

（2）适用范围。写明该监理实施细则适用的项目或专业。

（3）负责该项目或专业工程的监理人员及职责分工。

（4）适用工程范围内使用的全部技术标准、规程、规范的名称、文号。

（5）项目法人为该项工程开工和正常进展应提供的必要条件。

二、开工审批内容和程序

（1）单位工程、分部工程开工审批程序和申请内容。

（2）混凝土浇筑开仓审批程序和申请内容。

三、质量控制的内容、措施和方法

（1）质量控制标准与方法。根据技术标准、设计要求、合同约定等，具体明确工程质量的质量标准、检验内容以及质量控制措施，明确质量控制点及旁站监理方案等。

（2）材料、构配件和工程设备质量控制。具体明确材料、构配件和工程设备的运输、储存管理要求，报验、签认程序，检验内容与标准。

（3）工程质量检测试验。根据工程施工实际需要，明确对承包人检测试验室配置与管理的要求，对检测试验的工作条件、技术条件、试验仪器设备、人员岗位资格与素质、工作程序与制度等方面的要求；明确监理机构检验的抽样方法或控制点的设置、试验方法、结果分析以及试验报告的管理。

（4）施工过程质量控制。明确施工过程质量控制要点、方法和程序。

（5）工程质量评定程序。根据规程、规范、标准、设计要求等，具体明确质量评定内容与标准，并写明引用文件的名称与章节。

（6）质量缺陷和质量事故处理程序。

四、进度控制的内容、措施和方法

（1）进度目标控制体系。该项工程的开工、完工时间，阶段目标或里程碑时间，关键节点时间。

（2）进度计划的表达方法。如横道图、柱状图、网络图（单代号、双代号、时标）、关联图、"S"曲线、"香蕉"图等，应满足合同要求和控制需要。

（3）施工进度计划的申报。明确进度计划（包括总进度计划、单位工程进度计划、分部工程进度计划、年度计划、月计划等）的申报时间、内容、形式、份数等。

（4）施工进度计划的审批。明确进度计划审批的职责分工、要点、时间等。

（5）施工进度的过程控制。明确施工进度监督与检查的职责分工；拟定检查内容（包括形象进度、劳动效率、资源、环境因素等）；明确进度偏差分析与预测的方法和手段（如采用的图表、计算机软件等）；制定进度报告、进度计划修正与赶工措施的审批程序。

（6）停工与复工。明确停工与复工的程序。

（7）工期索赔。明确控制工期索赔的措施和方法。

五、投资控制的内容、措施和方法

（1）投资目标控制体系。投资控制的措施和方法；各年的投资使用计划。

（2）计量与支付。计量与支付的依据、范围和方法；计量申请与付款申请的内容及应提供的资料；计量与支付的申报、审批程序。

（3）实际投资额的统计与分析。

（4）控制费用索赔的措施和方法。

六、施工安全与环境保护控制的内容、措施和方法

（1）监理机构内部的施工安全控制体系。

（2）承包人应建立的施工安全保证体系。

（3）工程不安全因素分析与预控措施。

（4）环境保护的内容与措施。

七、合同管理的主要内容

（1）工程变更管理。明确变更处理的监理工作内容与程序。

（2）索赔管理。明确索赔处理的监理工作内容与程序。

（3）违约管理。明确合同违约管理的监理工作内容与程序。

（4）工程担保。明确工程担保管理的监理工作的内容。

（5）工程保险。明确工程保险管理的监理工作内容。

（6）工程分包。明确工程分包管理的监理工作内容与程序。

（7）争议的解决。明确合同双方争议的调解原则、方法与程序。

（8）清场与撤离。明确承包人清场与撤离的监理工作内容。

八、信息管理

（1）信息管理体系。包括设置管理人员及职责，制定文档资料管理制度。

（2）编制监理文件格式、目录。制定监理文件分类方法与文件传递程序。

（3）通知与联络。明确监理机构与项目法人、承包人之间通知与联络的方式与程序。

（4）监理日志。制定监理人员填写监理日志制度，拟定监理日志的格式、内容和管理办法。

（5）监理报告。明确监理月报、监理工作报告和监理专题报告的内容和提交时间、程序。

（6）会议纪要。明确会议纪要记录要点和发放程序。

九、工程验收与移交程序和内容

（1）明确分部工程验收程序与监理工作内容。

（2）明确阶段验收程序与监理工作内容。

（3）明确单位工程验收程序与监理工作内容。

（4）明确合同项目完工验收程序与监理工作内容。

（5）明确工程移交程序与监理工作内容。

十、其他根据项目或专业需要应包括的内容

思 考 题

1. 监理规划的基本概念是什么？

2. 工程监理规划编写的要求是什么？

3. 工程监理规划包括哪些主要内容？

4. 监理规划的作用是什么？

5. 监理工作的内容是什么？

6. 监理的工作方法及措施有哪些？

7. 工程监理工作中一般要制定哪些制度？

第七章　施工准备阶段监理

施工准备阶段是指初步设计完成后至工程开工前的建设阶段。施工准备阶段是一个极为重要的工作阶段，它的工作质量对整个项目建设的工期、质量、安全、经济都起着举足轻重的作用。从技术经济的角度来讲，施工准备是一个施工方法、人力、机械、物资投入、工期、质量、成本的设计和比选的优化过程；而从项目实施角度来讲，施工准备则是为项目按期开工创造必要的技术物质条件。因此，参与工程建设的有关单位，都必须对该阶段的工作予以足够的投入和重视。

项目法人在施工准备阶段必须完成以下工作：

（1）施工现场的征地、拆迁。

（2）完成施工用水、电、通信、道路和场地平整等工程。

（3）必须的生产、生活、临时建筑工程。

（4）组织招标设计、咨询、设备和物资采购等服务。

（5）组织工程监理和施工招标投标，并择优选定工程监理单位和施工单位。

施工单位在施工准备阶段应做好人力、材料、机具、经济、技术、设施的组织调配工作。

监理单位在施工准备阶段的工作有三个方面：一是监理单位自身的准备工作；二是确认项目法人的准备工作；三是检查承包商的准备工作。

第一节　监理机构的准备工作

监理单位与项目法人签订委托监理合同后，在工程项目开工前，应设置监理机构，按合同文件规定的人员配备计划进驻工地开展监理工作。为保证监理工作顺利开展，监理机构应做好以下准备工作。

一、熟悉工程建设合同文件

合同文件是开展监理工作的依据，监理人员应全面熟悉工程建设合同文件，通过对监理合同、施工合同、施工图纸及相关技术标准的学习，确定监理目标及范围，明确监理职责及权利，了解工程内容及要求，同时对合同文件中存在的问题进行记载与查证，做出合理的解释，提出合理的处理方案，这样，在今后的监理工作中才能做到有的放矢。

二、施工环境调查

施工环境是影响工程施工的一项重要因素，监理机构应对工程所在的自然环境（如地质、水文、气象、地形、地貌、自然灾害情况等）和社会环境（如当地政治局势、社会治安、建筑市场状况、相关单位、基础设施、金融市场情况等）做必要的调查研究。重点对可能造成工程延期和（或）费用索赔的施工环境进行实际调查和掌握。如：

（1）设计阶段尚未发现并在图纸上尚未明示的地下障碍。

（2）施工场地范围内尚未拆迁的建筑物及其他障碍物。

（3）施工中可能危及安全的建筑物及设施。

（4）可能危及工程安全的自然灾害及地质病害。

（5）工程所在地建材价格、质量情况及地方资源条件等。

上述调查都要以实际数据为基础，调查结果以图表的形式分类存档。

三、编制监理规划

监理规划是在项目监理机构充分分析和研究建设工程的目标、技术、管理、环境及承建单位、协作单位等方面的情况后，由项目总监理工程师主持编写的，是指导项目监理机构开展监理工作的指导性文件。监理规划应在开工之前编写完成，并经监理单位技术负责人批准后报送项目法人。监理规划的内容及编制要求详见第六章。

四、监理细则与表式文件编制

监理实施细则是在监理规划的基础上，由项目监理机构的专业监理工程师针对建设工程中某一专业或某一方面的监理工作编写的，并经总监理工程师批准实施的操作性文件。在相应专业工作实施前，专业监理工程师应完成分项工程监理实施细则、监理报表等文件的编制工作，其内容详见第六章及附录。

五、制定监理工作程序

为使监理工作科学、有序地进行，监理机构应按监理工作的客观规律及监理规范要求制定工作流程，以便规范化地开展监理工作。

（1）制定监理工作总程序应根据专业工程特点，并按工作内容分别制定具体的监理工作程序。

（2）制定监理工作程序应体现事前控制和主动控制的要求。

（3）制定监理工作程序应结合工程项目的特点，注重监理工作的效果。监理工作程序中应明确工作内容、行为主体、考核标准、工作时限。

（4）当涉及到项目法人和承包单位的工作时，监理工作程序应符合委托监理合同和施工合同的规定。

（5）在监理工作实施过程中，应根据实际情况的变化对监理工作程序进行调整和完善。

六、编制综合控制进度计划

监理公司受项目法人委托，对某一工程项目建设进行监理，力求实现项目法人期望的工程质量、工期及造价目标。为了使项目法人制定的合理工期目标的实现，监理公司应当编制一个较为详细而又科学可行的综合进度控制计划。一个工程项目的建设周期一般都较长，涉及到许多方面，又受环境、交通、气候、水电等因素影响，故对各分包、各工种插入的先后次序及相互间的搭接配合，各种成品、半成品、机电设备的定货到货时间等，都需要予以统筹安排，不然就会因为某个方面考虑不周，动作迟缓，而影响到整个项目。综合进度计划就是把各个个体的活动统配在一个盘子里。它依据项目法人的工期要求，结合国家工期定额，施工程序和有关合同条件，综合各种有利和不利因素，确定各有关工作的最佳起始时间和最终必须完成时间，合理分配使用空间和时间，以个体保证整体。所以它对项目法人、设计单位、承包商、供应商均具有约束力。各方都必须严格按照计划的要求开展工作，不得有半点随意性。监理工程师应该负责编制并监督协调执行这个计划。

七、编制投资控制规划与资金投入计划

为了更好地控制投资，监理机构应于施工前做出投资控制规划，其目标就是使实际投资值不大于施工合同价款。这一投资控制规划，实际上就是将合同造价按建筑工程分部分项切片分解，或叫合同造价肢解。即把一个笼统的货币数字变成一个个具体的有数量、有单价、有合价的分块，便于掌握、分析与控制。然后再对每一块造价进行预测分析，析解出其固定不变造价和可变造价，再对可变造价制定控制措施，对各类可变因素综合分析研究之后，对投资可能增加的比率事先就能估测出一个概数。如果在控制过程中重点对预先已分析出的可变部分加强控制预防的话，这种可变因素也可以减弱或消失。于是投资增大的幅度就可减少，最多也不会超过最初规划时分析估计的那一概数。如此，这一控制规划及该监理公司的投资控制就算是成功的。为此监理公司应将分解后的投资控制份额分配落实到部门人头，人人负责，层层把关，从设计变更、技术措施、现场签证、价格审批到增加造价的新技术、新工艺、新材料的使用，都要从严控制，真正从技术、经济、管理各个方面把投资控制好。

在投资控制规划做出之后，我们就可以根据综合进度计划与有关合同来编制资金投入计划。各期的资金投资数额除按照合同价分解的数值考虑外，还应加一个该期可能发生的增加系数，以便实际上发生超增时有备无患。如该期超增数因控制得当而未发生时，可通知项目法人减调下期的筹措资金。同时在编排资金投入计划时要注意可能发生的工期提前现象。所以，项目法人在控制资金投入计划筹措资金时，最好能较计划投入期提前 2～3 个月。

八、编制质量预控措施和分项监理流程图

质量控制目标在施工合同中均已予以明确，质量标准在国家施工验收规范和有关设计文件中也已确定。为了按标准要求实现合同确定的质量目标，监理机构应将质量目标具体化，即予以细化分解。为此，在开工前应组织专业监理人员按分项或工序编制质量预控措施和分项监理流程图，并将该图下发给施工单位，以便在今后施工中配合工作。

九、准备监理设备

在项目开工前，监理机构要作好各项物质准备，包括：办公设施、办公生活用房、交通工具、通信工具、实验测量仪器等。以上装备根据监理合同约定，部分由监理单位自备，部分由项目法人提供。

十、协助项目法人做好施工准备工作

在工期目标确定之后，项目法人、承包商、监理机构都要认真准备，为项目按时开工积极创造条件，而项目法人的施工准备工作更不容忽视。许多项目法人往往有一种错误的认识，认为一旦合同签订，似乎所有问题就都由承包商负责了，这种认识往往导致准备不周而贻误工程，甚至还会引起承包商索赔。对此监理机构在施工准备阶段要特别予以注意，要认真检查项目法人负责的准备工作是否办妥和符合要求，如有不妥应尽早采取措施，督促或帮助项目法人尽快予以完善，以满足开工的需要。

1. 检查核对施工图纸

一般情况下，施工图纸已在招标前完成。监理机构在进场后，应对施工图纸包括标准

图进行一次认真的清点核对，看其是否配套齐全。如果施工图纸不够齐全，不能满足施工的需要时，则应尽快报告项目法人与设计单位联系，查明原因，落实补图时间。这个时间应与承包商的施工准备及开工时间相协调。

2. 检查开工前需要办理的各种手续

由于各地区对于报建手续要求不尽统一，监理公司新到一个地方开展监理工作时，首先要了解当地政府建设主管部门对项目开工前需要办理的手续种类。依此来检查项目法人完成的情况。未完部分督促、协助项目法人尽快办妥，争取在合同规定的开工日期之前办妥施工许可证。

3. 检查施工现场及三通一平工作

察看规划部门的放线资料是否齐全，指定施工使用的坐标点、高程控制点有无松动变位，若有变动，应请原给点单位进行复测确认，并对这些点进行特别的加固保护。

查询项目法人应提供的道路、供电、供水、通信等条件是否具备。

4. 了解资金到位情况

根据施工合同及施工组织设计编制资金使用计划。向项目法人了解资金到位情况及资金筹集渠道，对项目法人提出资金运行方面的咨询意见，确保对工程价款的支付。防止项目法人对此认识估计不足造成支付上的困难，拖欠施工单位进度款，从而处于违约被动的地位。

5. 了解大型设备定货情况

目前许多项目的大型机电设备定货，都是由项目法人负责。由于机电设备从订货到供货进场周期较长，规模型号及其有关的技术参数差别较大，而这些技术参数还可能涉及到设计修改和施工变更，故应尽早落实。监理机构在施工准备阶段，就应该了解项目法人在这方面的安排，并依据项目法人的意图，对原有设备定货计划进行审查和调整，对有关技术问题提出建议，以满足工程建设的需要。

6. 了解工程保险情况

风险管理在国外的项目管理中是一项不容忽视的重要内容，随着建筑市场的开放、发展与完善，在国内正逐步被认识并渐渐引起重视。风险管理是监理单位的一项重要服务内容，在接受项目法人委托之后，监理单位应对工程所有的风险因素进行分析预测，并在此基础上制定有效措施，对风险进行预控，在充分分析论证的基础上，确定风险保留部分和风险转移部分。而解决风险转移的最有效办法是向保险公司投保。目前我国对建筑工程的保险种类有三种：建筑工程险；人身保险；第三者责任保险。监理工程师应于开工前，向项目法人了解投保情况，并根据工程特点，对投保方式向项目法人提出咨询。

第二节　施工准备的监理工作

施工准备工作的基本任务是为拟建工程的施工建立必要的技术、物质条件，统筹安排施工力量和施工现场，是工程施工顺利进行的根本保证。施工准备工作的主体是施工单位。在施工准备阶段监理机构应该积极参与，热情帮助，多出主意，当好参谋，为项目的尽早开工创造条件，与施工单位共同创建一个良好的施工环境。为此，监理机构应做好以下几项工作。

一、尽快向施工单位办理有关交接工作

为了帮助施工单位尽快进入角色，加快施工准备工作，监理机构应会同项目法人尽早将施工现场向施工单位办理交接，主要包括：

（1）场地界线及自然地貌情况，四邻各类原有建筑物的详细情况。

（2）水源、电源接驳点及其管径、流量、容量等，如已装有水表电表的，双方应办理水表、电表读数认证手续。

（3）水准点、坐标点交接。

（4）占道及开路口的批准文件，具体位置及注意事项。

（5）地下工程管线情况。

（6）交待指定排污点及市政对施工排水的要求。

（7）如果施工现场处于古代历史文化区域时，应提醒施工单位注意对可能碰到的地下文物的保护。

（8）按合同规定份数向施工单位移交施工图纸、地质勘察报告及有关技术资料。

（9）其他施工单位需要了解的情况。

二、组织好图纸会审与技术交底

施工图纸是施工的依据，施工单位必须严格按图施工；施工图纸同样也是监理的依据，因此熟悉施工图纸、理解设计意图、搞清结构布局是监理机构和施工单位的首要任务。同时由于施工图纸数量大，涉及到多个专业，加之各种其他影响因素，设计图纸中难免存在不便施工、难以保证质量以及错漏等问题，故应于施工前进行施工图纸会审，尽可能早地发现图纸中的问题，以减少不必要的浪费与损失。

图纸会审与技术交底是一项重要的技术准备工作，监理机构必须特别重视。应由总监理工程师负责专门抓好这项工作。首先在征求施工单位意见的基础上，尽早商定图纸会审的日期，或安排一个日程表，通知设计单位等有关方面，以便做好充分准备，提高图纸会审的质量。这个时间不宜太短，应给施工单位以足够的阅图时间，以便把图纸吃透、问题看准。监理工程师也要花大量的精力研究熟悉图纸，弄清设计要求、结构体系及关键环节，准备会审意见，其间要与施工单位保持经常的联系，收集阅图中发现的问题，随时与设计单位进行信息交流，早做准备。

图纸会审与技术交底是两项工作。正常的做法应是按先交底后会审的次序进行，技术交底是设计单位在向施工单位全面介绍设计思想的基础上，对新结构、新材料、重要结构部位和易被施工单位忽视的技术问题进行技术交底，并提出在确保施工质量方面具体的技术要求。在此基础上进行阅图和会审，将会有利于施工单位对图纸的理解。

图纸会审在技术交底之后，施工单位在认真仔细地阅读核对图纸的基础上，主要抓以下几个关键环节：

（1）核对设计图纸是否符合国家有关技术政策、标准、规范和批准的设计文件精神。

（2）图纸及设计说明是否完整、清楚、明确、齐全，图中尺寸、坐标、标高是否正确，相互间有无矛盾。

（3）总平面与施工图的几何尺寸、平面位置、标高等是否一致。

（4）地基处理方法是否合理，主体与细部是否存在不能施工、不便于施工的技术问题，或容易导致质量、安全、工程费用增加等方面的问题。

（5）各专业图纸本身是否有差错或矛盾，各专业之间在平面与空间上有无矛盾，表示方法是否清楚，是否符合制图标准，预埋件是否表示清楚。

（6）建筑物内部工艺管道、电气线路、设备装置、运输道路与建筑物之间或相互间有无矛盾，布置是否合理。

（7）防火措施的设计是否符合防火规范的要求。

（8）有无特殊结构，如有，其设计深度是否足够，施工单位的技术装备条件能否完成。

（9）图中涉及到的特殊材料及配件本地能否供应，要求的品种、规格、数量是否满足需要。

（10）施工安全、环境卫生有无保证。

（11）施工图中所列各种标准图册施工单位是否具备。

（12）图中有无含糊不清之处。

（13）有无修改方面的建议与要求。

技术交底与图纸会审应由项目法人主持，各方都要做好图纸会审记录并由监理机构整理编写成图纸会审纪要，交由参加图纸会审各方会签，设计单位审定盖章后，下发施工单位实施。经项目法人、施工单位、设计单位及监理单位确认的图纸会审纪要，与施工图具有同等效力。

三、督促编制施工图预算

编制施工图预算是施工准备工作的一个重要部分，只有通过施工图预算才能提供准确的工程量和施工材料数量，为编制施工组织设计提供数据，故监理公司应督促施工单位尽早编制，并于编制完成后抓紧予以审查。

四、施工组织设计的审查

施工组织设计是指导施工现场全部生产活动的技术经济文件，是施工单位组织施工的纲领性文件，编制施工组织设计是施工单位最主要最关键的施工准备工作，审查施工组织设计同样也是监理机构的一项非常重要工作。

（一）监理单位审查施工组织设计的指导思想

监理单位审查施工组织设计的指导思想是：通过对方案的经济技术分析比较、综合、评估，优选一个经济、实用、安全、可行的最佳方案，达到投入少、工期快、质量好的目的。

（二）审查施工组织设计的原则

（1）施工组织设计应符合当前国家基本建设方针与政策，突出了"质量第一，安全第一"的原则。

（2）施工组织设计应与施工合同条件相一致。

（3）施工组织设计中的施工程序和顺序，应符合施工工艺原则和本工程的特点，对冬季、雨季施工应制定有效措施，且在工序上有所考虑。

（4）施工组织设计应优先选用目前先进成熟的施工技术。

（5）施工组织设计应采用流水施工方法和网络计划技术，做到连续均衡施工。

（6）施工机械的选用配备应经济合理，满足工期与质量的要求。

（7）施工平面图的布置与地貌环境、建筑平面协调一致，并符合紧凑合理、文明安全、节约方便的原则。

（8）降低成本、确保质量和安全的措施科学合理。

（三）施工组织设计审查的重点

施工组织设计审查的重点是：施工方案（施工方法）、施工进度计划及施工平面布置。

1. 施工方案（施工方法）的审查

对施工方案（施工方法）审查，首先从以下几个方面入手，再在此基础上做综合评述。

（1）在通阅方案的基础上，审视该方案与本工程所处的地貌环境、结构特点及合同要求是否一致，如果相互矛盾，应要求施工单位修改。

（2）审查施工程序与顺序有无不妥。施工程序就是根据施工生产的固有特点和规律，合理安排施工的起点、流向和顺序，这种程序一般是遵循"先准备后施工，先地下后地上，先土建后安装，先主体后围护，先结构后装修"的原则，它受施工条件，工程性质，使用要求的影响。这种程序能满足缩短工期、保证质量的要求，一般是不能违背的。而每一个施工过程的施工顺序则更为严格，它一般情况是不允许更改的。它是由施工工艺、施工组织、施工方法和质量要求来确定的。对于施工程序和顺序的审查要依据设计要求、国家技术规范和合同条件，结合同类工程施工经验仔细进行。对选用个别非常规程序的施工方法，如地下建筑物施工中的逆作法，它又有自身的工艺程序，在应用时也必须严格遵守。

（3）审查施工流水段的划分。一个先进的施工组织设计必须采取流水施工交叉作业的施工方法，而流水段的划分影响着施工方案的结构和人力、物力、设备的投入，也影响着工期和成本。因此在审查时，我们应突出以下四个重点：

1）段的分界必须是结构上允许停歇的地方。

2）流水段的工程量应大致相等，施工生产做到连续均衡。

3）流水段的数量与主要施工过程数量间的关系符合常规要求。

4）每段工程量与劳力、设备投入及计划工日间应满足：

$$T = \frac{Q}{RS} \qquad (7-1)$$

式中　T——该段计划持续时间；

　　　Q——该段工程量；

　　　R——计划投入的人力、设备数量；

　　　S——产量定额。

（4）审查选用的施工机械。施工机械化程度是现代化施工生产的标志，但绝不是越多、越大越好，应本着工程需要、实际可能、经济合理的原则去配置，而所配置设备的型号、数量，应与工程规模、工期、成本相适应。故在审查这一部分时，可根据设备的技术性能、效率及运行成本进行定量的分析比较，以确定机械配置的合理程度。

（5）主要施工方法的审查。主要施工方法是施工方案的核心，也是监理工程师审查的重点。先进的施工方法应满足以下三个条件：

1）有利于提高工效，改善劳动环境和降低工程成本。

2）有利于提高工程质量又不打乱原方案的流水走向及流水段。

3）有利于施工生产的标准化、工厂化、机械化，而又满足工艺技术上的要求。

某些施工方法涉及到重要工程部位和复杂施工技术，或采用新技术、新结构、新工艺的施工过程，故对于这些主要施工方法的审查，一定要采用认真、慎重、负责的态度，要了解施工单位对这些方法的熟练程度、管理水平以及当地的施工水平及市场条件，然后再决定取舍，没有把握的施工方法是不能同意使用的。

某些施工方法又常常涉及到额度较大的费用。如深基坑施工中的支护方法和降水方法，不同方法间的差额有时能达数十万元至上百万元，对成本影响较大。在审查这些方法时，就要结合埋深、地貌、地质、水文、季节、气候等条件进行综合分析，在确保施工质量和安全的前提下，审定最佳施工方法。

（6）审查技术组织措施。技术组织措施是在技术、组织方面为保证质量安全和降低成本所采取的方法，它与施工企业技术管理水平和施工经验有着密切的关系。

对于这部分的审查重点，应放在质量保证措施及安全生产措施上，而降低成本措施，对固定总价合同项目审查可以从简。

1）质量保证措施。

A. 组织措施：

a. 审查施工单位的质量保证体系是否健全，各级质检人员资质及素质是否符合要求。

b. 是否建立了分级质量责任制，工序间自检、互检、交接检查制度是否执行。

c. 全员质量意识如何，有无培训措施。

d. 质量有无奖罚办法措施。

B. 技术措施：

a. 是否按工法组织施工，有无事前技术交底制度和备有工序施工技术工艺卡。

b. 质量监控手段和使用检测工具，中心试验室设备及人员配置情况如何，计量管理水平如何。

c. 审查使用新材料、新技术、新工艺的具体技术措施。

某些技术措施常常会引起成本费用的变化，如新材料、新技术、新工艺的使用，对这种情况，除进行技术可靠性的审查论证外，还应对成本的影响进行比较。凡引起建筑成本上升的新材料、新工艺、新技术，都要从严控制。

2）安全生产措施。安全生产人命关天，频繁的安全事故会严重影响工人的心理情绪，影响施工质量，故施工生产必须树立"安全第一，预防为主"的思想。为此，在施工组织设计中应有安全生产的组织与技术措施，严格贯彻执行"建设工程安全生产管理条例"。

按照"谁管生产谁管安全"的原则，建立安全生产保证体系、安全生产教育制度和安全生产责任制。项目要按规定设专职安全员，施工班组要设兼职安全员。

此外，监理机构应当重视对安全生产措施的审查和实施监督。

2. 施工进度计划的审查

施工进度计划是用线条和网络形象表达的施工组织设计的缩影，是指导实际施工生产和控制工期的纲领。监理单位对施工进度计划的审查应突出以下几个重点：

（1）施工进度计划的开工、竣工时间，即工期应与合同要求相一致，应与监理单位编制的综合进度控制计划相吻合，计划安排上留有一定的调节余地。

（2）检查施工进度计划图中所描述的施工程序、顺序、流水段和流水走向与施工组织设计以及相应的技术、工艺、组织要求是否一致。

（3）用定额法审查每一个施工过程的持续时间有无不当，这个时间应与机械设备、劳力调配及材料半成品供应计划相一致。

（4）对该进度计划均衡特征及工期费用特征做出评价。

3. 施工总平面布置的审查

施工总平面审查应掌握三个原则，即布局科学合理、满足使用要求和费用低。

（1）布局是指施工机械、施工道路、材料堆场、生产生活临时设施、水电管线等在平面上的位置安排，这种安排从以下六个方面考虑：

1）布局紧凑、占地少，方便施工，保证安全。

2）水平运距短，二次搬运少，装、卸、吊方便。

3）生产设施要在道路两侧布置，便于运输。

4）生产设施与生活设施要分设，避免互相干扰。

5）不占用拟建永久建筑物位置，不破坏地下管线，不影响市容。

6）注意防火安全，易燃易爆仓库要远离施工区并有安全防护措施。

（2）满足施工使用要求。

1）审查各种临时设施的面积、容量、质量与施工方案和进度要求是否适应。材料储备和成品、半成品的加工能力能否满足连续施工需要。审查各类仓库、加工棚（厂）和生活设施的面积。

2）核算用水量。施工用水量 q_1：

$$q_1 = K_1 \sum Q_1 N_1 \frac{K_2}{8 \times 3600} \tag{7-2}$$

式中　q_1——施工用水量，L/s；

　　　K_1——未预见施工用水系数，取 $1.05 \sim 1.15$；

　　　K_2——用水不均衡系数（现场取 1.50，附属生产企业取 1.25，施工机械及运输工具取 2.0，动力设备取 1.10）；

　　　Q_1——最大用水日完成的施工工程量，附属企业产量或机械台班数；

　　　N_1——施工用水定额或机械用水定额。

生活用水量 q_2：

$$q_2 = Q_2 N_2 \frac{K_3}{8 \times 3600} + Q_3 N_3 \frac{K_4}{24 \times 3600} \tag{7-3}$$

式中　q_2——生活用水量，L/s；

　　　Q_2——现场高峰施工人数；

N_2——现场生活用水定额，一般取 $20\sim60$L/（人·班）；

K_3——现场用水不均衡系数取 $1.30\sim1.50$；

Q_3——居住区高峰职工及家庭人数；

N_3——居住区昼夜生活用水定额，一般取 $100\sim200$L/（人·天）；

K_4——居住区生活用水不均衡系数 $2.00\sim2.50$。

按照以上各式计算用水量后即可算出总用水量 Q：

当 $(q_1+q_2)\leqslant q_3$ 时，则　$Q=1/2\;(q_1+q_2)\;+q_3$；

当 $(q_1+q_2)>q_3$ 时，则　$Q=q_1+q_2+q_3$；

当 $(q_1+q_2)<q_3$ 且工地面积小于5ha时，则 $Q=q_3$，$Q_总=1.1Q$。

用水量算出后可核算供水管径：

$$D_t = \sqrt{4000Q_t/\pi V} \tag{7-4}$$

式中　D_t——某供水管径，mm；

Q_t——某段供水量，L/s；

V——管网中流速度，m/s，一般为 $1.5\sim2.0$m/s。

施工机械和动力设备总需要电容量按下式计算：

$$S_动 = 1.1\left(K_1 \frac{\sum p_i}{\cos\varphi}+K_2\right)\sum S_i \tag{7-5}$$

式中　$\sum p_i$——各种施工机械动力设备功率之和，kW；

$\sum S_i$——各电焊机额定量之和，kVA；

$\cos\varphi$——电机平均功率因数，一般取 $0.65\sim0.7$；

K_1、K_2——系数。

3）照明用电量。为简化计算，一般选用动力机械用电量的10%为照明用电量，于是总用电量：

$$S_总 = S_动 + S_照 = 1.1S_动 \tag{7-6}$$

施工现场所选变压器要满足 $S_变\geqslant S_总$。

某些临建工程质量与施工生产有密切关系，在方案审查中也需引起重视。临时道路路基质量若不与汽车载重量及使用频率相适应，就可能会出现道路路基下陷，受到浸水软化不能使用，而致使运输中断或道路返修，使材料运输不能正常进行，以致影响到施工生产。对临时排水系统也存有类似问题，特别在南方多雨地区，暴雨成灾，排泄不畅，积水成灾，淹没库房及道路，致使施工中断。这些方面在审查中都应作重点核算审查，免除后患。

（3）临建费用。需要审查：

1）各类临建设施的数量统计（平方米）。

2）利用原有建筑物或正式新建建筑物（道路）的比率。

3）单方造价、临建总价与工程成本的比率。

监理机构通过以上分部分项的审查核算，运用类似工程经验或自编评价系统，即可对该方案的优劣做出定性的评价。需要强调的是，在评价一个施工组织设计时，要把它当成一个系统工程来考虑，在突出质量、工期、费用的前提下，体现系统整体优化。一般施工单位只申报一个施工组织设计，此时用上述的评判方法已能满足要求。若是报送多个方案时，可采用多目标线性模糊综合评判模型进行定量分析。另外监理公司虽然代表项目法人利益，更多注意的是合同造价外增加的费用控制，但对于方案中涉及到施工成本部分的审查也应关注。

五、施工组织机构的审查

对于施工组织机构的审查，可分为三部分。

1. 工程负责人（项目经理）的资格审查

监理机构主要审查项目经理的资格是否符合工程等级要求，大型工程的项目经理需要具备一级项目经理资格，中型工程的项目经理需要具备二级以上项目经理资格，小型工程的项目经理需要具备三级以上项目经理资格。对于招标的项目，还要求项目经理必须是施工单位投标文件中所列的项目经理，如所报项目经理与投标文件不一致需经项目法人书面认可。

2. 施工组织机构的审查

施工组织机构，即项目经理部，是由施工项目经理在企业的支持下组建并领导、进行项目管理的组织机构，是项目实施的组织管理班子，它的任务是按照施工合同确定的承包范围和工期、质量、造价目标，合理调配人、材、物、技术等生产要素，组织好项目施工，达到投资少、工期快、质量好的最佳效果。

施工组织机构应该人员配备齐全、结构设置合理、管理制度健全。审查时要看其组织系统是否是一个线性系统，指令源是否只有一个，信息流程是否灵活畅通，避免一个组织"政出多门"；岗位责任制是否明确，横向联系间有无矛盾。这个组织是否符合"精干、高效、实用"原则，系统覆盖面够不够，有无遗漏；每个部门的负责人和成员的资历经验与所承担的责任是否相适应。如果上述这些问题都令人满意，那么这个组织机构就可以信赖，应批准同意。但书面提供的东西，还不等于现实，监理工程师还需对投入实际运转的组织机构进行观察，个别不能胜任的工作人员，监理仍有权建议更换。

3. 对劳动组织机构的审查

一个施工组织机构应该包括管理机构和劳动组织两方面。对操作工人的审查主要有以下三个方面：

（1）劳动组织机构中的工种配置是否符合本工程特点。

（2）各工种工人的级别等级比例是否得当，特种作业工人有无上岗证书，持证上岗率有多大。

（3）工人的培训教育情况。

审查可通过施工单位填表的方法进行。

六、审查分包队伍

许多施工合同中明文规定工程不得转包。更多的施工合同则要求项目的主体部分必须由施工单位自行完成，而一些专业性较强的项目，允许分包给专业施工队伍施工，现行法规还允许劳务作业分包。但所选定的分包单位必须经项目法人审查同意，监理机构则应本着对项目法人和工程负责的态度，负责对总包单位提供的分包单位进行资质审查。审查分两步：

（1）审查分包单位的营业执照、注册资本、资质证书和承包范围、经济和技术人员构成、机械设备情况、公司概况，以及近几年的主要施工业绩。

（2）做社会调查和实地考察。

向行业主管部门、质监站、有关项目法人了解分包单位的履约、信誉、管理水平。进行实地考察，了解该公司目前的任务情况、综合加工能力、机械装备等，最好能考察1～2个正由该单位施建的工程项目。

根据上述两项审查，综合本工程特点，权衡该分包承担本工程的能力，来决定取舍。若同意，则应尽快向施工单位发分包通知书。

七、材料及混凝土配合比的审查

工程建设需要大量的建筑材料。这些材料的质量又需要经过科学的检验手段才能确认。加之又要选择运输距离短、货源充足、运输有保障的厂家，就需要花费更多的时间。而混凝土、砂浆配合比，由于技术上的要求，需要的时间更长一些。特殊的混凝土，如高标号混凝土、抗渗混凝土、特种混凝土、预应力混凝土等，对材料的质量又有特殊要求，试配工作更加复杂，若一次试配不成功，所需的时间就会更长，而这些工作又必须在施工准备阶段完成，才能满足开工后的需要。所以监理工程师首先要做的一件工作，就是督促施工单位尽早、尽快开始原材料的调查选点和混凝土配合比的试配工作，并配合施工单位及时做好原材料材质的认证工作和混凝土配合比的审批工作。

为了控制好工程质量，监理机构要把好原材料审查这一关。确保工程使用的所有材料，都必须符合设计及国家技术规范的要求。为此应要求施工单位于定货前，将材料样品及有关技术参数报送监理工程师审批。未获批准前不得定货。监理工程师对施工单位所报材料样品在直观目测、审查保证资料和技术参数的基础上决定是否批准。监理工程师对批准的材料样品负责（该样品分成两份，做出标记，一份交施工单位，一份存监理工程师处）。申报获准后，施工单位可按样品定货。施工单位在组织材料进场时，应持获准样品及批准使用通知书，邀请监理工程师验货进场，并按有关规定进行进场前的批量抽检。施工单位不得随便更改已获准使用的工程材料，需要变更时，应按上述程序重新申报，待监理工程师批准后执行。

监理工程师发现施工单位使用了与样品不符的材料时，应予以制止，并责成施工单位申报使用部位。该部位工程量，监理工程师有权不予验方支付。

外购的成品、半成品、构配件的质量审查原则同上。

对于施工单位报审的混凝土及砂浆配合比，监理工程师可分不同的情况采取不同的审查方法。对于大型建筑公司，在审查了配合比的组分及试验强度无甚异常，选用水泥品种，塌落度与结构要求及输送振捣方法相符之后，即可批准该配合比的使用。而对技术力量比较薄弱的小型建筑公司，除非是外委有资格单位出具的配合比外，一般应按国家规范要求给予复算审查。

同意使用的配合比应向施工单位发出"混凝土配合比批准使用通知书"，施工单位应按批准的配合比，严格计量、投料和搅拌，不得随意变更，需要变更时应重新申报。

对于现场材料的抽样检验，监理工程师应进行见证取样。

目前建材市场比较混乱，假冒伪劣商品屡禁不绝，已成为工程质量的一大灾害。对此监理工程师在做原材料审查时，要给以特别关注。

八、施工准备阶段的协调工作

在目前的施工合同中，留给施工单位做准备工作的时间，远远小于正常需要的时间，而且还有逐渐缩短的趋势。为此监理单位在协助项目法人签订施工合同时，要做好解释工作，给出一个科学、紧凑、合理的施工准备时间，否则就要出现适得其反的结果。而一旦合同签订之后，监理单位就应当全力以赴地抓好施工准备，力保项目按合同要求的时间开工。

施工准备工作千头万绪，涉及到勘察、设计、项目法人、监理和承包商。有些准备工作是各自独立进行的，有些又是互相穿插、相互影响的，需要监理机构认真做好组织协调和监督检查，才能做到有条不紊地达到既定目标。为此监理机构首先要要做好以下工作：

（1）编制施工准备计划书。指明什么时间至什么时间做什么工作，由谁做、有何要求，谁检查、谁验收，与谁联系等，这份计划书要在征求各家意见的基础上排定下发。要求各家严格遵守，谁不能按计划完成影响了整个目标的实现，谁就要承担经济责任；若在准备过程中出现异常情况，要及时通知监理工程师，以便采取相应的补救措施。这也可以称为施工准备阶段的责任制。

（2）建立必要的会议检查制度。由于施工准备工作的特点是任务重、时间紧、干扰多，因此监理工程师在一周内至少要召开一次由设计、项目法人、施工单位参加的碰头会，通报各家准备工作进展情况，下一步打算和需要解决的问题。监理工程师根据实际进展与计划的偏离情况，提出调整意见。碰头会要做好记录，遇有特殊情况时，监理工程师可召开临时会议解决。

（3）建立申报制度。不论哪一家，每完成一项准备工作，都要立即向监理工程师书面报告，申请组织验收或报告转入下一项准备工作。当最后一项准备工作报告完成的时候，项目开工的时间也就到来了。

监理工程师在施工准备阶段的责任是将项目法人、设计、施工单位的工作纳入到确保项目如期开工这一控制目标上来。除协调监督工作外，更多的应是积极热情的帮助各家做好工作。

（4）监理工程师要主动做好信息的收集整理与反馈工作，掌握第一手材料，这样才能在组织协调上处于主动地位。

九、开工前对施工准备工作进行总检查再确认

当项目有关方的施工准备工作即将结束时，监理工程师应会同施工单位与项目法人对整个施工准备工作进行一次全面的检查确认，以保证项目开工后能够顺利进行。需要检查确认的工作分五个部分。

1. 技术准备工作

（1）施工图纸及有关标准图已齐全，能满足施工需要，且已进行技术交底与图纸会审，影响施工的各类技术问题业已解决，会审纪要已签字下发各单位。

（2）施工组织设计已经审查批准，各种计划已下发部门执行。

（3）永久性、半永久性坐标点已埋设固定；施测成果业经监理工程师复查认可。

（4）监理工作程序、本项目工作关系图、项目综合控制计划、质量预控措施及分项工作监理流程图已发至施工单位。

（5）原材料、半成品、构配件及混凝土配合比已获监理工程师审查批准。

（6）施工组织机构组建完成并到位。

（7）已向当地建设行政主管部门办妥相关手续。

2. 劳力物资的准备工作

（1）按劳力需要计划，基础施工所需要的各种劳动力，已陆续进场或正在接受入场前的质量安全教育。

（2）基础部分所需要的钢筋模板，制作加工已基本完成，能满足进度需要。

（3）基础工程需要的原材料已按计划足量进场储好，后续货源及运输均已落实。

（4）各仓库内需要的储存物资，油料、配件、工具、劳保用品已备足。

3. 临时设施

（1）施工道路建成，已与市政道路接轨，质量符合使用及安全要求。

（2）给水供电线路已按方案布置，并已与市水、市电碰头，符合安全要求。

（3）消防设施及安全警标已安装悬挂完毕。

（4）围墙、宿舍、门卫、厕所、办公室、仓库、车间、工棚、堆场已建成并通过验收。职工食堂、开水间、浴室、卫生所已运营。

（5）降水工程已运作，每日抽水量符合原设计要求。

4. 机械设备及计量器具

（1）垂直运输设备已按方案就位，并通过了技术与动力部门的联合验收，已做了负荷运转试验，符合有关规程要求，水平运输设备已全部进场。

（2）混凝土搅拌机、输送泵、钢筋、模板加工设备、电焊机与计量器具已全部安装完毕，并进行了试转，动力机械部门已验收，同意使用。

（3）中心试验室的设备、仪器已安装就位，并已由政府计量部门检验发证。

5. 资金情况

（1）工程预付款已进入施工单位的账户。

（2）投资计划已送达项目法人，项目法人有一定的资金储备，融资渠道畅通。

（3）施工图预算已编审完毕，施工预算已编妥下发。

（4）已做了工程投保。

上列五项工作经监理工程师、项目法人、承包商联合检查确认符合要求后，即可向地方政府施工管理部门报告，申请开工。

十、开工

接到有关主管部门下发的施工许可证，工程开工报审表所列内容全部落实到位，总监理工程师征得项目法人同意后签发开工令，施工开始。

思 考 题

1. 什么是施工准备阶段？

2. 项目法人在施工准备阶段应完成哪些工作？

3. 监理机构的准备工作内容是什么？

4. 施工准备工作的基本任务是什么？

5. 图纸会审的作用什么？

6. 审查施工组织设计的原则是什么？

7. 审查施工技术措施的重点是什么？

8. 施工准备阶段的协调工作有哪些？

第八章 施工实施阶段监理的目标控制

在监理规划中已明确了监理工作的目标，也就是对工程项目的投资、进度、质量目标实施控制。水利工程监理包括从项目立项到工程建成的全过程监理。由于目前在工程建设投资决策阶段、勘察设计阶段实施监理尚不成熟，需要进一步探索和完善，而施工阶段的监理工作已总结出一套比较成熟的经验和做法，因此本章主要介绍在质量、进度和投资这三大目标控制方面监理工程师的主要工作内容、基本原理和基本方法。

第一节 开工条件的控制

开工条件的控制是监理工程师实现其目标控制的基础。开工条件控制的好坏直接关系到建设工程能否按计划顺利完成，是关系到今后主体工程施工正常进行和保证工程目标实现的重要环节。为了使施工承包商能够在合理、可能的情况下尽快开工，监理工程师应严格审查工程开工应具备的各项条件，做好开工条件的控制工作。

一、审查开工条件

监理机构应在施工合同约定的期限内，经项目法人同意后向承包人发出进场通知，进场通知中应明确合同工期起算日期。承包人在接到进场通知后，应按约定及时调遣人员和施工设备、材料进场，按施工总进度要求完成施工准备工作。同时，监理机构应协助项目法人按施工合同约定向承包人移交施工设施或施工条件，包括施工用地、道路、测量基准点以及供水、供电、通信设施等。

承包人完成开工准备后，应向监理机构提交开工申请。监理机构应严格审查工程开工应具备的各项条件，并审批承包人提交的开工申请。对于开工条件，如组织机构与人员，材料与施工设备，水、电、风、燃油、场内交通及其附属设施等准备不足，施工技术方案、施工进度计划未经审批，质量保证体系和安全保证体系不健全等，开工申请均不予批准。监理机构经检查确认项目法人和承包人的施工准备满足开工条件后，签发开工令。开工令一般是指由总监理工程师签发的合同项目的第一次开工指令，其后的其他内容的开工，可用开工通知、开仓证或批准开工申请的形式指示开工。

对于分部工程开工，监理机构应审批承包人报送的每一分部工程开工申请，审核承包人递交的施工措施计划，检查该分部工程的开工条件，确认后签发分部工程开工通知；对于单元工程开工，第一个单元工程在分部工程开工申请获批准后自行开工，后续单元工程凭监理机构签发的上一单元工程施工质量合格证明方可开工；对于混凝土浇筑开仓，监理机构应对承包人报送的混凝土浇筑开仓报审表进行审核，符合开仓条件后方可签发。

二、延误开工的处理

1. 由于承包人的原因延误开工

由于承包人原因使工程未能按施工合同约定时间开工的，监理机构应通知承包人在约定时间内提交赶工措施报告并说明延误开工原因。赶工措施报告应详细说明不能及时进点的原因和赶工办法，由此增加的费用和工期延误责任，由承包人承担。

2. 由于项目法人的原因延误开工

由于项目法人原因使工程未能按施工合同约定时间开工的，监理机构在收到承包人提出的顺延工期的要求后，应立即与项目法人和承包人共同协商补救办法。由此增加的费用和工期延误造成的损失，由项目法人承担。

第二节 工 程 质 量 控 制

质量控制是水利工程监理的主要内容之一。建设项目的进度控制和投资控制必须以一定的质量水平为前提条件，通过有效的质量控制来实现进度控制和投资控制目标，从而保证建设项目满足合同规定的各项要求。

一、工程建设质量控制的概念

(一) 建设工程质量

2000 版 GB/T 19000—ISO 9000 族标准中质量的定义是：一组固有特性满足要求的程度。其含义是质量不仅是指产品质量，也可以是某项活动和过程的工作质量，还可以是质量管理体系运行的质量。

建设工程质量简称工程质量。工程质量是指工程产品满足规定要求和具备所需要的特性总和。所谓"满足规定"通常是指应当符合国家有关法规、技术标准或合同规定的要求；所谓"满足需要"一般是指满足用户的需要，这种需要是对工程产品的性能、寿命、可靠性及使用过程的运用性、安全性、经济性等特征的要求。建设工程质量是在合同环境下形成的。从功能和使用价值来看，建设工程质量体现在实用性、耐久性、安全性、可靠性、经济性以及与环境的协调性。这六个方面彼此之间相互依存，都必须达到基本要求，缺一不可。

在工程项目施工阶段，质量的形成是通过施工中的各个控制环节逐步实现的，即通过工序质量→单元工程质量→分部工程质量→单位工程质量，最终形成工程质量。

工程质量还包括工作质量。工作质量是参与工程的建设者，为了保证工程质量所从事工作的水平和完善程度。工作质量包括社会工作质量和生产过程工作质量，前者如社会调查、市场预测、质量回访和保修服务等，后者如政治工作质量、管理工作质量、技术工作质量和后勤工作质量等。

(二) 工程质量的特点及控制

1. 工程质量的特点

建设工程质量的特点是由建设工程本身和建设生产的特点所决定的。建设工程及其生产的特点：一是产品的固定性，生产的流动性；二是产品的多样性和生产的单件性；三是产品形体庞大、高投入、生产周期长、具有风险性；四是产品的社会性，生产的外部局限性。正是由于上述建设工程的特点而形成了工程质量本身有以下特点：

（1）影响因素多。决策、设计、材料、机械、环境、施工工艺、管理制度、技术措施、人员素质、工期、造价等，均直接和间接地影响工程质量。

（2）质量波动大。工程建设不能像一般工业产品那样用固定的生产流水线，在稳定的生产环境下制造出相同系列规格和相同功能的产品。同时影响工程质量的偶然性因素和系统性因素比较多，其中任一因素发生变动，都会使工程质量产生波动，产生系统因素的质量变异，造成工程质量事故，因此要严防出现系统性因素的质量变异。

（3）质量的隐蔽性。工程在施工过程中，由于工序交接多、中间产品多、隐蔽工程多，若不及时检查并发现其存在的问题，就可能留下质量隐患，产生判断错误，将不合格品当作合格品。

（4）终检的局限性。工程项目建成以后不可能像一般工业产品那样依靠终检判断产品质量，或将产品拆卸、解体来检查其内在的质量。工程项目的终检（竣工验收）难以发现工程内在的、隐蔽的质量缺陷，因此工程质量控制应以预防为主。

（5）评价方法的特殊性。工程质量是在施工单位按合格质量标准自行检查评定的基础上，由监理工程师（或建设单位项目负责人）组织有关单位、人员进行检验确认验收。这种评价方法体现了"验评分离、强化验收、完善手段、过程控制"的指导思想。

2. 质量控制

2000 版 GB/T 19000—ISO 9000 族标准中质量控制的定义是：质量管理的一部分，致力于满足质量要求。具体上讲，质量控制是通过采取一系列的作业技术和活动对各个过程实施的控制。它贯穿于产品形成和体系运行的全过程，围绕产品形成的全过程的每一个阶段，对影响其质量的人、机械设备、工程材料、方法和环境条件（4M1E）进行控制，并对质量活动的成果进行分阶段验证，以便及时发现问题，查明原因，采取相应的纠正措施，防止不合格品的发生。要坚持预防为主与检验把关相结合的原则，达到规定要求的产品质量。

3. 工程质量控制的分类

工程质量控制是指致力于满足工程质量要求，也就是为了保证质量满足工程合同、规范标准所采取的一系列措施、方法和手段。工程质量要求主要表现为工程合同、设计文件、技术规范规定的质量标准。

（1）工程质量控制按其实施主体不同，分为以下四个方面：

1）政府的工程质量控制：以法律法规为依据，通过抓工程报建、施工图设计文件审查、施工许可、材料和设备准用、工程质量监督、重大工程竣工验收备案等主要环节进行。

2）工程监理单位的质量控制：受项目法人的委托，代表项目法人对工程实施全过程的质量监督和控制，包括勘察设计阶段质量控制、施工阶段质量控制，以满足项目法人对工程质量的要求。

3）勘察设计单位的质量控制：以法律、法规及合同为依据，对勘察设计的整个过程进行控制，包括工作程序、工作进度、费用及成果文件所包含的功能和使用价值，以满足项目法人对勘察设计质量的要求。

4）施工单位的质量控制：以工程合同、设计图纸和技术规范为依据，对施工准备阶段、施工阶段、竣工验收阶段等施工全过程的工作质量和工程质量进行的控制，以达到合同文件规定的质量要求。

（2）工程质量控制按工程质量形成过程，包括全过程各阶段的质量控制，主要为：

1）决策阶段的质量控制：主要是通过项目的可行性研究，选择最佳建设方案，使项目的质量要求符合项目法人的意图，并与投资目标相协调，与所在地区环境相协调。

2）工程勘察设计阶段的质量控制：主要是要选择好勘察设计单位，保证工程设计符合决策阶段确定的质量要求，保证设计符合有关技术和标准的规定，保证设计文件和图纸符合现场和施工的实际条件，其深度能够满足施工的需要。

3）工程施工阶段的质量控制：择优选择能保证工程质量的施工单位；严格监督承建商按设计图纸进行施工，并形成符合合同文件规定的质量要求的最终建筑产品。

二、施工实施阶段质量控制的依据和过程

（一）施工阶段质量控制的依据

施工阶段监理工程师进行质量控制的依据主要包括下列文件：

（1）工程项目承包合同和监理合同中有关质量方面的规定和要求。

（2）工程项目承包合同中指定的技术规范、规程和标准。

（3）经审批的设计文件、设计图纸、技术要求和规定。

（4）国家和部门颁布的施工规范、操作规程、安装规程、质量等级评定标准、验收规程等。

（5）国家和政府有关部门有关质量管理方面的法律、法规性文件。

（二）质量控制的过程

工程项目施工阶段是工程实体最终形成的阶段，也是工程项目质量和工程使用价值最终形成和实现的阶段，因此也是工程项目质量控制的重要阶段。

工程项目施工阶段的质量控制过程可以按生产程序、影响因素和施工阶段三个方面来考虑。

1. 按生产程序

工程项目的施工是由投入资源（材料、设备、人力、机械）开始，通过施工生产，最终形成产品的过程，所以施工项目的质量控制就是从投入资源的质量控制开始，经过施工生产的质量控制，直到产出品的质量控制这样一个系统的控制过程。

2. 按影响因素

影响施工阶段工程质量的因素归纳起来有五个方面，即人的因素、材料因素、机械因素、方法因素和环境因素。其中人的因素主要是施工操作人员的质量意识、技术能力和工艺水平，施工管理人员的经验和管理能力；材料因素包括原材料、半成品、构件、配件的品质和质量，工程设备的性能和效率；机械因素包括选择的施工机械数量、型式、性能参数和施工机械现场管理手段；方法因素包括施工方案、施工工艺技术和施工组织设计的合理性、可行性和先进性；环境因素主要是指工程技术环境、工程管理环境（如管理制度的健全与否，质量体系的完善与否、质量保证活动开展的情况等）和劳动环境。上述五方面因素都在不同程度上影响到工程的质量，所以施工阶段的质量控制，实质上就是对这五个

方面的因素实施监督和控制的过程。

3. 按施工阶段

工程项目是从施工准备开始，经过施工和安装，到竣工验收这样一个过程逐步形成的，所以施工阶段的质量控制，就是由前期（事前）质量控制或称施工准备质量控制，经过施工过程（事中）质量控制，到后期（事后）质量控制或竣工阶段质量控制，这样一个控制的过程，如图 8-1 所示。

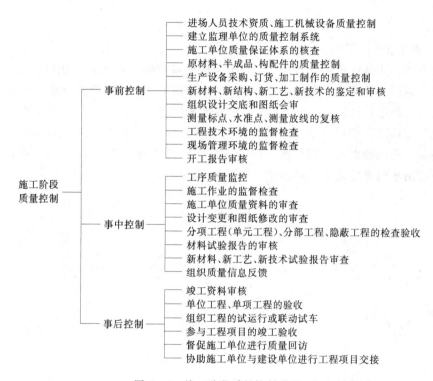

图 8-1　施工阶段质量控制过程

施工阶段监理工程师对工程项目质量的控制，就是组织监督和检查施工单位根据设计图纸和合同规定的质量标准进行施工的全过程。

三、监理机构的质量控制体系

施工阶段的质量控制工作是在项目总监理工程师领导下，由现场监理工程师和质量工程师来具体进行的，同时根据工作的需要，配备适当的监理人员，明确各自的职责和权限、工作方法和工作程序。

施工阶段质量控制的组织模式有以下两种。

1. 综合管理模式

综合管理模式是目前国际上推荐的模式，也是目前水电工程施工监理中比较普遍采用的模式。此管理模式是在总监理工程师下设分项目（如水电工程中的大坝、厂房、引水道、机电安装等等）现场（监理）工程师，综合负责质量、进度、投资、安全的监理，并配备一些专业工程师，如材料工程师、测量工程师、地质工程师、机电工程师、合同工程师、进度控制工程师、费用控制工程师等配合工作，如图 8-2 所示。

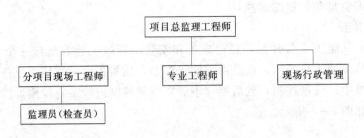

图 8-2 综合管理模式

2. 分项管理模式

分项管理模式是在项目总监理工程师下面设质量控制工程师，专职负责项目的质量、安全控制，再根据项目的规模、技术要求和特点，按单项工程或专业工程（如基础开挖工程、混凝土工程等）或按不同的质量分包设立质量监督小组，并配备若干质量监督员或监理员。此时专业工程师仅包括材料工程师、测量工程师、地质工程师、结构工程师，进度、合同和投资则分别由进度控制工程师、合同工程师和投资控制工程师进行控制和管理，并直接由项目总监理工程师领导，如图 8-3 所示。

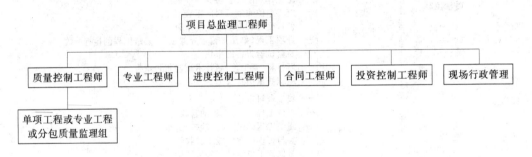

图 8-3 分项管理模式

四、施工阶段质量控制的手段

在工程项目施工阶段，监理工程师进行质量控制时一般可采用以下几种手段。

1. 旁站监理

在工程项目施工中，监理工程师派出监理人员（检查员或监理员）到施工现场，对施工过程进行临场定点旁站观察、监督和检查，采用视觉性质量控制方法对施工人员情况、材料、工艺与操作、施工环境条件等实施监督与检查，发现问题及时向施工单位提出和纠正，以便使施工过程始终处于受控状态。旁站监理应对监督内容及过程进行记录，并编写日报、周报。

2. 现场巡视

现场巡视是指在施工过程中，监理人员对施工现场进行的巡回视察检查，以便了解施工现场情况，发现质量事故苗头和影响质量的不利因素，及时采取措施加以排除。现场巡视检查后，应写出巡视报告。

3. 抽样检验

抽样检验是抽取一定样品或确定一定数量的检测点进行检查、测量或试验，以确定其质量是否符合要求。

抽样检验时所采用的检验方法有检查、量测和试验三种。

（1）检查。根据确定的检测点，采用视觉检查的方法，对照质量标准中要求的内容逐项检查，评价实际施工质量是否满足要求。

（2）量测。利用测量仪器、仪表和工具，对确定的检测点进行量测，取得实际量测数据后与规定的质量标准或规范的要求相对照，以确定施工质量是否符合要求。

（3）试验。通过对抽样取得的样品进行理化试验，或通过对确定的检测点用无损检测的方法进行现场检测，取得实测数据，然后与规定的质量标准或规范的要求相对照，分析判断质量情况。

4. 规定质量控制制度或工作程序

规定施工阶段施工单位和监理单位双方都必须遵守的质量控制制度或工作程序。监理人员根据这一制度或工作程序来进行质量控制。例如施工单位在进行材料和设备的采购时，必须向监理工程师申报，经监理工程师审查确认后，才能进行采购订货；工序完工后，未经监理人员检查验收并签署质量验收单，施工单位不得进行下一道工序的施工等。

5. 下达指令文件

指令文件是指监理工程师对施工单位发出指示和要求的书面文件，用以向施工单位提出或指出施工中存在的问题，或要求和指示施工单位应做什么或如何做等。例如施工准备完成后，经监理工程师确认并下达开工指令，施工单位才能施工。施工中出现异常情况，经监理人员指出后，施工单位仍未采取措施加以改正或采取的措施不利时，监理工程师为了保证施工质量，可以下达停工指令，要求施工单位停止施工，直到问题得到解决为止等。监理工程师所发出的各项指令都必须是书面的，并作为技术文件存档保存，如确因时间紧迫来不及作出书面指令，可先以口头指令的形式通知施工单位，但随后应在规定的时间内以正式书面指令予以确认。

6. 利用支付手段

支付手段是监理合同赋予监理工程师的一种支付控制权，也是国际上通用的一种控制权。所谓支付控制权，是指对施工单位支付各项工程款时，必须有监理工程师签署的支付证明书，项目法人才向施工单位支付工程款，否则项目法人不得支付。监理工程师可以利用赋予他的这一控制权进行施工质量的控制，即只有施工质量达到规定的标准和要求时，监理工程师才签发支付证明书，否则可拒绝签发支付证明书。例如分项工程完工，未经验收签证擅自进行下一道工序的施工，则可暂不支付工程款；分项工程完工后，经检查质量未达合格标准，在返工修理达到合格标准之前，监理工程师也可暂不签发支付证书。

五、材料和施工设备的质量控制

（一）工程材料的质量检验

影响工程质量的因素很多，其中原材料是最重要的因素之一，其品种多、数量大、涉及的部门多且复杂，因此对进场交货的原材料必须严格把关。原材料和成品、半成品进场后应检查是否有材质证明，并按国家规范和标准及有关规定进行试验检验。工程材料的质量检验就是从工程材料的批（总体）中抽取一定数量的样本，采取相应的检测方法和手段对样本进行检测，然后将检测所得的数据与材料的质量标准相比较，以判断材料的质量是否符合规定的要求，能否用于工程。

1. 工程材料质量检验的原则

在进行工程材料的质量检验时，必须遵守质量标准原则和及时检验原则。

（1）质量标准原则。对工程中所使用的材料必须采用科学的检测手段进行检验，并将检验所得的质量数据与质量标准相对照，以及与施工单位提交的技术质量证明文件相对照，对材料的质量作出有根据的、符合实际的判断，作出该种材料是否用于工程项目的决定。此外，监理工程师还应对材料生产厂家的质量资格、能力和水平进行审查、判断，并将审查结果，连同材料检验结果通报施工单位。

（2）及时检验原则。施工单位在将拟用材料的质量保证文件及样品，以及报验申请送交监理单位后，监理工程师应对施工单位的申请作出计划，并及时组织力量，采用可靠的检验手段，对所申报的工程材料进行检验，避免因延误时间造成停工待料，引起索赔。

2. 工程材料质量检验的方法和检验程度

（1）工程材料质量检验的方法。工程材料质量检验的方法通常有以下几个方面：

1）资料文件审查：对施工单位提供的技术文件、质量保证资料和试验资料进行审查。

2）外观检查：对材料的品种、规格、标记、外形尺寸等进行检查。

3）理化检查：利用科学仪器和设备对材料样品进行化学成分、物理性能、力学性能等方面的检查。

4）无损检测：在不破坏材料样品的情况下，利用有关的仪器设备（如超声波检测仪、X射线仪、表面探伤仪等），对材料进行检验。

工程材料的质量检验方法应根据材料的具体情况及其使用要求来决定，通常应将上述方法结合起来使用。

（2）工程材料的检验程度。工程材科的检验程度可分为免检、抽检和全检三种。

1）免检：

A. 质量保证资料齐全、可靠的零星小型产品。

B. 质量保证资料齐全、可靠，产品质量稳定。

C. 通过质量监造的产品。

2）抽检：

A. 质量保证资料齐全的大批量材料。

B. 对质量保证资料有怀疑或对产品质量有怀疑时。

C. 工程合同或技术规范中明确规定要进行报检的产品。

3）全检：

A. 用于工程重要部位的材料和贵重材料。

B. 新材料、新设备。

C. 进口的材料和设备。

3. 材料质量检验的检验项目

材料质量检验的检验项目一般分为两类：

（1）一般试验项目。这是通常进行的试验项目。

（2）其他试验项目。这是根据需要进行的试验项目。

一些常用材料的试验项目，如表8-1所示。

表 8-1　　　　　　　　　　　　　一些常用材料的试验项目

序号	名　称		一般试验项目	其他试验项目
1	水泥		标准稠度、凝结时间、抗压和抗折强度	细度、体积安定性	
2	钢　材	热轧钢筋、冷拉钢筋、型钢、异型钢、扁钢和钢板	拉伸、冷弯	冲击、硬度、焊接件（焊缝金属、焊缝接头）的机械性能
		冷拔低碳钢素钢丝、碳素钢丝和刻痕钢丝	拉伸、反复弯曲	冲击、硬度、焊接件（焊缝金属、焊缝接头）的机械性能
3	木材		含水率	顺纹抗压、抗拉、抗弯、抗剪等强度
4	砖	普通粘土砖、承重粘土空心砖、硅酸盐砖	抗压、抗折	抗冻
5	粘土及水泥平瓦		抗折荷载、吸水重量	抗冻
6	天然石材		表观荷载、孔隙率、抗压强度	抗冻
7	混凝土用砂、石	砂	颗粒级配、实际密度、堆积密度、孔隙率、含水率、含泥量	有机物含量、三氧化硫含量、云母含量
		石		针状和片状颗粒、软弱颗粒
8	混凝土		塌落度、表面密度、抗压强度	抗折、抗弯强度、抗冻、抗渗、干缩
9	砌筑砂浆		流动度（沉入度）、抗压强度	
10	石油沥青		针入度、延伸度、软化度	
11	沥青防水卷材		不透水性、耐热度、吸水性、抗拉强度	柔度
12	沥青胶		耐热性、柔韧性、粘结力	
13	保温材料		表观密度、含水率、导热系数	抗折、抗压强度
14	水			pH值，油、糖含量
15	回填土		干密度、含水率、最佳含水率和最大干密度	
16	灰土		含水率、干密度	

（二）施工设备的质量控制

在承包商与项目法人签订施工承包合同时，已经较明确地规定了按合同规定保证工程的施工、缺陷责任期维护工程所需的设备性能、型号、质量、数量。因此，按合同规定提供相应的工程施工设备，是承包商的合同义务。

在开工前，凡开工时所需要的施工设备应首先进入施工现场，然后按施工进度计划，制定施工设备进场计划，供监理工程师审查。

在施工设备进场时，承包商应填报"进场设备报验单"，报监理工程师审查。监理工程师应核查进场设备的数量、型号、新旧程度、出厂合格证及使用说明书。对重要设备，还应做现场性能试验。不合格的设备应予以更换。

除了对设备本身检验外，监理工程师还应核查设备操作人员素质、驾驶执照、操作证、上岗证，并考核其技术熟悉程度。

六、施工过程的质量控制

施工过程的质量控制，就是对影响工程质量的人、设备、材料、工艺、环境等主要因素，严格做好事前审批、事中监督、事后把关工作、严格工作程序和工作制度的管理。

（一）施工过程中监理工程师质量控制的程序

在施工过程中，监理工程师的质量控制一般可按下述程序进行。

1. 审核承包商的"开工申请单"

在每项工程施工开始前、承包商均需填写"开工申请单"，并附上施工组织计划及施工技术措施设计、机具设备与技术工人数量、材料及施工机具设备到场情况，各项施工用的建筑材料试验报告，以及分包商的资格证明等，报送监理工程师进行审核。

监理工程师在收到"开工申请单"后在规定的时间内，会同有关部门检查核实承包商的施工准备工作情况。如果认为满足合同要求和具备施工条件，可签发"开工令"，承包商在接到签发的"开工令"后即可开工。如果审核不合格，监理工程师应指出承包商施工准备工作中存在的问题，并要求限期解决。此时，承包商应按照监理工程师指出的问题，继续做好施工准备，届时再次填报"开工申请单"供审核。

2. 现场检查和监理试验室试验或联合检查

在施工过程中，监理工程师除了应检查、帮助、督促承包商的全面质量管理保证体系正常运作之外，还应要求承包商严格执行工程质量的"三检制"，即初检、复检和终检。终检合格后，由承包商填写"工程质量报验单"并附上自检资料，报请监理工程师进行检查认证。监理工程师应在商定的时间到现场对每一道工序用目测、手测、机械检测等方法逐项进行检查，必要时利用承包商的实验室进行现场抽检。所有的检查结果均应作详细的记录。对于关键部位或重要的工序还要进行旁站检查、中间检查和技术复核，以防止质量隐患。对重要部位的施工状况或发现的质量问题，除了作详细记录外，还应采用拍照、录像等手段存档。

3. 签发《工程质量合格证》

在现场检查和实验室检验的或联合检查的所有项目均合格之后，监理工程师就该道工序可签发《工程质量合格证》，承包商可进行下一道工序施工。上一道工序未经监理工程师检查或检查不合格，承包商不得进行下一道工序的施工。如果监理工程师认为必要时，也可对承包商已覆盖了的工程质量进行抽检，承包商不得阻碍，必须提供抽查条件。如抽检不合格时，应按工程质量事故处理，返工合格后方可继续施工。对于违反合同规定，未经监理工程师检查，强行覆盖的，将作为违规违约论处。

4. 填写《中间交工证书》

在单项工程每一道工序都经过工程师检查认证后，直到全部单项工程完成，承包商可填写《中间交工证书》，上报监理工程师。监理工程师应汇总检查该单项工程中每道工序的《工程质量合格证》，并将其编号填入《中间交工证书》。

5. 组织现场检查

监理工程师在收到承包商的《中间交工证书》并汇总检查该单项工程中每道工序的《工程质量合格证》后，应组织项目法人、质量监督站和各有关专业监理工程师以及承包商，再次对该单项工程进行全面的检查，以确定是否具备中间交工的条件。必要时，可进行实验室检查。

6. 签发《中间交工证书》

经过上述检查如果发现工程质量不合格，监理工程师可签发"不合格工程通知"，要求承包商对不合格的工程予以拆除、更换、修补或返工。如果检查合格，则对该单项工程予以终检验收，并签发《中间交工证书》。这是单项工程最后计量支付的基本条件。

（二）施工过程中的工序质量控制

工程项目的整个施工过程，就是完成一道一道的工序，所以施工过程的质量控制主要是工序的质量控制，而工序的质量控制又表现为施工现场的质量控制，也是施工阶段质量控制的重点。监理工程师应加强施工现场和施工工艺的监督控制，督促施工单位认真执行工艺标准及操作规程，进行工序质量的控制。

1. 工序施工前的控制

每一道工序施工前，要检查上一道工序有无《工程质量合格证》。只有上一道工序经监理工程师检查认证，并签发了《工程质量合格证》而且本工序所使用的材料、施工机械设备、环境等因素以及操作人员符合了规定的条件，并得到监理工程师的批准，才能进行该工序的施工。

2. 工序施工过程中的质量控制

工序施工过程中，要求承包商加强工序质量管理，通过工序能力及工序条件的分析研究，充分管理施工工序，使之处于严格的控制之中，以保证工序的质量。同时，在工序施工过程中，监理工程师也应加强工序质量控制，及时检查和抽查，对重要的工序实行旁站跟踪检查。对承包商设置的控制点（见证点和待检点），应重点检查和控制。

（1）质量控制点。质量控制点是指为了保证（工序）施工质量而对某些施工内容、施工项目、工程的重点和关键部位、薄弱环节等，在一定时间和条件下进行重点控制和管理，以使其施工过程处于良好的控制状态。质量控制点设置的范围很广，凡是对工程质量有影响的因素均可作为质量控制点，如人的因素、物的因素、材料因素、施工操作、施工程序、施工时间、质量通病、技术参数、施工难度较大的重要部位和环节等，均可作为质量控制点，对其质量进行重点控制。

对于一个分部分项工程，究竟应该设置多少个质量控制点，应根据施工的工艺、施工的难度、质量标准和施工单位的情况来决定。一般来说，施工工艺复杂时可多设，施工工艺简单时可少设；施工难度较大时可多设，施工难度不大时可少设；质量标准要求较高时应多设，质量标准不高时可少设；施工单位信誉不高应多设，施工单位信誉较高可少设。

表8-2列举出某些分部分项工程质量控制点设置的一般位置，可供参考。

表 8 - 2   质量控制点的设置位置

分部分项工程		质 量 控 制 点
建筑物定位		标准轴线桩、水平桩、定位轴线、标高
地基开挖及清理		开挖部位的位置、轮廓尺寸、标高；岩石地基爆破中的孔深、装药量；开挖后的建基面；断层、破碎带、软弱夹层、岩溶的处理；渗水的处理；地基承载力
基 础		基础位置、尺寸、标高；预留孔洞，预埋件位置、规格、数量
砌 体		砌体轴线、排列；砂浆配合比；预留孔洞、预埋件位置、数量
基础处理	基础灌浆帷幕灌浆	造孔工艺、孔位、孔深、孔斜；岩芯获得率；洗孔及压水情况；浆液情况、灌浆压力、结束标准、封孔
	基础排水	造孔、洗孔工艺；孔口、孔口设施的安装工艺
	锚桩孔	造孔工艺；锚桩材料质量、规格、焊接；孔内回填
混凝土生产	砂石料生产	毛料开采、筛分、运输、堆存；砂石料质量（杂质含量、细度模数、超逊径、级配）、含水率、骨料降温措施
	混凝土拌合	原材料的品种、配合比、称量精度；混凝土拌合时间、温度均匀性；拌合物的塌落度；温控措施（骨料预冷、加冰、加冰水）；外加剂比例
混凝土浇筑	建基面清理	基岩面清理（冲洗、积水处理）
	模板、预埋件	位置、尺寸、标高、平整性、稳定性、刚度、内部清理；预埋件型号、规格、埋设位置、安装稳定性、保护措施
	钢 筋	钢筋品种、规格、尺寸、搭接长度；钢筋焊接
	浇 筑	浇筑层厚度、平仓、振捣、浇筑间歇时间；积水和泌水情况；埋设件的保护；混凝土的养护；混凝土表面平整度、麻面、蜂窝、露筋、裂缝；混凝土的密实性、强度
土石料填筑	土石料	土料的粘粒含量、含水量；砾质土的粗粒含量、最大粒径；石料的粒径、级配、坚硬度、抗冻性
	土料填筑	防渗体与岩石面或混凝土面的结合处理；防渗体与砾质土、粘土地基的结合处理；填筑体的位置、轮廓尺寸、铺土厚度；填筑边线；土层接面处理；土料碾压、压实干密度、填筑含水量
	石料砌筑	砌筑位置、轮廓尺寸；石块重量、尺寸、表面顺直度；砌体密实度；砂浆配合比、砂浆强度
	砌石护坡	石块尺寸、强度、抗冻性；砌石厚度；砌筑方法；砌石孔隙率；垫层级配、厚度、孔隙度

（2）见证点和待检点。质量控制点按其重要性和控制程度的不同，可区分为两种，即所谓的"见证点"和"待检点"。

1）见证点也称截流点，它是指重要性一般的质量控制点。在这种质量控制点施工之前，施工单位应提前（例如 24h 之前）通知监理单位派监理人员在约定的时间到现场进行见证，对该质量控制点的施工进行监督和检查，并在见证表上详细记录该质量控制点所在的建筑部位、施工内容、数量、施工质量和工时，并签字以作为凭证。如果在规定的时间监理人员未能到达现场进行见证和监督，施工单位可以认为已取得监理单位的同意（默认），有权进行该见证点的施工。

2）待检点也称停止点，它是指重要性较高、其质量无法通过施工以后的检验来得到证实的质量控制点。例如无法依靠事后检验来证实其内在质量或无法事后把关的特殊工序或特殊过程。对于这种质量控制点，在施工之前施工单位应提前通知监理单位，并约定施工时间，由监理单位派出监理人员到现场进行监督控制，如果在约定的时间监理人员未到现场进行监督和检查，则施工单位应停止该质量控制点的施工，并按合同规定，等待监理人员，或另行约定该质量控制点的施工时间。

（3）工序分析。在工序控制过程中，以工序分析为基础。工序分析一般有下述三个步骤：

1）应用因果分析图法进行分析，通过分析，找出支配性要素。

2）实施对策计划。按试验方案进行试验，找出质量特性和工序支配性要素之间的关系，经过审查，确定试验结果。

3）制定标准，控制支配性要素。将试验核实的支配性要素编入工序质量表，纳入标准或规范，落实责任部门或人员。各部门或有关人员对属于自己负责的支配性要素，按标准规定实行重点管理。

3. 工序完成后的质量控制

工序完成后，首先要求承包商自检。自检合格后，由承包商填写"工程质量报验单"。监理工程师接到"工程质量报验单"后，要组织对工序进行检查认证，对于分工序施工的单元工程，未经监理工程师的检查认证或检查不合格的，不得进行下一道工序的施工。

监理工程师在对每道施工工序进行检查时，应根据施工承包商填写的"单元工程质量等级评定表"逐项进行全检或抽检，并作详细记录。在检查检测之后，可进行工程质量评定。

七、工程质量的检验和评定

工程质量检验就是根据一个既定的质量目标，借助一定的检验手段来估价工程产品性能特征的工作。

（一）工程质量的检验

1. 质量检验的种类

（1）全数检验。全数检验也称普遍检验，是对工序或工程产品逐项进行检验。这种检验方式对保证工程的整体质量是一种理想的方式，但是需要较长的时间和较多的人力、物力，经济上也不太合理，而且有些还必须进行破坏性试验，以测定其功能。所以一般只对质量十分不稳定的工序，或质量指标对工程（产品）的安全和可靠性起关键作用的项目，或者是对质量水平要求很高的项目，才采用全数检验。

（2）抽样检验。抽检是从总体中抽取一定数量的样本进行检验，并依据检验的结果来判断该总体的质量。目前在工程项目施工质量检验中，一般均采用抽样检验的方法。

2. 质量检验的手段

监理工程师对工程施工项目进行质量检验的手段有：

（1）感觉性检验。指在缺乏（或无需）技术测量仪表辅助的情况下，依靠个人的直观感觉对工程质量进行评定、评价的方法。

（2）量测。在工具、量具的辅助下进行的量度，如测量结构物几何尺寸、平面位置、钢筋间距等。

（3）测试或检测。借助各种仪器、仪表等辅助手段进行量度，如无损检测中射线探伤、超声波探伤、声波测试等。

（4）理化检验。是专业人员利用专门仪器设备、工具或化学试剂、药品对被检测对象的样品、试件的特性进行检验。水电工程中常见的理化检验包括各种机械性能、物理性能的测定、化学成分的测定、耐酸、耐碱等检验。

3. 质量检验的实施

（1）承包人应首先对工程施工质量进行自检。未经承包人自检或自检不合格、自检资料不完善的单元工程（或工序），监理机构有权拒绝检验。

（2）监理机构对承包人经自检合格后报验的单元工程（或工序）质量，应按有关技术标准和施工合同约定的要求进行检验。检验合格后方予签认。

（3）监理机构可采用跟踪检测、平行检测方法对承包人的检验结果进行复核。平行检测的检测数量，混凝土试样不应少于承包人检测数量的3％，重要部位每种标号的混凝土最少取样1组；土方试样不应少于承包人检测数量的5％；重要部位至少取样3组。跟踪检测的检测数量，混凝土试样不应少于承包人检测数量的7％；土方试样不应少于承包人检测数量的10％。平行检测和跟踪检测工作，都应由具有国家规定的资质条件的检测机构承担。平行检测的费用由项目法人承担。

（4）工程完工后需覆盖的隐蔽工程、工程的隐蔽部位，应经监理机构验收合格后方可覆盖。

（5）在工程设备安装完成后，监理机构应督促承包人按规定进行设备性能试验，其后应提交设备操作和维修手册。

（二）工程项目的质量评定

1. 评定项目的分类

在水利水电工程中，单元工程是施工质量日常控制和考核的基础，其质量的评定是以检查项目和检查测点的质量为依据，将检查结果与标准规定的要求相比较。

在单元工程的质量评定中，常将进行质量检验的项目分为主要检验项目或保证检验项目、其他（或一般、基本）检验项目、允许偏差项目（或实测项目）。

（1）主要检验项目（或保证检验项目）是指这些项目的质量对保证单元工程的质量起控制作用，因此这些项目的质量必须符合评定标准中规定的内容。

（2）其他（或一般、基本）检验项目是指这些项目的质量对单元工程的质量并不起控制作用，允许其与质量标准存在一定偏差，因此要求这些检验项目的质量基本符合标准中规定的内容。

（3）允许偏差项目（或实测项目）是指在质量检验评定标准中规定有"允许偏差"的检验项目，其中一些项目是对工程外观质量的要求，另一些项目是对工程内在质量的要求，如密度、强度等。

2. 质量等级评定标准

水利水电工程质量的评定、考核，是以单元工程为统计单位的，评定单位工程质量的依据是分部工程质量评定的结果，而评定分部工程质量的依据是单元工程质量评定的结果。因此，在进行工程质量评定时，首先应明确单位工程、分部工程和单元工程的划分原则和方法，而且重点在评定单元工程的质量。

单元工程质量评定的具体标准，可参见《水利水电基本建设工程单元工程质量等级评定标准》。对于质量不合格的单元工程，应返工进行质量补强处理，直到符合标准和设计要求为止。全部返工的工程可重新评定质量等级，但一律不得评为优良；未经处理的工程，不能评为合格。质量合格是指工程质量符合相应的质量标准中规定的合格要求；质量优良是指工程质量在合格的基础上达到质量标准中规定的优良要求。

单位工程的质量评定，除以单元工程的质量为基础进行评定外，尚须进行最终检验，检验的主要项目包括混凝土坝（主坝）的混凝土强度保证率、离差系数（变异系数）和抗渗、抗冻标号是否符合设计要求；土石坝（主坝）压实干密度，不合格样品的数量及其干密度偏离施工规范要求的偏差；水轮发电机组在设计水头工况下能否达到出力；工程投入运行后工作是否正常等。满足上述检验条件的工程最终才能评为优质工程。

3. 工程项目质量评定的组织

监理机构应监督承包人真实、齐全、完善、规范地填写质量评定表。承包人应按规定对工序、单元工程、分部工程、单位的工程质量等级进行自评。监理机构应对承包人的工程质量等级自评结果进行复核。监理机构应按规定参与工程项目外观质量评定和工程项目施工质量评定工作。

（1）工序或单元工程。工序或单元工程的质量检验评定是在班组自检合格的基础上，由单位工程负责人组织工长、班组长、班组质量员、专职质量检查员进行评定，并由专职质量检查员核定，然后定期报监理单位和质量监督站确认。对于隐蔽工程、工程的关键部位和重要部位，施工单位应在自检合格的基础上，报送监理单位和质量监督站，由监理工程师会同项目法人、设计单位和质量监督站的代表共同检查评定，监理单位和质量监督站有权不定期地进行现场抽查。

（2）分部工程。分部工程的质量检验评定是由相当于施工队一级的技术负责人组织有关人员进行评定，专职质量检验人员核定，然后填写《中间交工证书》，分别报送监理单位和质量监督站检查评定。

（3）单位工程。单位工程完成后，由企业的技术负责人组织企业的技术、质量、生产等有关部门人员到现场进行检验评定，评定结束后，汇总并向监理单位提供全部分项工程（或单元工程）和分部工程质量检验评定记录、签证和全部质量保证资料（对于水利水电工程为全部保证项目或主要项目的技术资料），由监理工程师组织有关部门（项目法人、设计单位、施工单位、生产运行单位、质量监督站等）进行评定，最后送交质量监督部门核定。

八、工程质量事故的处理

1. 质量事故的分类

工程质量事故按直接经济损失的大小，检查、处理事故对工期的影响时间长短和对工程正常使用的影响，分为一般质量事故、较大质量事故、重大质量事故、特大质量事故。水利工程质量事故分类标准见表 8-3。

表 8-3　　　　　　　　　　　　　　水利工程质量事故分类标准

损失情况 ＼ 事故类别		特大质量事故	重大质量事故	较大质量事故	一般质量事故
事故处理所需的物质、器材和设备、人工等直接损失费用（人民币万元）	大体积混凝土、金属结构制作和机电安装工程	＞3000	＞500 ≤3000	＞100 ≤500	＞20 ≤100
	土石方工程、混凝土薄壁工程	＞1000	＞100 ≤1000	＞30 ≤100	＞10 ≤30
事故处理所需合理工期（月）		＞6	＞3 ≤6	＞1 ≤3	≤1
事故处理后对工程功能和寿命影响		影响工程正常使用，需限制条件运行	不影响正常使用，但对工程寿命有较大影响	不影响正常使用，但对工程寿命有一定影响	不影响正常使用和工程寿命

注 1. 直接经济损失费用为必需条件，其余两项主要适用于大中型工程。

　　2. 小于一般质量事故的质量问题称为质量缺陷。

　　2. 质量事故处理的原则

　　质量事故发生后，应坚持"三不放过"的原则，即事故原因不查清楚不放过、主要事故责任者和职工未受到教育不放过、补救和防范措施不落实不放过。

　　由质量事故而造成的损失费用，坚持谁该承担事故责任，由谁负责的原则。施工质量事故若是承包商的责任，则事故分析和处理中发生的费用完全由承包商自己负责；施工质量事故责任者若非承包商，则质量事故分析和处理中发生的费用不能由承包商承担，承包商可向项目法人提出索赔。若是设计单位或监理单位的责任，应按照设计合同或监理委托合同的有关条款，由项目法人对其进行相应的处罚。

　　3. 工程质量事故的处理程序

　　质量事故处理的目的是消除缺陷或隐患，以保证建筑物安全正常使用，满足各项建筑功能要求，保证施工正常进行。处理工程质量事故，是质量监理的重要内容之一，其程序如下：

　　（1）质量事故发生后，承包人应按规定及时提交事故报告。监理机构在向项目法人报告的同时，指示承包人及时采取必要的应急措施并保护现场，做好相应记录。

　　（2）发生质量事故后，项目法人必须将事故的简要情况向项目主管部门报告。项目主管部门接事故报告后，按照管理权限向上级水行政主管部门报告。一般质量事故向项目主管部门报告。较大质量事故逐级向省级水行政主管部门或流域机构报告。重大质量事故逐级向省级水行政主管部门或流域机构报告并抄报水利部。特大质量事故逐级向水利部和有关部门报告。发生（发现）较大、重大和特大质量事故，事故单位要在48h内向上述规定单位写出书面报告；突发性事故，事故单位要在4h内电话向上述单位报告。

　　（3）进行调查和研究。有关单位接到事故报告后，必须采取有效措施，防止事故扩大，并立即按照管理权限向上级部门报告或组织事故调查。

　　（4）监理机构应积极配合事故调查组进行工程质量事故调查、事故原因分析，参与处理意见等工作。

（5）监理机构应指示承包人按照批准的工程质量事故处理方案和措施对事故进行处理。经监理机构检验合格后，承包人方可进入下一阶段施工。

4．质量事故的处理

监理工程师对质量事故的处理，一般作出三种决定：

（1）不需进行处理。监理工程师一般在不影响结构安全、生产工艺和使用要求，或某些轻微的质量缺陷，通过后续工序可以弥补等情况下，常作出不需要进行处理的决定；或检验中的质量问题，经论证后可不作处理；或对出现的事故，经复核验算，仍能满足设计要求者，也可不作处理。

（2）修补处理。监理工程师对某些虽然未达到规范规定的标准，存在一定的缺陷，但经过修补后还可以达到规范要求的标准，同时又不影响使用功能和外观的质量问题，可以作出进行修补处理的决定。

（3）返工处理。凡是工程质量未达到合同规定的标准，有明显而又严重的质量问题，又无法通过修补来纠正所产生的缺陷，监理工程师应对其作出返工处理的决定。

九、工程质量数据的统计分析方法

产品的质量数据反映了产品的质量状况及其变化，是进行质量控制的重要依据，通过对质量数据的收集、整理和分析，可以找出质量的变化规律，发现存在的质量问题，及时采取预防和纠正措施，从而使产品的质量处于受控状态。

质量数据的整理分析，目前多采用统计分析的方法。

（一）样本数据特征值

统计推断是用样本的数据去分析、判断总体的质量状况，常用的样本数据特征值有以下几种：

（1）总体均值 μ。

$$\mu = \frac{1}{N}(x_1 + x_2 + \cdots + x_N) = \frac{1}{N}\sum_{i=1}^{N} x_i \qquad (8-1)$$

式中　　N——总体中个体数；

　　　　x_i——总体中第 i 各个体质量特征值。

（2）样本的均值 $\bar{x}$。又称为样本的算术平均值，它表示数据中心位置的特征值。

$$\bar{x} = \frac{1}{n}(x_1 + x_2 + \cdots + x_n) = \frac{1}{n}\sum_{i=1}^{n} x_i \qquad (8-2)$$

式中　　x_i——第 i 个样品的质量特征值；

　　　　n——样本大小。

（3）样本中位数 $\tilde{x}$。先将样本中的数据按大小顺序排列，然后取"居中的数"为中为数。当样本为奇数时，中间的一个数即为中位数，样本为偶数时，中间两个数的平均值即为中位数。中位数也表示数据的中心位置。

（4）极差 R。样本中最大值（x_{max}）与最小值（x_{min}）之差称为极差。极差永远为正，它表示数据的离散程度。

$$R = x_{max} - x_{min} \qquad (8-3)$$

（5）标准偏差。标准偏差也是反映了数据的波动情况，即离散程度的统计特征数。它

分为总体标准偏差 σ 和样本标准偏差 S。

总体的标准偏差

$$\sigma = \sqrt{\frac{1}{N} \sum_{i=1}^{N} (x_i - \mu)^2} \tag{8-4}$$

式中　　N——总体大小；

　　　　μ——总体均值。

样本的标准偏差

$$S = \sqrt{\frac{1}{n-1} \sum_{i=1}^{n} (x_i - \overline{x})^2} \tag{8-5}$$

当样本足够大（$n>50$）时，样本标准差接近于总体标准差。

（6）变异系数 C_v。变异系数又称离差系数，表示数据的相对波动大小，即相对的离散程度。变异系数小说明数据分布居中程度高，离散程度小，均值对总体（样本）的代表性好。由于消除了数据平均水平不同的影响，变异系数适用于均值有较大差异的总体之间离散程度的比较，应用更为广泛。

$$C_v = \frac{\sigma}{\mu} \quad （总体） \tag{8-6}$$

$$C_v = \frac{S}{\overline{x}} \quad （样本） \tag{8-7}$$

（二）常用的统计分析方法

用于质量分析的工具很多，常用的有分层法、调查表法、因果分析图法、排列图法、相关图法、直方图法和控制图法七种。

1. 分层法

分层法又称为分类法或分组法，它是将针对某质量问题所收集到的质量特性数据，然后按照不同的目的进行分类，将性质相同、相同生产条件下得到的数据归纳到一起进行分类整理和分析，以便从中找出质量问题原因，并及时采取措施加以处理。分层的类型很多，例如：

（1）按操作班组或操作者分层。

（2）按原材料供应单位、供应时间或等级分层。

（3）按使用机械设备型号分层。

（4）按操作方法分层。

（5）按施工时间分层。

（6）按检查手段、工作环境等分层。

（7）按使用条件分层。

【例 8-1】　某工程的一批钢筋焊接，采用甲、乙两种焊条和 A、B、C 三个焊工操作，共检查了 70 个焊接点，其中不合格的为 21 个，不合格率为 30%，存在严重质量问题，试用分层法分析质量问题原因。

分别按操作者和焊条来源（焊条生产厂家）分层进行分析，即考虑一种因素单独的影响，见表 8-4 和表 8-5。

表 8-4		按操作者分层	
操作者	合格数	不合格数	不合格率(%)
A	17	7	29.17
B	14	4	22.22
C	18	10	35.71
合 计	49	21	30.00

表 8-5		按供应焊条厂家分层	
工 厂	合格数	不合格数	不合格率(%)
甲	24	10	29.41
乙	25	11	30.56
合 计	49	21	30.00

由表 8-4 和表 8-5 分层分析可见，操作者 B 的质量较好，不合格率 22.22%；而不论采用甲厂还是乙厂的焊条，不合格率都很高且相差不大。为了找出问题所在，再进一步采用综合分层分析，即考虑两种因素共同影响的结果，见表 8-6。

表 8-6		综合分层分析焊接质量					
操作者	焊接质量	甲 厂		乙 厂		合 计	
		焊接点	不合格率(%)	焊接点	不合格率(%)	焊接点	不合格率(%)
A	合 格	10.00	33.33	7.00	22.22	17.00	29.17
	不合格	5.00		2.00		7.00	
B	合 格	6.00	33.33	8.00	11.11	14.00	22.22
	不合格	3.00		1.00		4.00	
C	合 格	8.00	20.00	10.00	44.44	18.00	35.71
	不合格	2.00		8.00		10.00	
合格	合 格	24.00	29.41	25.00	30.56	49.00	30.00
	不合格	10.00		11.00		21.00	

从表 8-6 的综合分层分析可知，在使用甲厂的焊条时，应采用操作者 C 的操作方法为好；在使用乙厂的焊条时，应采用操作者 B 的操作方法为好，这样会使合格率大大提高。

通过上述分析可见，在人员和焊条不变的情况下，为了提高钢筋焊接质量，应采用乙厂供应的焊条，由工人 B 进行焊接操作。

分层法是质量控制统计分析方法中最基本的一种方法。其他统计方法一般都要与分层法配合使用。

2. 调查表法

调查表法又称调查分析法、检查表法，是利用专门设计的统计表对数据进行收集、整理并粗略地进行质量状态分析的一种方法。按使用的目的不同，常用的检查表有：工序分布检查表、缺陷位置检查表、不良项目检查表、不良原因检查表等。检查表的形式繁多，也可根据收集分析数据的需要自行设计。表 8-7 是混凝土空心板外观质量问题调查表。

表 8 - 7　　　　　　　　　　　　　　　　影响施工进度原因调查表

产品名称	混凝土空心板		生 产 班 组		
日生产总数	200块	生产时间	年 月 日	检查日期	年 月 日
检查方式	全 数 检 验		检 查 员		
项目名称	检 查 记 录			合 计	
露 筋	正 正			10	
蜂 窝	正 正 一			11	
孔 洞	丁			2	
裂 缝	一			1	
其 他	丁			2	
总 计				26	

3. 排列图法

排列图法又称巴雷特（Pareto）图、主次因素排列图法，是分析影响质量主要因素的有效方法。排列图由两个纵坐标、一个横坐标、几个长方形和一条曲线组成。左侧的纵坐标是频数或件数，右侧的纵坐标是累计频率，横轴则是影响质量的项目（或因素），按项目频数大小顺序在横轴上自左而右画长方形，其高度为频数，并根据右侧纵坐标，画出累计频率曲线。实际应用中，通常按累计频率划分为三个区，累计频率在 $0 \sim 80\%$ 的为 A 区，其所对应的质量因素为主要因素或关键项目；累计频率在 $80\% \sim 90\%$ 的为 B 区，其所对应的因素为次要因素；累计频率在 $90\% \sim 100\%$ 的为 C 区，与之对应的影响因素为一般因素。下面用一个例题来说明排列图的绘制。

【例 8 - 2】　某工地现浇混凝土构件尺寸质量检查结果是：在全部检查的 8 各项目中，不合格点（超偏差限值）有 150 个，为改进并保证质量，应对这些不合格点进行分析，以便找出混凝土构件尺寸质量的薄弱环节。

解　（1）收集整理数据。首先收集混凝土构件尺寸各项目不合格点的数据资料，见表 8 - 8。对数据资料进行整理，将不合格点较少的轴线位置、预埋设施中心位置、预留空洞中心位置三项合并为"其他"项。按不合格点的频数由大到小的顺序排列各检查项目。以全部不合格点数为总数，计算各项的频率和累计频率，结果见表 8 - 9。

表 8 - 8　　　　　　　　　　　　　　　　不 合 格 点 数 统 计 表

序 号	检查项目	不合格点数	序 号	检查项目	不合格点数
1	轴线位置	1	5	平面水平度	15
2	垂 直 度	8	6	表面平整度	75
3	标 高	4	7	预埋设施中心位置	1
4	截面尺寸	45	8	预留孔中心位置	1

表 8 - 9　　　　　　　　　　　不合格点项目频数统计表

序　号	项　目	频　数	频率（%）	累计频率（%）
1	表面不平整	75	50.0	50.0
2	截面尺寸	45	30.0	80.0
3	平面水平度	15	10.0	90.0
4	垂直度	8	5.3	95.3
5	标　高	4	2.7	98.0
6	其　他	3	2.0	100.0
合　计		150	100.0	

（2）绘制排列图。根据表 8 - 9 中的频数和累计频率的数据画出"混凝土构件尺寸不合格点排列图"，如图 8 - 4 所示。

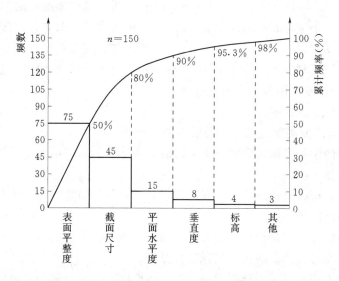

图 8 - 4　混凝土构件尺寸不合格点排列图

（3）排列图分析。

根据 A、B、C 三类频率的分布范围，即可将所有质量问题明确区分为主要因素、一般因素和次要因素。在本例的情况下，频率从 0 到 80% 之间的范围内有 2 个点，其频率分别为 50% 和 80%，属于质量不合格项目"表面平整度"和"截面尺寸"的频率；在频率从 80% 到 90% 之间的范围内有 1 个点，其频率为 90%，属于质量不合格项目"平面水平度"的频率；在频率从 90% 到 100% 之间的范围内，有 3 个点，其频率为 95.3%、98.0% 和 100%，分别属于质量不合格项目"垂直度"、"标高"和"其他"的频率，因此，在混凝土构件质量不合格项目中，"表面平整度"和"截面尺寸"属于主要因素，"平面水平度"属于次要因素，而"垂直度"、"标高"和"其他"均属于一般因素。综上所述，要提高施工质量，首先要重点解决 A 类质量问题。

4．因果分析图法

因果分析图又称特性要因图，因其形状像树枝或鱼骨，故又称鱼骨图、鱼刺图、树枝图。

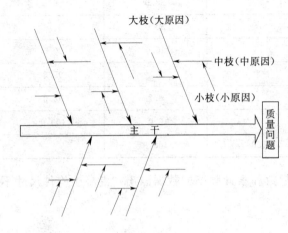

图 8-5　因果分析图的基本形式

通过排列图，找到了影响质量的主要问题（或主要因素），但质量控制的最终目的不是找到问题，而是搞清产生质量问题的各种原因，以便采取措施加以纠正。因果分析图法就是分析质量问题产生原因的有效工具。

因果图的作法是将要分析的问题放在图形的右侧，用一条带箭头的主干指向要解决的质量问题，一般从人、设备、材料、方法、环境等五个方面进行分析，这就是所谓的大原因，即图 8-5 中的大枝，对具体问题来讲，这五个方面的原因不一定同时存在，要找到解决问题的办法，还需要对上述五个方面进一步分解，这就是中原因（中枝），小原因（小枝），它们之间的关系也用带箭头的箭线表示。

下面结合实例加以说明。

【例 8-3】　绘制混凝土强度不足的因果分析图。

因果分析图的绘制步骤与图中箭头方向恰恰相反，是从"结果"开始，将原因逐层分解的，具体步骤如下：

（1）确定待分析的质量问题，将其写在因果图右侧的矩形框内，由左至右画出一条水平主干线，箭头指向矩形框。

（2）分析确定影响质量特性大的方面原因。一般可从人、机械、材料、方法、环境条件五方面进行，也可按产品的生产过程进行分析。

（3）将每种大原因进一步分解为中原因、小原因，直至分解的原因可以采取具体的措施加以解决为止。

（4）广泛征求意见，检查补遗，做必要的补充和修改。

（5）找出关键因素，并标出记号，作为质量改进的重点。

图 8-6 为混凝土强度不足的因果分析图。

5．相关图法

（1）相关图的含义和用途。在一些情况下，两种特性数据之间往往存在着相互联系和相互制约的关系，如果将两个相关连因素的数据点绘在直角坐标图上，绘制成相关图，通过观察和分析图中点子的分布状况来判断两因素之间的关系，这种方法称为相关图法，也称散布图法。

在质量管理中，常常用相关图法分析下列情况：

1）一种质量特性与另一种质量特性之间的关系，如混凝土强度与水灰比的关系。

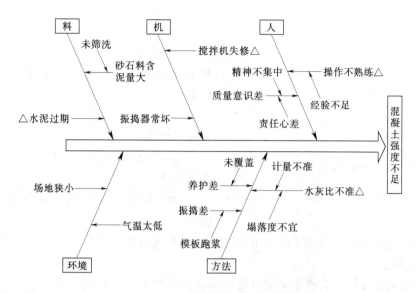

图 8-6 混凝土强度不足的因果分析图

（标 △ 者为主要影响因素）

2）质量特性与成因之间或两种因素之间的因果关系，如建筑物裂缝与其沉降的关系。

3）影响同一质量特性的两个因素之间的关系，如在土方工程中对土的压实度有影响的压实功能与碾压遍数之间的关系。

（2）相关图的绘制方法。以下举例说明。

【例 8-4】 分析混凝土抗压强度和水灰比之间的关系。

1）收集数据。要成对地收集两种质量数据，数据不得过少。本例收集数据如表 8-10 所示。

表 8-10 混凝土抗压强度与水灰比统计资料

序 号		1	2	3	4	5	6	7	8
x	水灰比（W/C）	0.4	0.45	0.5	0.55	0.6	0.65	0.7	0.75
y	强度（N/mm²）	36.3	35.3	28.2	24.0	23.0	20.6	18.4	15.0

2）绘制相关图。在直角坐标系中，一般 x 轴用来代表原因的量和将来要控制的量，本例中表示水灰比；y 轴作为代表结果的量，本例中表示强度。然后依次将每一对数据 (x_i, y_i) 在坐标系中描点，如图 8-7 所示。

（3）相关图的观察分析。

1）正相关［图 8-8（a）］。如果随着 x 的增加 y 也增加，这种情况称为正相关，说明 x 与 y 有较强的制约关系。此时可以通过对 x 的控制而有效控制 y 的变化。

2）弱正相关［图 8-8（b）］。随 x 的增加，y 也有增加趋势，但 x、y 的关系不像正相关那么明确。说明 y 除受 x 影响外，还受其他因素影响。需要进一步用因果分析图分析其他的影响因素。

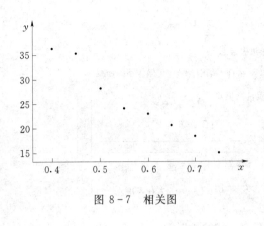

图 8-7 相关图

3) 负相关 [图 8-8 (c)]。如果随着 x 的增加 y 反而减小，这种情况称为负相关。

4) 弱负相关 [图 8-8 (d)]。x 增加，y 基本随之减小。应考虑寻找影响 y 的其他因素。

5) 非线性相关 [图 8-8 (e)]。x、y 间呈曲线关系。

6) 不相关 [图 8-8 (f)]。x、y 间的关系无规律。

相关图观察分析时，应注意如下两个问题：

1) 异常点的处理。当相关图中出现远离的异常点时需查明原因，原因不明时，不可轻易将其去掉。

2) 分层的必要性。有的相关图就整体而言似乎看不出有相关关系，若分层就可看出其相关性；而有些相关图作为整体看有相关关系，但一分层就又不相关了。

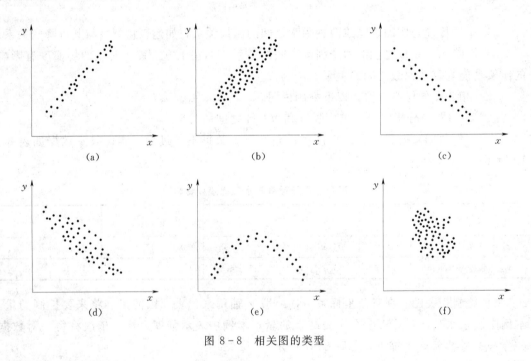

图 8-8 相关图的类型

6. 直方图法

直方图法又称为质量分布图法、频数分布直方图法，它是以频数为纵坐标，以质量特性为横坐标，将产品质量特性频数的分布用一组直方形柱状图形来表示，用以观察和分析质量特性分布的规律，通过质量特性数据的集中程度和波动范围来判断产品质量和生产过程是否正常，评价生产管理水平和能力，预测工序质量好坏，并可用来制订质量标准和确定公差范围。

直方图法的优点是作图比较方便，形象地和清楚地表示了质量特性的分布，便于观察和分析其分布规律，可以较确切地计算出质量特性的平均值和标准偏差；其缺点是不能在同一张图上反映出质量特性随时间的变化，以及数据组在组内和组间的变化。

（1）直方图的绘制。

1）收集数据。用随机抽样的方法抽取数据，一般要求数据在 100 个或 100 个以上。

【例 8 - 5】 对模板边长尺寸误差进行测量共收集了 50 个数据，见表 8 - 11。

表 8 - 11　　　　　　　　　　　　　模板边长尺寸误差表　　　　　　　　　　　单位：mm

序　号	模板边长尺寸误差数据					最大值	最小值
1	-4	-3	3	-1	-2	3	-4
2	-1	1	-2	-2	-1	1	-2
3	-1	-2	-3	-1	2	2	-3
4	-3	0	2	0	-2	2	-3
5	0	-3	-2	-5	1	1	-5
6	-3	-4	-1	1	1	1	-4
7	-1	-2	0	-1	-2	0	-2
8	-1	-3	-1	2	0	2	-3
9	-2	-4	0	-3	-1	0	-4
10	-4	-2	0	-1	1	1	-4

2）确定分组数 k、组距 h 和组界。分组数目太多或太少都不好，若组数取得太多，每组内的数据较少，作出的直方图过于分散；若组数取得太少，则数据集中于少数组内，容易掩盖了数据间的差异。分组数 k 一般根据数据 n 的多少而定。当 $n=50\sim100$ 时，$k=6\sim10$；当 $n=100\sim200$ 时，$k=7\sim12$。当 $n>250$ 时，$k=10\sim20$。

本例：收集了 50 个数据，取 $k=9$。

确定了分组数 k 后，就可以确定组距 h 和组界。为了防止数据恰好落在组界上，有两种解决的办法：一是规定每组上（或下）组界不计在该组内，而计入相邻较高（或较低）组内；二是当测量单位（即测量精确度）为 δ 时，将最小值减去半个测量单位：

$$(x'_{min} = x_{min} - \delta/2)　　　　　　　　　　(8-8)$$

最大值加上半个测量单位：

$$(x'_{max} = x_{max} + \delta/2)　　　　　　　　　　(8-9)$$

本例采取第二种方法。测量精度 $\delta=1mm$

$$x'_{min} = x_{min} - \delta/2 = -5 - 1/2 = -5.5（mm）$$
$$x'_{max} = x_{max} + \delta/2 = 3 + 1/2 = 3.5（mm）$$

级差为

$$R' = x'_{max} - x'_{min} = 3.5 - (-5.5) = 9（mm）$$

分组的范围 R' 确定后，就可以确定其组距 h。

$$h = \frac{R'}{k}　　　　　　　　　　(8-10)$$

所求得的 h 值应为测量单位的整倍数，若不是测量单位的整倍数时可调整为整倍数。其目的是为了使组界值的尾数为测量单位的一半，避免数据落在组界上。

$$h = \frac{R'}{k} = \frac{9}{9} = 1 \text{（mm）}$$

组界的确定应由第一组起。

第一组下界限值：$x'_{min} = -5.5mm$

第一组上界限值：$x'_{min} + h = -5.5 + 1 = -4.5$（mm）

第二组下界限值＝第一组上界限值＝$-4.5mm$

第二组上界限值：第二组下界限值$+h = -4.5 + 1 = -3.5$（mm）

依此类推，本例各组界限值计算结果见表8-12。

3）编制数据频数统计表。按上述分组范围，统计数据落入各组的频数，填入表内，计算各组的频率并填入表内，如表8-12所示。

表 8 - 12　　　　　　　　　　　频 数 统 计 表

组　号	分组区间	频　数	组　号	分组区间	频　数
1	−5.5～−4.5	1	6	−0.5～0.5	7
2	−4.5～−3.5	4	7	0.5～1.5	5
3	−3.5～−2.5	7	8	1.5～2.5	3
4	−2.5～−1.5	10	9	2.5～3.5	1
5	−1.5～−0.5	12			

根据频数分布表中的统计数据可作出直方图，如图8-9所示。

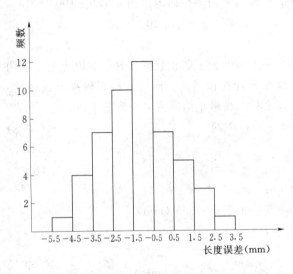

图 8-9　频数直方图

（2）直方图的观察和分析。直方图的形状表示了质量特性的分布状态，因此通过对直方图图形的分析，可以判断出生产过程的情况。

如果直方图的图形是中部最高，左右两侧逐渐下降，并且基本对称，即呈正态分布。

图 8-10（a），直方图属正常型，表明生产过程处于正常状态，质量是稳定的。

如果出现非正常直方图时，表明生产过程异常，质量不稳定，或者是由于作图不当所致。

1）偏态型 [图 8-10（b）、（c）]，图形最高处偏向一侧，此时如系生产中对上限或下限控制过严所致（如生产中上控制界限或下控制界限过严等），则属正常状态，表示生产过程是正常的；如系技术或管理上的原因所致，则表示生产过程异常。

2）锯齿型 [图 8-10（d）]，图形呈凹凸相间的锯齿状，是由于绘图时数据分组不当或组距确定不当所致。

3）孤岛型［图8-10（e）］，在图形的基本区域之外出现孤立的小区域，通常是由于技术不熟练的操作者临时替班，或者是一段时间内原材料发生变化所致。

4）双峰型［图8-10（f）］，出现两个高峰，这种情况常常是由于将两种不同生产条件下取得的数据混在一起作图的结果，如两个作业班组或两个操作者的数据，或者是两台不同机械设备作业的数据，或两种不同材料的数据等。

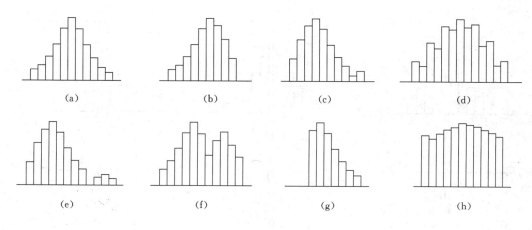

（a）　　　　　　（b）　　　　　　（c）　　　　　　（d）

（e）　　　　　　（f）　　　　　　（g）　　　　　　（h）

图8-10　常见的直方图图形

5）陡壁型［图8-10（g）］，图形的一侧出现陡壁，这种情况常常是由于数据收集不正常（剔除了不合格品的数据），或者是在质量检测中出现人为干扰，或者是由于不合格返修等原因造成的。

6）平峰型［图8-10（h）］，图形两侧坡度平缓或尖峰不突出，这种情况主要是由于多个母体的数据混杂在一起，或由于生产管理上的原因所致。

（3）将直方图与标准对照分析，判断实际生产过程能力。

作出直方图后，除了观察直方图形状，分析质量分布状态外，再将直方图与质量标准（公差）对比，观察分析质量特性值是否位于标准规定的界限之内，两侧是否留有余地等情况，可以判断生产是否正常，质量是否稳定。

设直方图中质量特性数据的实际分布范围的宽度为B，设计或标准规定（公差）的上限为T_U，下限为T_L，两者之间的范围为T，则直方图与标准对比时可能有以下六种情况：

1）图8-11（a）。该直方图呈正态分布，数据的平均值位于图形的中央，并与标准规定的上、下控制范围的中心一致，标准规定的上限T_U与下限T_L距图形中心的距离均等于4倍标准差，即4σ，质量特性数据全部位于T的范围内，而且两侧有一定余幅，即使生产稍有波动，质量特性也不致超出标准规定的上、下限。这种情况是理想的质量控制情况，说明生产是正常的，质量是稳定的，是满足质量要求的。

2）图8-11（b）。该直方图呈正态分布，质量特性数据全部位于标准规定的上、下界限范围内（即B处在T之内），但数据的平均值$\bar{x}$距标准规定的下限较近（图形的左侧与下限较接近或重叠），距标准规定的上限较远，此时生产稍有波动，就可能出现不合格品，质量特性数据就会超出标准规定的下限。此时应改善生产管理，提高产品质量，使数据平均值$\bar{x}$略向右移，以保证不超出下限（也不应超出上限），避免出现不合格品。

3）图 8-11（c）。该直方图呈正态分布，质量特性数据全部位于标准规定的上、下界限范围内，而 B 正好等于 T，两侧均无余幅，此时生产略有波动就会超出限定的界限范围，产生不合格品。故此时应加强生产管理，使质量特性数据略为集中，以避免出现不合格品，或者在条件允许的情况下，略为放宽标准的上、下界限。

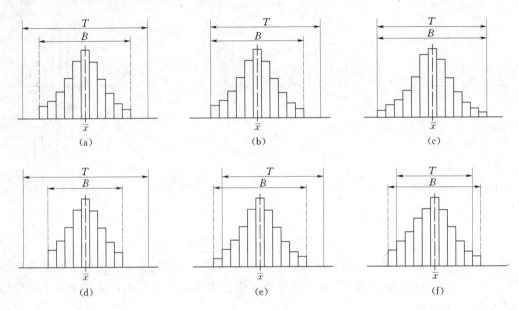

图 8-11　直方图同标准的比较

4）图 8-11（d）。该直方图呈正态分布，质量特性数据的分布比较集中，数据的分布宽度远小于标准规定的公差界限范围 T，两侧留有较大余幅，即使生产产生较大波动也不致出现不合格品，说明生产是正常的，质量是稳定的，但生产能力过剩，经济上不合理。此时可适当放宽，使质量特性数据的分布略为分散，增大分布宽度 B，否则应适当修改标准规定的公差界限，使 T 适当缩小。

5）图 8-11（e）。该直方图呈正态分布，但图形偏朝左侧，数据的平均值与标准的中心线偏离较大，图形左侧超出标准的下限 T_L，此时生产中出现不合格品，质量偏低，应加强质量控制，提高质量，使生产处于受控状态。

6）图 8-11（f）。该直方图呈正态分布，但质量特性数据的分布过于分散，数据的分布宽度 B 大于标准规定的公差范围 T，此时生产中出现不合格品，故应加强质量管理，改善质量状况，减小质量数据的分散程度，使数据相对集中，以避免出现不合格品。

（4）工序能力分析。

1）工序能力的概念。工序能力是指工序处于正常的、稳定的情况下，实际完成工作的能力。这里，正常和稳定是指工序的能力以标准化作业和受控状态为基础。工序能力是生产中人、机、料、法、环（4M1E）等多种因素的综合反映，控制工序能力就是要使这些因素适应产品质量的要求。工序能力分析是质量管理中的一项基础工作，特别是一些特殊工序，要求掌握其工序质量的保证能力。

　　某一工序的能力通常用 6σ 来表示，工序处于正常稳定的情况下，其质量数据一般呈正态分布，质量数据落在 $\mu \pm 6\sigma$ 范围内的概率为 99.73%，因此，用 6σ 表示工序的能力。

　　2）工序能力指数计算。工序能力指数是指工序能力满足质量标准的程度，即技术要求与工序能力的比值，用 C_p 表示

$$C_\text{p} = \frac{T}{6\sigma} \qquad\qquad (8-11)$$

式中　T——公差范围。

　　工序能力指数越大，说明工序能力越能满足技术标准的要求。

　　A. 公差带中心与质量分布中心重合时（图 8-12），工序能力指数为

$$C_\text{p} = \frac{T}{6\sigma} \approx \frac{T_\text{U} - T_\text{L}}{6S} \qquad\qquad (8-12)$$

式中　T_U——标准的上限值；

　　　T_L——标准的下限值；

　　　S——样本的标准偏差。

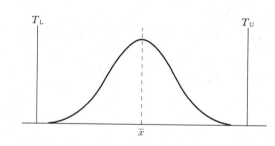

图 8-12　公差带中心与质量分布中心重合

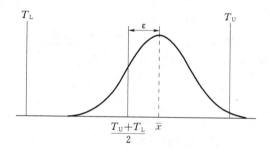

图 8-13　公差带中心与质量分布中心不重合

【例 8-6】　某实腹梁长度为 2000mm，允许偏差为 ± 5mm，对已作好的梁抽样检查，算得 $S=2$mm，$\overline{x}=2000$mm，求其工序能力指数。

　　解　由题可知：$T_\text{U}=2005$mm，$T_\text{L}=1995$mm；$S=2$mm

　　由于质量分布中心 $\overline{x}$ 与公差带中心重合，所以

$$C_\text{p} = \frac{T_\text{U} - T_\text{L}}{6S} = \frac{2005 - 1995}{6 \times 2} = 0.83$$

　　B. 公差带中心与质量分布中心不重合时（图 8-13），工序能力指数的计算公式为

$$C_\text{pk} = (1-K)\frac{T}{6\sigma} \approx (1-K)\frac{T}{6S} = (1-)C_\text{p} \qquad\qquad (8-13)$$

式中　K——偏移系数。

$$K = \frac{\varepsilon}{T/2} \qquad\qquad (8-14)$$

式中　ε——偏移量。

$$\varepsilon = \left| \frac{T_\text{U} + T_\text{L}}{2} - \mu \right| = \left| \frac{T_\text{U} + T_\text{L}}{2} - \overline{x} \right| \qquad\qquad (8-15)$$

将 ε 带入 K 中：

$$K = \frac{\varepsilon}{T/2} = \frac{\left| \dfrac{T_U + T_L}{2} - \overline{x} \right|}{\dfrac{T_U - T_L}{2}} \qquad (8-16)$$

【例 8-7】 某生产线的质量标准为 4000^{+10}_{-5} mm，经抽样测量得 $\overline{x} = 4005$，$S = 2.5$ mm，求此生产线的工序能力指数。

解 已知 $T_U = 4010$ mm；$T_L = 3995$ mm：

$$\varepsilon = \left| \frac{T_U + T_L}{2} - \mu \right| = \left| \frac{4010 + 3995}{2} - 4005 \right| = 2.5 \text{（mm）}$$

$$K = \frac{\varepsilon}{T/2} = \frac{2.5}{(4010 - 3995)/2} = 0.33$$

$$C_{pk} = (1 - K) \frac{T}{6S} = (1 - 0.33) \times \frac{4010 - 3995}{6 \times 2.5} = 0.67$$

C. 只给出单侧偏差时，工序能力指数的计算。

当只给出公差上限时

$$C_p = \frac{T_U - \mu}{3\sigma} \approx \frac{T_U - \overline{x}}{3S}$$

【例 8-8】 检查对焊钢筋轴线的偏移得知 $\overline{x} = 1$ mm，$S = 0.3$ mm，而标准允差不大于 2mm，求对焊工序的工序能力实数。

解 由题可知，这是只给出上限的情况，$T_U = 2$ mm：

$$C_p = \frac{T_U - \overline{x}}{3S} = \frac{2 - 1}{3 \times 0.3} = 1.1$$

当只给出公差下限时

$$C_p = \frac{\mu - T_L}{3\sigma} \approx \frac{\overline{x} - T_L}{3S}$$

【例 8-9】 某施工单位搅拌 C30 混凝土，规定最低强度等级不低于 C25.5，现根据几个月来试块试压资料得知 $\overline{x} = 37.5$ MPa，$S = 4.3$ MPa，求搅拌工序的工序能力指数。

解 已知 $T_L = 25.5$ MPa。

$$C_p = \frac{\overline{x} - T_L}{3S} = \frac{37.5 - 25.5}{3 \times 4.3} = 0.93$$

需要说明的是，对混凝土构件的某些产品的质量标准，所要求的质量保证率不是 99.7%（$\mu \pm 3\sigma$），而是 95.54%（$\mu \pm 2\sigma$），所以，对只给出下限而对上限未作规定的混凝土强度，其保证率为 97.7%（$\mu - 2\sigma$），因此

$$C'_p = \frac{\mu - T_L}{2\sigma} \approx \frac{\overline{x} - T_L}{2S}$$

式中 C'_p——要求保证率为 97.7% 时的工序能力指数。

上例搅拌工序的工序能力指数为

$$C'_p = \frac{\overline{x} - T_L}{2S} = \frac{37.5 - 25.5}{2 \times 4.3} = 1.4$$

给定不合格品率或缺陷数时，相当于只给出公差上限的情况。

3）工序能力评价。工序能力指数求出后，可参照表 8-13 所列的标准评价工序能力，并采取适当的处理措施。

表 8-13 　　　　　　　　　　**工序能力的判断与处置**

C_p 或 C_{pk}	工序能力判断	处置说明
$C_p > 1.67$	工序能力过分充裕（过剩）	可适当放宽管理，以降低成本；否则，经济上将造成不必要的浪费
$1.67 \geqslant C_p > 1.33$	工序能力充裕（属最理想状态）	生产很正常，如果不属于重要工序，可适当简化或放宽检查
$1.33 \geqslant C_p > 1.00$	工序能力勉强	应严加管理，否则将随时出现不合格品
$1.00 \geqslant C_p > 0.67$	工序能力不足	已经出现了不合格品，必须采取措施改善工序的管理
$C_p \leqslant 0.67$	工序能力严重不足	处在无法满足质量要求的状态，必须立即追查原因，采取紧急措施，改善质量，或者研究修订标准

（5）直方图在工程中的应用。直方图除了用以观察质量特性的分布状态和分析判断生产过程是否正常之外，还有多方面的用途。

1）用来作为工程结构设计参数的依据。结构设计中需考虑的问题很多，除常规的力学计算外，还要考虑多种因素，如施工中的结构所受荷载的波动状况、材质性能的波动范围等。因此，往往需要在大量调研的基础上，进行数理统计分析，运用频率直方图方法，就是确定结构设计参数的方法之一。

2）不合格品率计算。当直方图中质量特性的分布范围 B 超出标准规定的范围（公差范围）T 时，超出部分的质量特性代表了生产过程的不合格品。根据标准规定的公差界限 T_U 和 T_L，质量特性数据的平均值 $\bar{x}$ 和标准差 S，可以计算不合格品率 ε。

A. 超出标准规定的公差上限 T_U 的不合格品率。

首先按下式计算超公差上界限的正态分布概率系数 $K_{\varepsilon U}$，简称为上偏移系数：

$$K_{\varepsilon U} = \frac{|T_U - \bar{x}|}{S} \tag{8-17}$$

根据上式计算得的 $K_{\varepsilon U}$ 值查正态分布概率系数表（表 8-14），求得超上限的废品率 ε_u。

B. 超出标准规定的下控制界限 T_L 的不合格品率。

先求出超越下限的偏移系数

$$K_{\varepsilon L} = \frac{|T_L - \bar{x}|}{S} \tag{8-18}$$

再依据它查正态分布表，得出超下限的废品率 ε_L。

式中的 T_U 和 T_L 分别为标准公差的上、下限。

C. 废品率：

$$\varepsilon = \varepsilon_U + \varepsilon_L$$

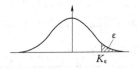

表 8-14 　　　　　　　　　　正态分布表（从 K_ε 求 ε）

K_ε	0	1	2	3	4	5	6	7	8	9
0.0	0.5000	0.4960	0.4920	0.4880	0.4840	0.4801	0.4761	0.4721	0.4681	0.4641
0.1	0.4602	0.4562	0.4522	0.4483	0.4443	0.4404	0.4364	0.4325	0.4286	0.4247
0.2	0.4207	0.4166	0.4129	0.4090	0.4052	0.4013	0.3974	0.3936	0.3897	0.3859
0.3	0.3821	0.3783	0.3745	0.3707	0.3669	0.3632	0.3594	0.3557	0.3520	0.3483
0.4	0.3446	0.3409	0.3372	0.3336	0.3300	0.3264	0.3223	0.3192	0.0316	0.3121
0.5	0.3085	0.3050	0.3015	0.3981	0.2946	0.2912	0.2877	0.0284	0.2810	0.2776
0.6	0.2743	0.2709	0.2676	0.2643	0.2611	0.2578	0.2546	0.2514	0.2483	0.2451
0.7	0.2420	0.2389	0.2358	0.2327	0.2296	0.2266	0.2236	0.2206	0.2177	0.2148
0.8	0.2119	0.2090	0.2061	0.2033	0.2005	0.1977	0.1949	0.1922	0.1894	0.1867
0.9	0.1841	0.1814	0.1788	0.1762	0.1736	0.1711	0.1685	0.1660	0.1635	0.1611
1.0	0.1587	0.1562	0.1539	0.1515	0.1492	0.1469	0.1446	0.1423	0.1401	0.1379
1.1	0.1357	0.1335	0.1314	0.1292	0.1271	0.1251	0.1230	0.1210	0.1190	0.1170
1.2	0.1151	0.1131	0.1112	0.1093	0.1075	0.1056	0.1038	0.1020	0.1003	0.0985
1.3	0.0968	0.0951	0.0934	0.0918	0.0901	0.0885	0.0869	0.0853	0.0838	0.0823
1.4	0.0808	0.0793	0.0778	0.0764	0.0749	0.0735	0.0721	0.0708	0.0694	0.0681
1.5	0.0668	0.0655	0.0643	0.0630	0.0618	0.0605	0.0594	0.0582	0.0571	0.0559
1.6	0.0548	0.0537	0.0526	0.0516	0.0505	0.0495	0.0485	0.0475	0.0405	0.0455
1.7	0.0466	0.0436	0.0427	0.0418	0.0409	0.0401	0.0392	0.0384	0.0375	0.0367
1.8	0.0359	0.0351	0.0344	0.0336	0.0329	0.0322	0.0314	0.0307	0.0301	0.0294
1.9	0.0287	0.0281	0.0274	0.0268	0.0262	0.0256	0.0250	0.0244	0.0239	0.0233
2.0	0.0228	0.0222	0.0217	0.0212	0.0207	0.0202	0.0197	0.0192	0.0188	0.0183
2.1	0.0179	0.0174	0.0170	0.0166	0.0162	0.0158	0.0154	0.0150	0.0146	0.0143
2.2	0.0139	0.0136	0.0132	0.0129	0.0125	0.0122	0.0119	0.0116	0.0113	0.0110
2.3	0.0107	0.0104	0.0102	0.0099	0.0096	0.0094	0.0091	0.0089	0.0087	0.0084
2.4	0.0082	0.0080	0.0078	0.0075	0.0073	0.0071	0.0069	0.0068	0.0066	0.0064
2.5	0.0062	0.0060	0.0059	0.0057	0.0055	0.0054	0.0052	0.0051	0.0049	0.0048
2.6	0.0047	0.0045	0.0044	0.0043	0.0041	0.0040	0.0039	0.0038	0.0037	0.0036
2.7	0.0035	0.0034	0.0033	0.0032	0.0031	0.0030	0.0029	0.0028	0.0027	0.0026
2.8	0.0026	0.0025	0.0024	0.0023	0.0023	0.0022	0.0021	0.0021	0.0020	0.0019
2.9	0.0019	0.0018	0.0018	0.0017	0.0016	0.0016	0.0015	0.0015	0.0014	0.0014
3.0	0.0013	0.0013	0.0013	0.0012	0.0012	0.0011	0.0011	0.0011	0.0010	0.0010

【例 8-10】　某工程浇筑混凝土时，先后取得混凝土抗压强度数据 100 个，若设计要求混凝土强度等级为 C25 时，其上限值规定不得高于设计强度的 20%，即

$$T_U = 25.0 \times (1 + 0.20) = 30.00 \ (MPa)$$

其下限值按施工规范不得低于设计要求的 15%，即

$$T_L = 25.0 \times (1 - 0.15) = 21.25 \text{（MPa）}$$

已知强度平均值 $\bar{x} = 28.44\text{MPa}$，标准差 $S = 0.59\text{MPa}$，计算不合格品率。

解 ① 计算超上控制界限的不合格品率 ε_U。

按下式计算上偏移系数：

$$K_{\varepsilon U} = \frac{|T_U - \bar{x}|}{S} = \frac{|30.00 - 28.44|}{0.59} = 2.64$$

根据 $K_{\varepsilon U} = 2.64$ 从正态分布表 8 - 14 中查得超上控制界限的不合格品率为 $\varepsilon_u = 0.0041$。

② 计算超下控制界限的不合格品率 ε_L。

按下式计算下偏移系数：

$$K_{\varepsilon L} = \frac{|T_L - \bar{x}|}{S} = \frac{|21.25 - 28.44|}{0.59} = 12.19$$

根据 $K_{\varepsilon L} = 12.19$ 从正态分布表 8 - 14 中查得超下控制界限的不合格品率为 $\varepsilon_L = 0$。

③ 计算总不合格品率 ε。

总不合格品率为：

$$\varepsilon = \varepsilon_U + \varepsilon_L = 0.41\%$$

从质量特性本身来说，超上控制界限的混凝土，并非是不合格品，因为其强度满足设计要求的强度，但是因为它超过了标准规定（设计要求）的水平，从经济性角度来看，造成了浪费，所以从这一角度来看，也属于不合格品。

3）用以评定施工管理水平。施工企业的管理水平高低或好坏，不能只用定性的抽象的名词"好"或"一般"来表达，这样不够确切，应用一定的标准来衡量。国外对混凝土施工的质量控制要求已制订了标准，用标准偏差 S 和变异系数 C_v 来评定施工管理水平。

变异系数反映了生产中质量数据相对波动的大小，因此可以用来评价生产管理的水平。根据质量特性数据计算出平均值 $\bar{x}$ 和标准差 S 以后，可以按下式计算变异系数 C_v，即

$$C_v = \frac{\sigma}{\mu} \approx \frac{S}{\bar{x}} \tag{8-19}$$

式中 μ、$\bar{x}$——总体和样本的平均值；

σ、S——总体和样本的标准差。

然后参照标准或规范来评价生产管理水平。

表 8 - 15 中所列为国内外所制定的混凝土工程的管理水平评价标准。

表 8 - 15 　　　　　　　　国内外某些混凝土工程管理水平评价标准

标　准	美国标准（%）	英国标准	我国水工标准	
			<C20 混凝土	≥C20 混凝土
优　秀	$C_v < 10$	$\sigma \leqslant 244$	$C_v < 0.15$	$C_v < 0.11$
良　好	$C_v = 10 \sim 15$	$\sigma \leqslant 30$	$C_v = 0.15 \sim 0.18$	$C_v = 0.11 \sim 0.14$
一　般	$C_v = 16 \sim 20$	$\sigma \leqslant 36$	$C_v = 0.19 \sim 0.22$	$C_v = 0.15 \sim 0.18$
较　差	$C_v > 20$	$\sigma \leqslant 48$	$C_v > 0.22$	$C_v > 0.18$

4）确定混凝土的施工配制强度。在混凝土施工中，为了使混凝土强度能够可靠地达到设计要求，应根据不同的施工质量控制水平来确定配制强度，施工管理水平高的强度波动范围就小，因此，提高试配强度可少一些；施工水平低者，强度波动大，试配强度相对高些。

试配强度的公式介绍如下。

标准偏差法公式：

$$R_{配} = R_{标} + tS \tag{8-20}$$

变异系数法公式：

$$R_{配} = \frac{R_{标}}{1 - tC_v} \tag{8-21}$$

式中　$R_{配}$——混凝土试配强度，即28天抗压强度，MPa；

　　　$R_{标}$——设计要求的混凝土强度，MPa；

　　　t——混凝土强度保证系数。

$$t = \frac{R_{配} - R_{标}}{S}$$

混凝土强度保证率：

$$P = \frac{n'}{n} \times 100\% \tag{8-22}$$

式中　n'——达到设计要求标号的试块组数；

　　　n——全部试块组数。

混凝土施工的强度保证率与保证系数的关系，如表8-16所示

表 8-16　　　　　　　　混凝土施工的强度保证率与保证系数的关系

工 程 种 类	混 凝 土 工 程			
	极限状态设计	重要构件	一般构件	次要构件
保证率 P	≥95	90	80	70
保证系数 t	1.645	1.28	0.84	0.526

【例 8-11】　有甲乙两个施工队，在混凝土施工中经测得其混凝土强度的标准偏差分别为4.5MPa和3.0MPa，现需要捣制一件重要结构承重构件，设计强度为C40，试问甲、乙两队应按何种强度值进行试配。

　　解　已知 $S_甲 = 4.5$MPa；$S_乙 = 3.0$MPa；$R_{标} = 40$MPa。

由于是重要构件，故取保证率 $P = 90\%$，由表8-16查得 $t = 1.28$。则

$$R_{配}(甲) = R_{标} + tS_甲 = 40 + 1.28 \times 4.5 = 45.8 \text{（MPa）}$$
$$R_{配}(乙) = R_{标} + tS_乙 = 40 + 1.28 \times 3.0 = 43.9 \text{（MPa）}$$

甲乙两队的施工管理水平不同，要保证构件的设计强度，混凝土的试配强度相差1.9MPa，每 m³ 水泥用量就相差10kg多。这说明提高混凝土施工的管理水平，不但能保证混凝土强度的各项标准的实现和提高，而且是节约材料、降低成本的有效途径。

7. 控制图法

在常用的质量管理的七种工具和方法中，前面介绍的六种工具和方法，都是利用某一

段时间内的数据，事后进行分析，拟定控制方法，这些工具和方法都是静态的。而控制图则是一种动态的方法，可动态地反映质量随时间的变化。借助于控制图提供的质量动态数据，可随时了解工序质量状态，发现问题，查明原因，采取措施，使生产处于稳定状态，从而使质量控制从事后检查转变为事先预防。

（1）控制图的模式。控制图的模式，如图8－14所示，横坐标是样本序号或抽样时间，纵坐标为被控制的质量特性值。控制图上一般有三条线，控制上限 UCL，控制下限 LCL，中心线 CL。中心线标志着质量特性值分布的中心位置，上下控制界限标志质量特性值允许的波动范围。控制对象的质量特性值用图中某一相应的点表示，将这些点顺序连接起来，形成的表示质量波动的折线即为控制图形。

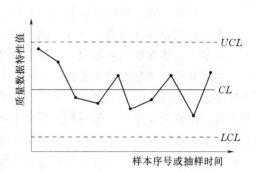

图 8－14 控制图基本形式

（2）控制图的种类。控制图可以按控制对象和用途来进行分类。

1）按控制对象分类。按控制对象的不同，控制图可分为下列几种：

A. 计量值控制图。主要适用于质量特性值为计量值的情形，如时间、长度、强度、成分等。计量值性质的质量特性值服从正态分布规律。常用的计量值控制图有：

a. 平均值控制图（$\bar{x}$图），用于观察数据分布的均值变化。

b. 单值控制图（x图），用于观察数据分布的单值变化。

c. 中位值控制图（$\tilde{x}$图），用于观察数据分布的中位值变化。

d. 平均值和极差控制图（$\tilde{x}-R$图），用于观察数据分布的变化。

e. 中位值和极差控制图（$\tilde{x}-R$图）。这种控制图可以不计算样本的平均值，做起来简单，很适用于现场，但$\tilde{x}$控制图的检验效果比$\tilde{x}$控制图差。

f. 单值和移动极差控制图（$x-R_s$图），用于自动化全检，或取样费时、费用较高的情况。移动极差 R_s 就是相邻两个数据 x_i 和 x_{i+1} 之差的绝对值。

B. 计数值控制图。适用于质量特性值为计数值的情形，如不合格品数、不合格品率、缺陷数等离散变量。常用的计数值控制图有：

a. 不合格品率控制图（P图），用于控制对象为不合格品率或合格品率等计数质量指标情况。

b. 不合格品数控制图（P_n图），用于控制对象为不合格品数的情况。

c. 缺陷数控制图（C图），用于控制一部机器、一个部件、一定长度、一定面积或任何一定单位中所出现的缺陷数。

d. 单位缺陷数控制图（U图），当样品的大小保持不变时用C控制图，当样品的大小变化时则按每单位的缺陷数用U控制图。

2）按用途分类。按控制图的用途，控制图可分为分析用控制图和管理用控制图两类。

A. 分析用控制图。主要是用来调查分析生产过程是否处于控制状态。绘制分析用控制图时，一般需连续抽取 20～25 组样本数据，计算控制界限。

B. 管理（或控制）用控制图。主要用来控制生产过程，使之经常保持在稳定状态下。当根据分析用控制图判明生产处于稳定状态时，一般都是把分析用控制图的控制界限延长作为管理用控制图的控制界限，并按一定的时间间隔取样、计算、打点，根据点分布情况判断生产是否有异常原因影响。

（3）控制界限。控制界限是以正态分布为理论基础的，生产若处于稳定状态，对正态分布而言，质量数据落在 $\mu \pm 3\sigma$ 范围内的概率为 99.73%，因此，用 $\mu \pm 3\sigma$ 作为控制界限，质量数据落在控制界限内，即可判断生产的稳定性。

当把 μ 作为控制图的中心线，$\mu \pm 3\sigma$ 分别作为控制图的上下界限时，一般可使因犯两类判断错误的总损失达到最小。第一类判断错误是将正常状态判断为异常状态，即将界外的正常点误判为非正常，因采取了事实上不需要的措施而造成经济损失。第二类判断错误是将异常状态判断为正常状态，即将落入控制界限之内的异常点误判为正常，因未采取应有的处理措施，产生了不合格品而造成了经济损失。

目前，国内外最常用的控制界限是 $\mu \pm 3\sigma$。不同类型的控制图，控制界限的推求和所得的计算公式是不同的。具体可按表 8 - 17 所列的公式计算。

表 8 - 17　　　　　　　　　　不同控制图的控制界限计算公式

类　别	分　布	控制图名称	中　心　线	上下控制界限
计量值控制图	正态分布	x	$\overline{x} = \dfrac{1}{k} \sum\limits_{i=1}^{k} x_i$	$\overline{x} \pm E_2 \overline{R}$ $\overline{x} \pm 2.66 \overline{R}_s$
		$\overline{x}$	$\overline{\overline{x}} = \dfrac{1}{k} \sum\limits_{i=1}^{k} \overline{x}_i$	$\overline{\overline{x}} \pm A_2 \overline{R}$
		$\widetilde{x}$	$\overline{\widetilde{x}} = \dfrac{1}{k} \sum\limits_{i=1}^{k} \widetilde{x}_i$	$\overline{\widetilde{x}} \pm m_3 A_2 \overline{R}$
		R	$\overline{R} = \dfrac{1}{k} \sum\limits_{i=1}^{k} R_i$	$UCL = D_4 R$ $LCL = D_3 R$
		R_s	$\overline{R}_s = \dfrac{1}{k-1} \sum\limits_{i=1}^{k} R_{si}$	$UCL = 3.267 \overline{R}_s$ LCL 不考虑
计数值控制图	二项分布	P	$\overline{P} = \sum\limits_{i=1}^{k} (P_n)_i \Big/ \sum\limits_{i=1}^{k} n_i$	$\overline{P} \pm 3 \sqrt{\overline{P}(1-\overline{P})/n}$
		P_n	$\overline{P}_n = \dfrac{1}{k} \sum\limits_{i=1}^{k} (P_n)_i$	$\overline{P}_n \pm 3 \sqrt{\overline{P}_n(1-\overline{P})}$
	泊松分布	C	$\overline{C} = \dfrac{1}{k} \sum\limits_{i=1}^{k} C_i$	$\overline{C} \pm 3 \sqrt{\overline{C}}$
		U	$\overline{U} = \sum\limits_{i=1}^{k} C_i \Big/ \sum\limits_{i=1}^{k} n_i$	$\overline{U} \pm 3 \sqrt{\overline{U}/n}$

前面已提到控制图的控制界限采用"3σ"法则，但表 8 - 17 中的控制界限并不都是 $\mu \pm 3\sigma$，这是由于计算上的方便作了某些变换的结果。下面以 $\overline{x} - R$ 图的控制界限为例说明。

根据数理统计理论，质量特性数据总体服从正态分布 $N(\mu, \sigma^2)$，则总体的一个样本

x_1，x_2，$\cdots$，x_n 的均值 $\overline{x}$ 也服从正态分布 N（μ，σ^2/n），级差 R 也服从正态分布 N（$d_2\sigma$，$(d_3\sigma)^2$）。

$\overline{x}$ 图的控制界限为

$$UCL = \mu + \frac{3\sigma}{\sqrt{n}} \tag{8-23}$$

$$LCL = \mu - \frac{3\sigma}{\sqrt{n}} \tag{8-24}$$

R 图的控制界限为

$$UCL = d_2\sigma + 3d_3\sigma = (d_2 + 3d_3)\sigma$$
$$UCL = d_2\sigma - 3d_3\sigma = (d_2 - 3d_3)\sigma$$

取 $\mu = \overline{x}$，$\sigma = \overline{R}/d_2$，并设 $A_2 = \dfrac{3}{d_2\sqrt{n}}$，$D_3 = 1 - \dfrac{3d_3}{d_2}$，$D_4 = 1 + \dfrac{3d_3}{d_2}$ 则 $\overline{x} - R$ 图的上下控制界限为

$\overline{x}$ 图：$\qquad UCL = \overline{x} + A_2\overline{R}$，$\quad LCL = \overline{x} - A_2\overline{R}$

R 图：$\qquad UCL = D_4\overline{R}$，$\quad LCL = D_3\overline{R}$

式中，A_2，D_3，D_4 为依赖于样本大小 n 的常数。常用控制图控制界限的计算公式见表 8-17，控制图系数见表 8-18。

表 8-18 控 制 图 系 数 表

n	2	3	4	5	6	7	8	9	10
d_2	1.128	1.693	2.059	2.326	2.534	2.704	2.847	2.970	3.078
d_3	0.853	0.888	0.880	0.864	0.848	0.833	0.820	0.808	0.797
A_2	1.880	1.023	0.729	0.577	0.483	0.419	0.373	0.337	0.308
D_3	—	—	—	—	—	0.076	0.136	0.184	0.223
D_4	3.267	2.575	2.282	2.115	2.004	1.924	1.864	1.816	1.777
E_2	2.660	1.772	1.457	1.290	1.184	1.109	1.054	1.010	0.975
m_3A_2	1.880	1.187	0.796	0.691	0.549	0.509	0.432	0.412	0.363

注 表中"—"表示不考虑控制下限。

（4）控制图的绘制。

下面以常用的 $\overline{x} - R$ 控制图为例，说明控制图的作图步骤。

1）对于 x 图。绘制直角坐标轴，以纵坐标表示质量特性的均值，横坐标表示质量特性样本的序号或取样时间，然后将各样本的均值按顺序点绘在图上，并连成折线，即为 x 控制图。

2）对于 R 图。绘制直角坐标轴，以纵坐标表示质量特性的级差值 R，横坐标表示质量特性样本的序号或取样时间，然后将各样本的极差值 R 按顺序点绘在图上，即得 R 控制图。

【例 8-12】 某水利工程在浇筑混凝土时，先后取了 100 个混凝土抗压强度数据，见表 8-19。试绘制 $\overline{x} - R$ 控制图。

第一步，将 100 个数据分成 20 组，每个样组 5 个数据，即 $n = 5$，$k = 20$。

表 8 - 19
$\overline{x}$ 和 R 计 算 表

样组号	混凝土抗压强度（kg/cm²）					$\overline{x}$	R
	x_1	x_2	x_3	x_4	x_5		
1	220	270	266	234	266	251.2	50
2	224	264	249	213	254	240.8	51
3	209	219	216	150	267	212.2	117
4	225	294	286	205	203	242.6	91
5	228	200	272	269	179	229.6	93
6	217	243	198	206	184	209.6	59
7	226	220	196	185	217	208.8	41
8	175	187	247	267	271	229.4	96
9	263	287	237	299	256	268.4	62
10	263	184	215	211	223	219.2	79
11	267	153	199	217	315	230.2	162
12	195	212	213	221	330	234.2	135
13	264	317	237	215	272	261.0	102
14	253	282	276	254	288	270.6	35
15	231	254	268	215	190	231.6	78
16	258	256	266	233	308	264.2	75
17	247	263	229	208	268	243.0	60
18	255	321	310	154	195	247.0	167
19	150	248	239	225	224	217.2	98
20	311	189	209	278	266	250.6	122

第二步，计算每组的平均值 $\overline{x}$ 和极差 R，列于表 8 - 19 中，进而得：

$$\overline{\overline{x}} = \frac{1}{k} \sum_{i=1}^{k} \overline{x}_i = \frac{4761.4}{20} = 238.07$$

$$\overline{R} = \frac{1}{k} \sum_{i=1}^{k} R_i = \frac{1773}{20} = 88.65$$

第三步，计算控制界限值。利用表 8 - 17 所列公式和表 8 - 18 所给系数计算。

$\overline{x}$ 图：
$$CL = \overline{\overline{x}} = 238.07$$

$$UCL = \overline{\overline{x}} + A_2 \overline{R} = 238.07 + 0.577 \times 88.65 = 289.22$$

$$LCL = \overline{\overline{x}} - A_2 \overline{R} = 238.07 - 0.577 \times 88.65 = 186.92$$

R 图：
$$UCL = D_4 \overline{R} = 2.115 \times 88.65 = 187.49$$

$$LCL = D_3 \overline{R}（n \leqslant 6 \text{ 时不考虑}）$$

第四步，画 $\overline{x}$ 和 R 图，见图 8 - 15。

第五步，分析生产过程是否处于控制状态。由图 8 - 15 可见各组特性值均未超越界限，无异常变化，生产处于控制状态。

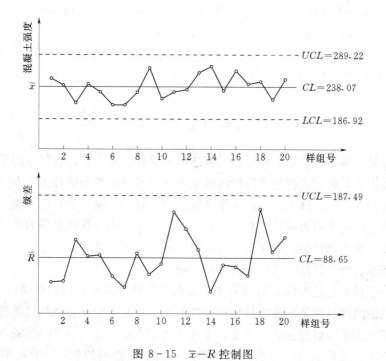

图 8-15 $\bar{x}-R$ 控制图

（5）控制图的分析。当控制图同时满足以下两个条件时，可以认为生产过程基本上处于稳定状态。一是连续 25 点无超出控制界限者，或连续 35 点中最多有 1 点在界外，或 100 点中不多于 2 点超出控制界限。二是控制界限内的点子排列没有下列异常现象。

1）链。连续至少 7 点在中心线一侧；连续 22 点中有 10 点在同侧；连续 14 点中有 12 点在同侧；连续 17 点中有 14 点在同侧；连续 20 点中有 16 点在同侧，如图 8-16（a）。

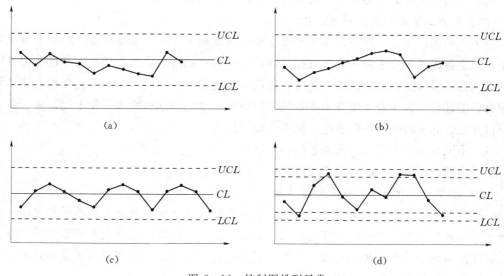

图 8-16 控制图排列异常

2）趋势。连续 7 点或更多点具有上升或下降趋势，如图 8-16（b）。

3）周期。点的排列随时间呈周期性变化，如图 8-16（c）。

4）点子排列接近控制界限。连续 3 点中有 2 点或连续 7 点中有 3 点或连续 10 点中有 4 点落在了 $\mu\pm2\sigma$ 以外和 $\mu\pm3\sigma$ 以内，如图 8-16（d）。

第三节　工 程 进 度 控 制

施工阶段是工程实体的形成阶段，对其进度实施控制是工程进度控制的重点。监理工程师受项目法人的委托在工程施工阶段实施监理时，其进度控制的任务是在满足工程项目建设总进度计划要求的基础上，编制或审核施工进度计划，将计划付诸实施，在实施的过程中经常检查实际进度是否按计划要求进行。如有偏差，则分析产生偏差的原因，采取补救措施或调整、修改原计划，以保证工程项目按期竣工交付使用。

一、工程项目施工阶段进度控制的目标系统

工程建设项目监理进度控制是为了最终实现建设项目按计划规定的时间完成，因此，工程进度控制的最终目标是确保项目按一定的时间动用或提前交付使用，进度控制的总目标是建设工期。为了有效控制施工进度，首先要将施工进度总目标从不同的角度进行层层分解，形成施工进度控制目标体系，从而作为实施进度控制的依据。分解的类型有以下几种。

（一）按施工阶段分解，突出控制重点

根据水利工程项目的特点，可把整个工程划分成若干施工阶段，如堤坝枢纽工程可分为导流、截流、基础处理、施工渡汛、坝体拦洪、水库蓄水和机组运行发电等施工阶段，以网络计划图中表示这些施工阶段的起止的事件作为控制节点，明确提出若干个阶段进度目标，这些目标要根据总体网络计划来确定，要有明确标志，应是整个施工过程的大事件。监理工程师应根据所确定的控制节点，实施进度控制。

（二）按施工单位分解，明确分包进度目标

一个水利工程项目一般都是由多个施工单位参加施工。监理工程师要以总进度目标为依据，确定各施工单位承包的进度目标，并通过承包合同落实承包责任，以实现分部目标来确保项目总目标的实现。监理工程师应协调各承包单位之间的关系，编制和落实分各承包项目进度计划。为了避免或减少各承包单位施工进度的相互影响和作业干扰，确定各承包项目开始、完成时限和中间进度时要考虑以下因素：

（1）不同分标间工作的逻辑关系的相互制约。

（2）不同分标间工作的相互干扰。

（三）按专业工种分解，确定交接日期

在同专业或同工种的任务之间，要进行综合平衡；在不同专业或工种的任务之间，要强调相互的衔接配合，要确定相互之间交接日期，保证不因本工序的延误而影响下一道工序。工序的管理是项目管理的基础，监理工程师通过掌握对各工序完成的质量和时间，才能控制住各分部工程的进度计划。

（四）按工程工期及进度目标，将施工总进度分解成年、季、月进度计划

这样将更有利于监理工程师对进度计划的控制，根据各阶段确定的目标或工程量，监理工程师可以按月、季度向承包商提出工程形象进度要求并监督其实施；检查其完成情况，督促承包商采取有效措施赶上进度。

二、影响进度的因素分析

水利工程具有规模庞大、工程结构与工艺复杂、周期长、相关单位多等特点，因而建设工程进度将受许多因素的影响。影响建设工程进度的不利因素有很多，如人为因素，技术因素，材料、设备因素，资金因素，水文、地质与气象因素，以及其他自然与社会环境等方面的因素。其中，人为因素是最大的干扰因素。从产生的根源看，有的来源于建设单位及其上级主管部门；有的来源于勘察设计、施工及材料、设备供应单位；有的来源于政府、建设主管部门、有关协作部门和社会；有的来源于各种自然条件；也有的来源于监理单位本身。在工程建设过程中，常见的影响因素包括以下几方面。

1. 项目法人因素

这种因素如项目法人使用要求改变而进行的设计变更；应提供的施工场地条件不能及时提供或所提供的场地不能满足工程正常需要；不能及时向施工承包单位或材料供应单位付款等。

2. 勘察设计因素

这种因素如勘察资料不准确，特别是地质资料错误或遗漏；设计内容不完善，规范应用不恰当，设计有缺陷或错误；设计对施工的可能性未考虑或考虑不周；施工图纸供应不及时、不配套，或出现重大差错等。

3. 自然环境因素

这种因素如复杂的工程地质条件；不明的水文气象条件；地下埋藏文物的保护、处理；洪水、地震、台风等不可抗力等。

4. 社会环境因素

这种因素如外单位临近工程施工干扰；交通运输受阻；临时停水、停电；法律变化，经济制裁，企业倒闭等。

5. 施工技术因素

这种因素如施工工艺错误；不合理的施工方案；施工安全措施不当；不可靠技术的应用等。

6. 资金因素

这种因素如有关方拖欠资金，资金不到位，资金短缺；汇率浮动和通货膨胀等。

7. 材料、设备因素

这种因素如材料、机具、设备供应环节的差错，品种、规格、质量、数量、时间不能满足工程的需要；特殊材料及新材料的不合理使用；施工设备不配套，选型失当、安装错误，有故障等。

8. 组织管理因素

这种因素如有关部门提出各种申请审批手续的延误；合同签订时遗漏条款、表达失当；计划安排不周密，组织协调不力，导致停工待料、相关作业脱节；领导不力，指挥失

当，使参加工程建设的各个单位、各个专业、各个施工过程之间交接、配合上发生矛盾等。

三、施工实施阶段进度控制的监理工作内容

在工程项目施工阶段的监理过程中，监理工程师在工程进度控制方面的主要工作有以下几方面。

（一）发布开工通知

监理工程师应在专用合同条款规定的期限内，向承包人发出开工通知。承包人应在接到开工通知后及时调遣人员和调配施工设备、材料进入工地，并从开工日起按签订协议书时商定的进度计划进行施工准备。由于项目法人的原因，不能按合同规定期限下达开工令或下达开工令后不能按合同规定给出相应等级数量的交通道路、营地、施工场地以及供水、供电、通信、通风等条件，一般合同中都规定了承包商费用索赔和工期索赔的权力。同样，如果下达开工令后，承包商由于组织、资金、设备等种种原因不能尽快开工，项目法人可以认为承包商违约。

（二）编制控制性总进度计划

监理机构应在工程项目开工前依据施工合同约定的工期总目标、阶段性目标等，协助项目法人编制控制性总进度计划。经项目法人批准后的控制性总进度计划，是监理机构审核施工进度计划、材料设备供应计划、供图计划及其他资源供应计划和控制工程项目进度的基础文件。随着工程进展和施工条件的变化，监理机构应及时提请项目法人对控制性总进度计划进行必要的调整。由于水利工程特别是大、中型水利工程的施工技术、施工条件和环境条件复杂，施工期较长，对来自外部的自然、社会因素的影响比较敏感，监理机构应随工程施工进展，根据具体情况和进度检查结果，及时对控制性总进度计划进行优化、修改和调整。

（三）审批承包商的施工进度计划

1. 施工进度计划

（1）合同进度计划。承包人应按技术条款规定的内容和期限以及监理工程师的指示，编制施工总进度计划报送监理工程师审批。监理工程师应在技术条款规定的期限内批复承包人。经监理工程师批准的施工总进度计划（称合同进度计划），作为控制本合同工程进度的依据，并据此编制年、季和月进度计划报送监理工程师审批。在施工总进度计划批准前，应按签订协议书时商定的进度计划和监理工程师的指示控制工程进展。

承包人的施工进度计划应报监理机构审批后方可实施。经监理机构批准的施工进度计划，承包人应完全依照执行，若需调整，需报监理机构批准。

承包商编报的施工进度计划经监理工程师正式批准后，就作为"合同性施工进度"，成为合同的补充性文件，具有合同同等的效力。对项目法人和承包商都具有约束作用，同时它也是以后处理可能出现的工程延期和索赔的依据之一。假如监理工程师未按进度计划的要求及时提供图纸，影响了承包商的施工进度，承包商有权力要求延长工期和增加费用。如果承包商延误施工进度，则应自费加速施工，以挽回延误了的工期；否则，就应承担拖延工期责任。这一施工进度计划不同于承包商在投标书中附的进度计划，投标书中的进度计划一般只作为项目法人评标、决标的根据之一。中标后报送的进度计划，从编制时

间、资料精度、施工方法及符合项目法人意图等方面都优于前者，这一进度计划将作为进度控制和处理工期索赔的重要文件。

所以，监理工程师在施工阶段进度控制的依据，就是合同文件规定的进度控制时间和在满足合同文件规定的条件下由承包商编制并经监理工程师批准的施工进度计划。

（2）修订进度计划。在施工过程中，按照监理工程师的要求，承包商应对施工进度计划进行修订，承包商还应按时间规定报送年、季、月施工进度计划，经监理工程师批准后实施。施工合同条件示范文本规定，不论何种原因发生工程的实际进度与经监理工程师批准的施工总进度计划不符时，承包人应按监理工程师的指示在28天内提交一份修订的进度计划报送监理工程师审批，监理工程师应在收到该进度计划后的28天内批复承包人。批准后的修订进度计划作为合同进度计划的补充文件；不论何种原因造成施工进度计划拖后，承包人均应按监理工程师的指示，采取有效措施赶上进度。承包人应在向监理工程师报送修订进度计划的同时，编制一份赶工措施报告报送监理工程师审批，赶工措施应以保证工程按期完工为前提调整和修改进度计划。

（3）单位工程（或分部工程）进度计划。监理工程师认为有必要时，承包人应按监理工程师指示的内容和期限，并根据合同进度计划的进度控制要求，编制单位工程（或分部工程）进度计划报送监理工程师审批。

（4）提交资金流估算表。承包人应在按规定向监理工程师报送施工总进度计划的同时，按专用合同条款规定的格式，向监理工程师提交按月的资金流估算表，参考格式见表8-20。估算表应包括承包人计划可从项目法人处得到的全部款额，以供项目法人参考。此后，如监理工程师提出要求，承包人还应在监理工程师指定的期限内提交修订的资金流估算表。

表 8 - 20　　　　　　　　　　资金流估算表（参考格式）　　　　金额单位_____

年	月	工程和材料预付款	完成工作量付款	保留金扣留	预付款扣还	其他	应得付款

施工进度计划一般以横道图或网络图的形式编制，同时应说明施工方法、施工场地、道路利用的时间及范围、项目法人所提供的临时工程和辅助设施的利用计划，并附机械设备需要计划、主要材料需求计划、劳动力计划、财务资金计划及附属设施计划等。

2. 工程进度计划的审批

监理机构应在工程项目开工前依据控制性总进度计划审批承包人提交的施工进度计划。在施工过程中，依据施工合同约定审批各单位工程进度计划，逐阶段审批年、季、月施工进度计划。

（1）施工进度计划审批的程序。

1）承包人应在施工合同约定的时间内向监理机构提交施工进度计划。

2) 监理机构应在收到施工进度计划后及时进行审查，提出明确审批意见。必要时召集由项目法人、设计单位参加的施工进度计划审查专题会议，听取承包人的汇报，并对有关问题进行分析研究。

3) 如施工进度计划中存在问题，监理机构应提出审查意见，交承包人进行修改或调整。

4) 审批承包人提交的施工进度计划或修改、调整后的施工进度计划。

(2) 施工进度计划审查的主要内容。

1) 在施工进度计划中有无项目内容漏项或重复的情况。

2) 施工进度计划与合同工期和阶段性目标的响应性与符合性。

3) 施工进度计划中各项目之间逻辑关系的正确性与施工方案的可行性。

4) 关键路线安排和施工进度计划实施过程的合理性。

5) 人力、材料、施工设备等资源配置计划和施工强度的合理性。

6) 材料、构配件、工程设备供应计划与施工进度计划的衔接关系。

7) 本施工项目与其他各标段施工项目之间的协调性。

8) 施工进度计划的详细程度和表达形式的适宜性。

9) 对项目法人提供施工条件要求的合理性。

10) 其他应审查的内容。

（四）对施工进度进行检查和调整

1. 对进度计划实施进行检查

监理机构应对施工进度计划的实施全过程，包括施工准备、施工条件和进度计划的实施情况，进行定期检查，对实际施工进度进行分析和评价，对关键路线的进度实施重点跟踪检查；应做好实际工程进度记录以及承包人每日的施工设备、人员、原材料的进场记录，并审核承包人的同期记录；应督促承包人做好施工组织管理，确保施工资源的投入，并按批准的施工进度计划实施；应根据施工进度计划，协调有关参建各方之间的关系，定期召开生产协调会议，及时发现、解决影响工程进度的干扰因素，促进施工项目的顺利进展。

2. 对进度计划进行调整

监理机构在检查中发现实际工程进度与施工进度计划发生了实质性偏离时，应要求承包人及时调整施工进度计划；监理机构应根据工程变更情况，公正、公平处理工程变更所引起的工期变化事宜。当工程变更影响施工进度计划时，监理机构应指示承包人编制变更后的施工进度计划；监理机构应依据施工合同和施工进度计划及实际工程进度记录，审查承包人提交的工期索赔申请，提出索赔处理意见报项目法人；施工进度计划的调整使总工期目标、阶段目标、资金使用等发生较大的变化时，监理机构应提出处理意见报项目法人批准。

3. 停工与复工

（1）发生下列情况之一，监理机构可视情况决定是否下达暂停施工通知：

1) 项目法人要求暂停施工时。

2) 承包人未经许可即进行主体工程施工时。

146

3）承包人未按照批准的施工组织设计或方法施工，并且可能会出现工程质量问题或造成安全事故隐患时。

4）承包人有违反施工合同的行为时。

（2）发生下列情况之一，监理机构应下达暂停施工通知：

1）工程继续施工将会对第三者或社会公共利益造成损害时。

2）为了保证工程质量、安全所必要时。

3）发生了须暂时停止施工的紧急事件时。

4）承包人拒绝服从监理机构的管理，不执行监理机构的指示，从而将对工程质量、进度和投资控制产生严重影响时。

5）其他应下达暂停施工通知的情况时。

（3）监理机构下达暂停施工通知，应征得项目法人同意。项目法人应在收到监理机构暂停施工通知报告后，在约定时间内予以答复；若项目法人逾期未答复，则视为其已同意，监理机构可据此下达暂停施工通知，并根据停工的影响范围和程度，明确停工范围。

（4）若由于项目法人的责任需要暂停施工，监理机构未及时下达暂停施工通知时，在承包人提出暂停施工的申请后，监理机构应在施工合同约定的时间内予以答复。

（五）落实按合同规定应由项目法人提供的施工条件

通常在施工承包合同中除了规定承包商应为项目法人完成的工程建设任务外，项目法人也应为承包商施工提供必须的施工条件，一般包括支付工程款、给出施工场地与交通道路，提供水、电、风和通信，提供某些特定的工程设备、施工图纸与技术资料等。监理工程师除了监督承包商的施工进度外，也应及时落实按合同规定应由项目法人提供的施工条件。

（六）进度协调与生产会议

生产会议是施工阶段组织协调工作的一种重要形式。监理工程师应定期组织召开不同层次的现场生产协调会议，以解决工程施工过程中的相互协调配合问题，通报工程项目建设的重大变更事项，解决各个承包单位之间以及项目法人与承包商之间的重大协调配合问题。通常包括：各承包单位之间的进度协调问题；工作面交接和阶段成品保护责任问题；场地与公用设施利用中的矛盾问题；某一方面断水、断电、断路、开挖，要求对其他方面进行协调以及资源保护等等。在平行、交叉施工单位多，工序交接频繁且工期紧迫的情况下，生产协调会就显得更为重要。对于某些未曾预料的突发变故和问题，监理工程师还可以发布紧急协调指令，督促有关单位采取应急措施维护施工的正常秩序。

（七）工程设备和材料供应的进度控制

审查设备加工订货单位的资质和社会信誉，落实主要设备的订货情况，核查交货日期与安装时间的衔接，以提高设备按期供货的可靠度。同时，还应控制好其他材料物资按计划的供应，以保证施工按计划实施。

（八）公正合理地处理好施工单位的工期索赔要求

尽可能减少对工期有重大影响的"工程变更"指令，以保证施工按计划执行。

（九）参加隐蔽工程质量验收和阶段性工程质量验收以及竣工验收并签署验收意见

四、工程进度计划实施的检查与调整

（一）施工进度的检查

在施工进度计划的实施过程中，由于各种因素的影响，常常会打乱原始计划的安排而出现进度偏差，因此监理工程师必须对施工进度计划的执行情况进行动态检查，并分析进度偏差产生的原因，以便为施工进度计划的调整提供必要的信息。检查的方式有以下两种。

1. 定期地、经常地收集由承包商提交的工程进度报表资料

工程施工进度报表资料是监理工程师实施进度控制的依据。一般情况下，进度报表的形式可由监理单位提供给施工承包商，施工单位按要求填写后提交监理工程师。报表的内容一般应包括工作的开始时间、完成时间、持续时间、逻辑关系、工程量和工作量，以及工作时差的利用情况等。承包单位若能准确填报，监理工程师就能从中了解工程的实际进展情况。

2. 由驻地监理人员现场跟踪检查工程的实际进展情况

为了避免施工承包商超报已完工程量，驻地监理人员有必要进行现场实地检查和监督，做好施工监理日志。同时，监理工程师定期组织现场施工负责人召开生产会议也是获得工程实际进展情况的一种重要途径，从中可以了解施工活动中潜在的问题，以便及时采取相应的措施。

（二）实际进度和计划进度的对比和分析

施工进度检查的主要方法是对比法，常用的比较方法有以下几种。

1. 横道图比较法

用横道图编制施工进度计划，指导工程项目实施已是人们常用的很熟悉的方法，它简明、形象和直观，编制方法简单，使用方便。

横道图比较法是指将在项目实施中检查实际进度收集的数据，经整理后直接用横道线平行绘于原计划的横道线处，进行实际进度与计划进度比较的方法。例如某工程项目的基础工程的施工实际进度与计划进度比较，如图 8-17 所示。其中双线条表示计划进度，粗实线表示工程施工的实际进度。从比较中可以看出，在第 9 周末进行施工进度检查时，挖土方和做垫层两项工作已经完成；支模板按计划也应该完成，但实际只完成 75%；绑扎钢筋按计划应该完成 60%，而实际只完成 20%，任务量拖欠 40%。

通过上述记录与比较，为进度控制者提供了实际进度与计划进度之间的偏差，为采取调整措施提供了明确的任务。这是人们施工中进行进度控制经常使用的一种最简单、熟悉的方法。但是它仅适用于施工中的各项工作都是按均匀的速度进行，即每项工作在单位时间内完成的任务量都是相等的。

根据工程项目实施中各项工作的速度不一定相同，以及进度控制要求和提供的进度信息不同，可以采用以下几种方法：

（1）匀速进展横道图比较法。匀速进展是指工程项目中，每项工作的实施进展速度都是均匀的，即在单位时间内完成的任务都是相等的，累计完成的任务量与时间成直线变化。

其比较方法的步骤为：

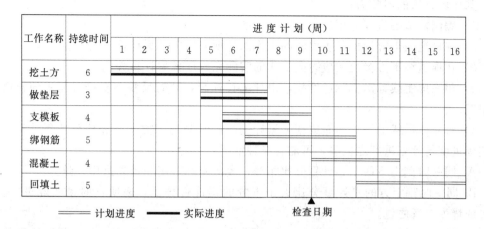

工作名称	持续时间	进度计划（周）														
		1	2	3	4	5	6	7	8	9	10	11	12	13	14	15	16
挖土方	6																
做垫层	3																
支模板	4																
绑钢筋	5																
混凝土	4																
回填土	5																

═══ 计划进度　　━━━ 实际进度　　▲ 检查日期

图 8 - 17　某基础工程实际进度与计划进度比较图

1）编制横道图进度计划。

2）在进度计划上标出检查日期。

3）将检查收集的实际进度数据经加工整理后按比例用涂黑的粗线标于计划进度线的下方，如图 8 - 18 所示。

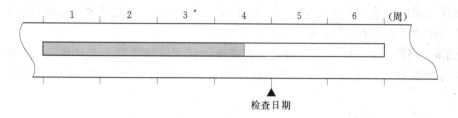

图 8 - 18　匀速进展横道图

4）比较分析实际进度与计划进度。

A. 涂黑的粗线右端与检查日期相重合，表明实际进度与计划进度相一致。

B. 涂黑的粗线右端在检查日期左侧，表明实际进度拖后。

C. 涂黑的粗线右端在检查日期的右侧，表明实际进度超前。

必须指出：该方法只适用于工作从开始到完成的整个过程中，其进展速度是不变的，累计完成的任务量与时间成正比。若工作的进展速度是变化的，用这种方法就不能进行实际进度与计划进度之间的比较。

（2）非匀速进展横道图比较法。匀速进展横道图比较法，只适用实施进展速度是不变的情况下的实际进度与计划进度之间的比较。当工作在不同的单位时间里的进展速度不同时，累计完成的任务量与时间的关系就不是成直线变化的。此时，应采用非匀速进展横道图比较法。

非匀速进展横道图在用涂黑粗线表示工作实际进度的同时，还要标出其对应时刻完成任务的累计百分比，将该百分比与其同时刻计划完成任务的累计百分比相比较，判断工作的实际进度与计划进度之间的关系。

其比较方法的步骤为：

1）编制横道图进度计划。

2）在横道线上方标出各主要时间工作的计划完成任务累计百分比。

3）在横道线下方标出相应时间工作的实际完成任务累计百分比。

4）用涂黑粗线标出实际进度线，由开工日标起，同时反映出实施过程中的连续与间断情况。

5）对照横道线上方计划完成任务累计量与同时刻的下方实际完成任务累计量，判断出实际进度与计划进度之偏差，可能有三种情况：

A. 同一时刻上下两个累计百分比相等，表明实际进度与计划进度一致。

B. 同一时刻上方的累计百分比大于下方的累计百分比，表明该时刻实际进度拖后，拖欠的量为二者之差。

C. 同一时刻上方的累计百分比小于下方累计百分比，表明该时刻实际进度超前，超前的量为二者之差。

可以看出，由于工作进展速度是变化的，因此横道图中进度横线，不管是计划的还是实际的，都只表示工作的开始时间、持续天数和完成的时间，并不表示计划完成量和实际完成量。这两个量分别通过标注在横道线上方及下方的累计百分比来表示。此外，采用非匀速进展横道图比较法，不仅可以进行某一时刻（如检查日期）实际进度与计划进度的比较，而且还能进行某一时间段实际进度与计划进度的比较，不过需要实施部门按规定的时间记录当时的任务完成情况。

【例 8-13】 某工程的绑扎钢筋工作按施工计划安排需要 9 天完成，每天统计累计完成任务的百分比，工作的每天实际进度和检查日累计完成任务的百分比如图 8-19 所示。

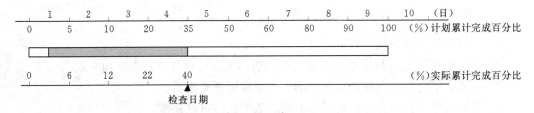

图 8-19 非匀速进展横道图

解 （1）编制横道图进度计划，如图 8-19 所示。

（2）在横道线上方标出绑扎钢筋工作每天计划累计完成任务的百分比，分别为：5%、10%、20%、35%、50%、60%、80%、90%、100%；

（3）在横道线的下方标出工作 1 天、2 天、3 天以至检查日期的实际累计完成任务的百分比，分别为：6%、12%、22%、40%。

（4）用涂黑粗线标出实际进度线。从图 8-19 可看出，实际开始工作时间比计划时间晚一段时间，进程中连续工作。

（5）比较实际进度与计划进度的偏差。从图 8-19 可以看出，第一天末实际进度比计划进度超前 1%，以后各天分别超前 2%、2%、5%。

综上所述可以看出，横道图比较法具有以下优点：记录和比较方法都简单，形象直观，容易掌握，应用方便，较广泛采用于简单的进度监测工作中。但是它以横道图进度计划为基础，因此带有其不可克服的局限性。如各工作之间的逻辑关系不明显，关键工作和关键线路无法确定，一旦某些工作进度产生偏差时，难以预测对后续工作和整个工期的影响以及确定调整方法。因此，横道图比较法主要用于工程项目中某些工作实际进度与计划进度的局部比较。

2. S形曲线比较法

S形曲线比较法是以横坐标表示进度时间，纵坐标表示累计完成任务量，而绘制出一条按计划时间累计完成任务量的S形曲线，将工程项目的各检查时间，实际完成的任务量绘在S形曲线图上，进行实际进度与计划进度相比较的一种方法。

从整个工程项目的进展全过程看，一般是开始和结尾时，单位时间投入的资源量较少，中间阶段单位时间投入的资源量较多，与其相关单位时间完成的任务量也是呈同样变化的。而随时间进展累计完成的任务量，则应该呈S形变化。

（1）S形曲线绘制方法。

下面以一个例子说明S形曲线的绘制步骤。

【例 8 - 14】　某土方工程的总开挖量为 10000m³，要求在 10 天完成，不同时间的土方开挖量如图 8 - 20 所示，试绘制该土方工程的S形曲线。

解　根据已知条件：

1）确定单位时间计划完成任务量。本例中，将每天完成的土方开挖量列于图 8 - 20 中。

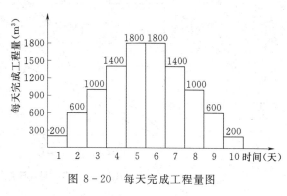

图 8 - 20　每天完成工程量图

2）计算不同时间累计应完成的土方量，依次计算每天计划累计完成的土方量，结果列于表 8 - 21 中。

表 8 - 21　　　　　　　　　完 成 工 程 量 汇 总 表

时间（天）	1	2	3	4	5	6	7	8	9	10
每天完成量（m³）	200	600	1000	1400	1800	1800	1400	1000	600	200
累计完成量（m³）	200	800	1800	3200	5000	6800	8200	9200	9800	10000

3）根据累计完成任务量绘制S形曲线，如图 8 - 21 所示。

（2）实际进度与计划进度的比较。同横道图一样，S形曲线比较法也是在图上直观地进行工程项目实际进度与计划进度比较。在项目实施过程中，按规定时间将检查的实际完成任务情况，绘制在与计划S形曲线同一张图上，可得出实际进度S形曲线如图 8 - 22 所示。比较两条S形曲线可以得到如下信息：

1）工程项目实际进度与计划进度比较情况。当实际进展点落在计划S形曲线左侧，

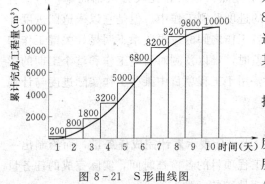

图 8-21　S形曲线图

则表示此时实际进度比计划进度超前，如图 8-22中的 a 点；若落在其右侧，则表示实际进度拖后，如图 8-22 中的 b 点；若刚好落在其上，则表示二者一致。

2）工程项目实际进度比计划进度超前或拖后的时间。

在 S 形曲线比较图中可以直接读出实际进度比计划进度超前和拖后的时间。如图 8-22 所示，ΔT_a 表示 T_a 时刻实际进度超前的时间；ΔT_b 表示 T_b 时刻实际进度拖后的时间。

3）工程项目实际进度比计划进度超额或拖欠的任务量。

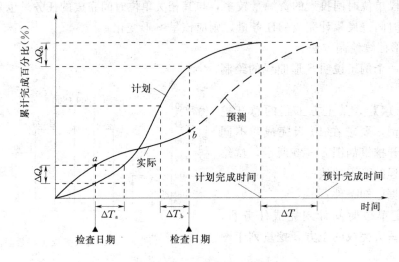

图 8-22　S形曲线比较图

在 S 形曲线比较图中也可以直接读出实际进度比计划进度超额和拖欠的任务量。如图 8-22 所示，ΔQ_a 表示 T_a 时刻超额的任务量；ΔQ_b 表示 T_b 时刻拖欠的任务量。

（3）后期工程进度预测。如果后期工程按原计划速度进行，则可做出后期工程计划 S 形曲线如图 8-22 中虚线所示，从而可以确定工期拖延预测值为 ΔT。

3．香蕉形曲线比较法

香蕉型曲线是两种 S 形曲线组合成的闭合曲线。从 S 曲线比较法中可知：工程项目计划时间和累计完成任务量之间的关系，都可以用一条 S 曲线表示。对于一个工程项目的网络计划，在理论上总是分为最早和最迟两种开始与完成时间。因此，一般说来，按任何一个工程项目的网络计划，都可以绘制出两种曲线：其一是以各项工作的计划最早开始时间安排进度而绘制的 S 曲线，称为 ES 曲线；其二是以各项工作的计划最迟开始进度，而绘制的 S 曲线，称为 LS 曲线。两条 S 曲线都是从计划的开始时刻开始和完成时刻结束，因此两条曲线是闭合的。其余时刻，一般情况，S 曲线上的各点均落在 LS 曲线相应点的左侧，形成一个形如香蕉的曲线，故此称为香蕉形曲线，如图 8-23 所示。

152

在项目的实施中进度控制的理想状况是任一时刻按实际进度描出的点，应落在该香蕉形曲线的区域内。如图 8-23 中的实际进度线。

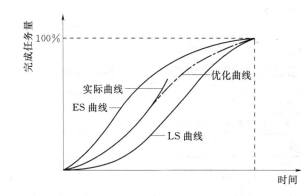

图 8-23 香蕉型曲线比较图

（1）香蕉形曲线比较法的作用。

1）利用香蕉形曲线对进度进行合理安排。

2）对工程实际进度与计划进度作比较。

3）确定在检查状态下，后期工程的 ES 曲线和 LS 曲线的发展趋势。

（2）香蕉形曲线的绘制步骤。香蕉形曲线的绘制方法与 S 形曲线的绘制方法基本相同，所不同之处在于它是以工作的最早开始时间和最迟开始时间分别绘制的两条 S 形曲线的组合。其具体步骤如下：

1）以工程项目的网络计划为基础，确定该工程项目的最早开始时间和最迟开始时间。

2）确定各项工作在不同时间的计划完成任务量，分为两种情况。

A. 根据工程项目的早时标网络计划，确定各工作在各单位时间的计划完成任务量。

B. 根据工程项目的迟时标网络计划，确定各工作在各单位时间的计划完成任务量。

3）计算工程项目总任务量，即对所有工作在各单位时间计划完成的任务量累加求和。

4）分别根据工程项目的早时标网络计划和迟时标网络计划，确定工程项目在各单位时间计划完成的任务量，即将各项工作在某一单位时间内计划完成的任务量求和。

5）分别根据工程项目的早时标网络计划和迟时标网络计划，确定不同时间累计完成的任务量和任务量的百分比。

6）绘制香蕉形曲线。分别根据工程项目的早时标网络计划和迟时标网络计划而确定的累计完成任务量和任务量的百分比描绘各点，并连接各点得到 ES 曲线和 LS 曲线，由 ES 曲线和 LS 曲线组成香蕉形曲线。

在工程项目实施过程中，根据检查得到的实际累计完成任务量，按同样的方法在原计划香蕉形曲线图上绘出实际进度曲线，便可以进行实际进度与计划进度的比较。

【例 8-15】 某工程项目网络计划如图 8-24 所示，图中箭线上方括号内数字表示各项工作计划完成的任务量，以劳动消耗量表示；箭线下方数字表示各项工作的持续时间（周）。试绘制香蕉形曲线。

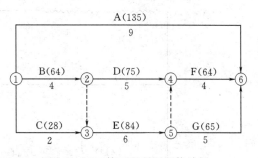

图 8-24 某工程项目网络计划

解 假设各项工作均为匀速进展，即各项工作每周的劳动消耗量相等。

（1）确定各项工作每周的劳动消耗量

工作 A：135/9＝15

工作 B：64/4＝16　　　工作 C：28/2＝14

工作 D：75/5＝15　　　工作 E：84/6＝14

工作 F：64/4＝16　　　工作 G：65/5＝13

（2）计算工程项目劳动消耗总量 Q：

$$Q = 135 + 64 + 28 + 75 + 84 + 64 + 65 = 515$$

（3）根据早时标网络计划，确定工程项目每周计划劳动消耗量及各周累计劳动消耗量，如图 8-25 所示。

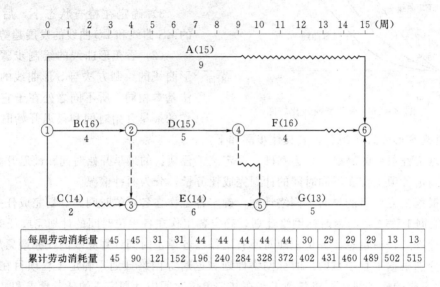

每周劳动消耗量	45	45	31	31	44	44	44	44	44	30	29	29	29	13	13
累计劳动消耗量	45	90	121	152	196	240	284	328	372	402	431	460	489	502	515

图 8-25　按早时标网络计划安排的进度计划及劳动消耗量

（4）根据迟时标网络计划，确定工程项目每周计划劳动消耗量及各周累计劳动消耗量，如图 8-26 所示。

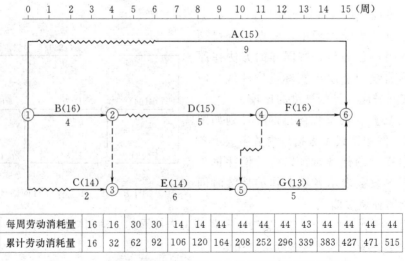

每周劳动消耗量	16	.16	30	30	14	14	44	44	44	44	43	44	44	44	44
累计劳动消耗量	16	32	62	92	106	120	164	208	252	296	339	383	427	471	515

图 8-26　按迟时标网络计划安排的进度计划及劳动消耗量

（5）根据不同的累计劳动消耗量分别绘制 ES 曲线和 LS 曲线，便得到香蕉形曲线，如图 8-27 所示。

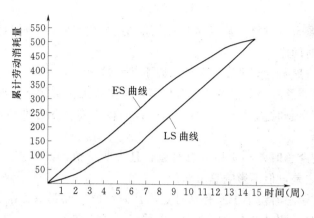

图 8-27　香蕉形曲线图

4. 前锋线比较法

前锋线比较法简称前锋线，是我国首创的用于时标网络计划控制的工具，是一种简单的进行工程实际进度与计划进度的比较方法。其主要方法是从检查时刻的时标点出发，将检查时刻正在进行工作的点都依次连接起来，组成一条一般为折线的前锋线。根据前锋线与箭线交点的位置，判定工程实际进度与计划进度的偏差。

【例 8-16】　某工程承包商按照监理工程师批准的时标网络计划（如图 8-28）组织施工。在工程进展到第 10 周末检查的实际进度为：工作 A、B、C、D 均全部完成，工作 E 完成了 1/3 的计划任务量，工作 F 完成了 4/5 的计划任务量，工作 G 完成了 3/5 的计划任务量。试用前锋线进行实际进度与计划进度的比较。

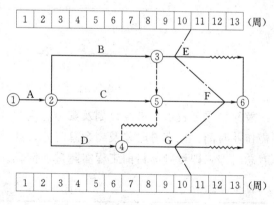

图 8-28　某工程前锋线比较图

解　根据第 10 周末实际进度的检查结果绘制前锋线，如图 8-28 中点划线所示。进行实际进度与计划进度比较。从图可以看出：工作 E 实际进度拖延 1 周，但不影响工期；工作 F 提前 2 周，因为在关键路线上，将使工期提前 2 周；工作 G 拖延 1 周，不影响总工期。

5. 列表比较法

当采用无时间坐标网络图计划时，也可以采用列表比较法，比较工程实际进度与计划进度的偏差情况。该方法是记录检查时应该进行的工作名称和已进行的作业时间，然后列表计算有关时间参数，根据原有总时差和剩余总时差判断实际进度与计划进度的比较方法。列表比较法步骤如下：

（1）计算检查时应该进行的工作，根据已经作业的时间，确定其尚需作业时间。

（2）根据原进度计划计算检查时刻应该进行的工作从检查时刻到原计划最迟完成时间尚余时间。

（3）计算工作剩余总时差，其值等于工作从检查时刻到原计划最迟完成时间尚余时间与该工作尚需作业时间之差。

（4）比较实际进度与计划进度，可能由以下几种情况：

1）如果工作剩余总时差与原有总时差相等，说明该工作实际进度与计划进度一致。

2）如果工作剩余总时差大于原有总时差，说明该工作实际进度超前，超前的时间为二者之差。

3）如果工作剩余总时差小于原有总时差，且为非负值，说明该工作实际进度拖后，拖后的时间为二者之差，但不影响总工期。

4）如果工作剩余总时差小于原有总时差，且为负值，说明该工作实际进度拖后，拖后的时间为二者之差，此时工作实际进度偏差将影响总工期。

【例 8-17】 已知网络计划如图 8-29 所示，在工程进展到第 5 周末检查的工程进度为：工作 A 已全部完成，工作 B 已进行 1 周，工作 C 已进行 2 周，其余工作均未开始。试用列表比较法进行实际进度与计划进度比较。

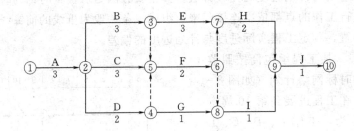

图 8-29 某网络计划图（单位：周）

解 根据工程项目进度计划及实际进度检查结果，可以计算出检查时刻应进行工作的尚需作业时间、原有总时差及剩余总时差，计算结果见表 8-22。通过比较剩余总时差和原有总时差，即可判断目前工程实际进展情况。

表 8-22　　　　　　　　　　**工程进度检查比较表**

工作代号	工作名称	检查计划时尚需作业周数	到计划最迟完成时尚需周数	原有总时差	剩余总时差	情况判断
2—3	B	2	1	0	—1	拖后 1 周，影响工期 1 周
2—5	C	1	2	1	1	正　常
2—4	D	2	2	2	0	拖后 2 周，但不影响工期

（三）进度计划实施中的调整方法

1. 分析偏差对后续工作及总工期的影响

当出现进度偏差时，需要分析该偏差对后续工作及总工期产生的影响。偏差的大小及其所处的位置，对后续工作和总工期的影响程度是不同的。分析的方法主要是利用网络计划中总时差和自由时差的概念进行判断。由时差概念可知：当偏差小于该工作的自由时差时，对工作计划无影响；当偏差大于自由时差，而小于总时差时，对后续工作的最早开工时间有影响，对总工期无影响；当偏差大于总时差时，对后续工作和总工期都有影响。具体分析步骤如下。

（1）分析出现进度偏差的工作是否为关键工作。根据工作所在线路的性质或时间参数的特点，判断其是否为关键工作。若出现偏差的工作为关键工作，则无论偏差大小，都对后续工作及总工期产生影响，必须采取相应的调整措施；若出现偏差的工作不是关键工作，需要根据偏差值与总时差和自由时差的大小关系，确定对后续工作和总工期的影响程度。

（2）分析进度偏差是否大于总时差。若工作的进度偏差大于该工作的总时差，说明此偏差必将影响后续工作和总工期，必须采取相应的调整措施；若工作的进度偏差小于或等于该工作的总时差，说明此偏差对总工期无影响，但它对后续工作的影响程度，需要根据此偏差与自由时差的比较情况来确定。

（3）分析进度偏差是否大于自由偏差。若工作的进度偏差大于该工作的自由时差，说明此偏差对后续工作产生影响，应根据后续工作允许影响的程度而确定如何调整；若工作的进度偏差小于或等于该工作的自由时差，则说明此偏差对后续工作无影响，原进度计划可以不作调整。

进度偏差的分析判断过程如图 8-30 所示。经过分析，进度控制人员可以确认应该调整产生进度偏差的工作和调整偏差的大小，以便确定采取调整措施，获得符合实际进度情况和计划目标的新进度计划。

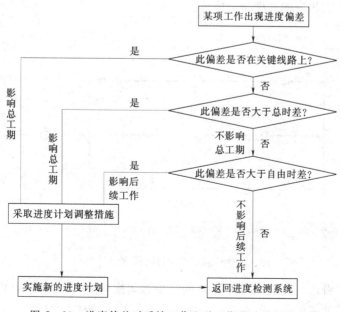

图 8-30　进度偏差对后续工作和总工期影响分析过程图

2. 进度计划的调整方法

在对实施的进度计划分析的基础上，确定调整原计划的方法，一般主要有以下两种。

（1）改变某些工作间的逻辑关系。若实施中的进度产生的偏差影响了总工期，并且有关工作之间的逻辑关系允许改变，可以改变关键线路和超过计划工期的非关键线路上的有关工作之间的逻辑关系，达到缩短工期的目的。这种方法用起来效果是很显著的。例如可以把依次进行的有关工作改变为平行的或互相搭接的以及分成几个施工段进行流水施工的工作，都可以达到缩短工期的目的。

（2）缩短某些工作的持续时间。这种方法是不改变工作之间的逻辑关系，只是缩短某些工作的持续时间，而使施工进度加快，以保证实现计划工期的方法。这些被压缩持续时间的工作是位于因实际施工进度的拖延而引起总工期增长的关键线路和某些非关键线路上的工作。同时，这些工作又是可压缩持续时间的工作。这种方法通常可在网络图上直接进行。其调整方法视限制条件及对后续工作的影响程度的不同而有所区别，一般可分为以下三种情况：

1）网络计划中某项工作进度拖延的时间在该项工作的总时差范围内和自由时差以外。根据前述内容可知，这一拖延不会对总工期产生影响，而只对后续工作产生影响。因此，在进行调整前，需确定后续工作允许拖延的时间限制，并以此作为进度调整的限制条件。这个限制条件的确定有时是很复杂的，特别是当后续工作由多个平行的分包单位负责实施时更是如此。后续工作在时间上产生的任何变化都可能使合同不能正常履行而使受损失的一方向引起这一现象发生的另一方提出索赔。因此，寻找合理的调整方案，把对后续工作的影响减小到最低程度，是监理工程师的一项重要工作。举例说明如下。

【例 8-18】 某工程项目双代号时标网络计划如图 8-31 所示，该计划执行到第 35 天下班时刻检查时，其实际进度如图中前锋线所示。试分析目前实际进度对后续工作和总工期的影响，并提出相应的进度调整措施。

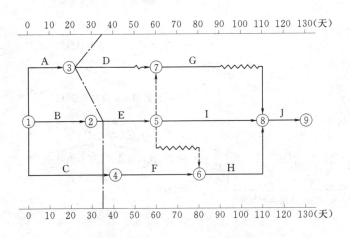

图 8-31 某工程项目时标网络计划

解 从图中可看出，目前只有工作 D 的开始时间拖后 15 天，而影响其后续工作 G 的最早开始时间，其他工作的实际进度均正常。由于工作 D 的总时差为 30 天，故此时工作

D 的实际进度不影响总工期。

该进度是否需要调整，取决于工作 D 和 E 的限制条件：

A. 后续工作拖延的时间无限制。如果后续工作拖延的时间完全被允许时，可将拖延后的时间参数带入原计划，并化简网络图（即去掉已执行部分，以进度检查日期为起点，将实际数据带入，绘制出未实施部分的进度计划），即可得调整方案。本例中，以检查时刻第 35 天为起点，将工作 D 的实际进度数据及工作 G 被拖延后的时间参数带入原计划（此时工作 D、G 的开始时间分别为 35 天和 65 天），可得如图 8-32 所示的调整方案。

B. 后续工作拖延时间有限制。如果后续工作不允许拖延和拖延的时间有限制时，需要根据限制条件对网络计划进行调整，寻求最优方案。本例中，如果工作 G 的开始时间不允许超过第 60 天，则只能将其紧前工作 D 的持续时间压缩为 25 天，调整后的网络计划如图 8-33 所示。如果在工作 D、G 之间还有多项工作，则可以利用工期优化的原理确定应压缩的工作，得到满足 G 工作限制条件的最优调整方案。

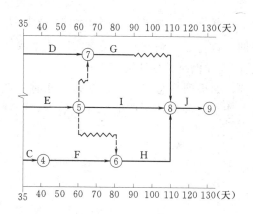

图 8-32 后续工作拖延时间无
限制时的网络计划

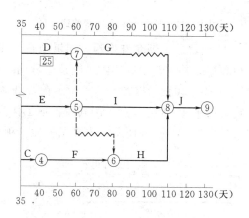

图 8-33 后续工作拖延时间有
限制时的网络计划

2）网络计划中某项工作进度拖延的时间超过其总时差。如果网络计划中某项工作进度拖延的时间超过其总时差，则该工作无论是否为关键工作，这种拖延都对后续工作和总工期产生影响，其进度计划的调整方法又可分为以下三种情况：

A. 项目总工期不允许拖延。这种情况也就是项目必须按期完成。调整的方法只能采取缩短关键线路上后续工作的持续时间以保证总工期目标的实现。其实质是工期优化的方法。以下举一例简单说明。

【例 8-19】 仍以图 8-31 所示网络计划为例，如果在计划执行到第 40 天下班时刻检查时，其实际进展如图 8-34 中前锋线所示，试分析目前实际进度对后续工作和总工期的影响，并提出相应的进度调整措施。

解 由图 8-34 可见，工作 D 实际进度拖后 10 天，但不影响其后续工作，也不影响总工期；工作 E 实际进度正常；工作 C 实际进度拖后 10 天，由于其为关键工作，故将使总工期延长 10 天，并使其后续工作 F、H 和 J 的开始时间推迟 10 天。

如果该工程项目总工期不允许拖延，则为了保证其按原计划工期 130 天完成，必须采用工期优化的方法，缩短关键线路上后续工作的持续时间。假设工作 C 的后续工作 F、H 和 J 均可以压缩 10 天，通过比较，压缩工作 H 的持续时间所付出的代价最小，故将工作 H 的持续时间由 30 天缩短为 20 天。调整后的网络计划如图 8-35 所示。

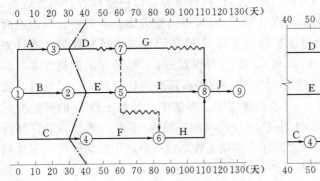

图 8-34　某工程实际进度前锋线图

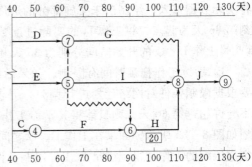

图 8-35　调整后工期不拖延的网络计划

B. 项目总工期允许拖延。如果项目总工期允许拖延，则此时只需以实际数据取代原计划数据，并重新绘制实际进度检查日期之后的简化网络计划即可。

【例 8-20】　以图 8-34 所示前锋线为例，如果项目总工期允许拖延，此时只需以检查日期第 40 天为起点，用其后各项工作尚需作业时间取代相应的原计划数据，绘制出网络计划如图 8-36 所示。方案调整后，项目总工期为 140 天。

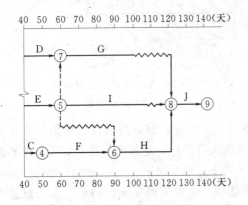

图 8-36　调整后拖延工期的网络计划

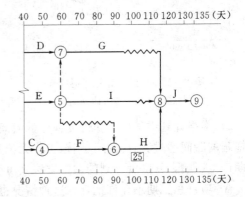

图 8-37　总工期拖延时间有限时的网络计划

C. 项目总工期允许拖延的时间有限。如果项目总工期允许拖延，但允许拖延的时间有限，则当实际进度拖延的时间超过此限制时，也需要对网络计划进行调整，以满足要求。具体的调整方法是以总工期的限制作为规定工期，对检查日期之后尚未实施的网络计划进行工期优化，即通过缩短关键路线上后续工作持续时间的方法使总工期满足规定工期的要求。

【例 8-21】　仍以图 8-34 所示前锋线为例，如果项目总工期只允许拖延至 135 天，则可按以下步骤进行调整：

a. 绘制化简的网络计划，如图 8-36 所示。

b. 确定需要压缩的时间。从图 8-36 中可见，在第 40 天检查实际进度时发现总工期将延长 10 天，该项目至少需要 140 天才能完成。而总工期只允许延长至 135 天，故需将总工期压缩 5 天。

c. 对网络计划进行工期优化。从图 8-36 可看出，此时关键线路上的工作为 C、F、H 和 J。现假设通过比较，压缩关键工作 H 的持续时间所需付出的代价最小，故将其持续时间由原来的 30 天压缩为 25 天，调整后的网络计划如图 8-37 所示。

上面所提到的三种进度调整方式，均是以总工期为限制条件来进行的（即总工期允许拖延，总工期不允许拖延以及总工期允许拖延的时间有限这三种情况）。值得注意的是，当出现某工作时间的拖延超过其总时差，对进度进行调整时，除需考虑总工期的限制条件外，还应考虑网络计划中的一些后续工作在时间上是否也有限制条件，特别是对总进度计划的控制更应注意这一点。在这类网络计划中，一些后续工作也许就是一些独立的施工合同段，时间上的任何变化，都会带来协调上的麻烦或者引起索赔。因此，当遇到网络计划中某些后续工作对时间的拖延有限制时，可以以此作为条件，并按前述方法进行调整。

3) 网络计划中某项工作进度超前。监理工程师受项目法人委托，对项目的进度进行控制，其总的任务就是在项目进度计划的执行过程中，保证项目按期完成。在计划阶段所确定的工期目标，往往是综合考虑各方面因素而优选的合理工期，因此，时间的任何变化，无论是拖延还是超前，都可能造成其他目标的失控。例如，在一个项目施工总进度计划中，由于某项工作的超前，致使资源的使用发生变化，打乱了原始计划对资源的合理安排，特别是当采用多个平行分包单位进行施工时，由此引起后续工作时间安排的变化而给监理工程师的协调工作带来许多麻烦。因此，实际中若出现进度超前的情况，进度控制人员必须综合分析由于进度超前对后续工作产生的影响，并与有关承包单位共同协商，提出合理的进度调整方案。

第四节 工程投资控制

监理工程师在施工阶段进行投资控制的基本原理是把计划投资额作为投资控制的目标值，在工程施工过程中定期地进行投资实际值与目标值的比较，通过比较发现并找出实际支出额与投资控制目标值之间的偏差，分析产生偏差的原因，并采取有效措施加以控制，以保证投资控制目标的实现。

一、投资构成及计价方式

（一）水利工程建设项目投资构成

水利工程建设项目投资构成，见图 8-38。

（二）计价方式

水利水电工程施工中，大多数项目采用单价计价方式进行工程价款的支付。在固定单价合同中，项目的计价一般采用单价计价、包干计价、计日工计价三种计价支付方式，简要介绍如下。

1. 单价计价项目的计价支付

对于水利水电工程，单价计价方式是按工程量清单中的单价和实际完成的可准确计量

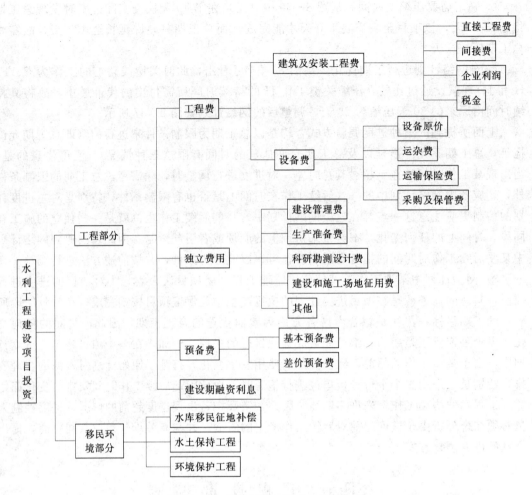

图 8-38 水利工程建设项目投资构成

的工程量来计价的项目。在计价支付中，监理工程师应注意以下问题：

（1）工程价值的确定。对于承包商已完项目的价值，应根据工程量清单中的单价与监理工程师计量的工程数量来确定。按照 FIDIC 合同条件的规定，除监理工程师根据合同条件发出的工程变更外，工程量清单中的单价是不能改变的。因此，工程款项的支付，不允许采用清单中单价以外的任何价格。

（2）没有标价的项目不予支付任何款项。根据合同文件的规定，承包商在投标时，对工程量清单中的每项都应提出报价。因此对于工程量清单中没有单价或款额的项目，将被认为该项的费用已包括在其他单价或款额中。因此，对工程量清单中没有标价的项目一律不予支付任何款项。

2. 包干计价

在水利水电工程施工固定单价合同中，有一些项目由于种种原因，不易计算工程量，不宜采用单价计价，而采用包干计价，如临建工程、房建工程、观测仪器埋设、机电安装工程等，采用按项目包干的方式计算费用。对于采用包干计价的项目，一般在合同中规定，在开工后规定的时间内，由承包商向监理工程师递交一份包干项目分析表，在分析表中将包干项目分解为若干子项，列出每个子项的合理价格。该分析表经监理工程师批准后即可作为包干项目实施时支付的依据。

3. 计日工费用的计价

（1）计日工费用的计价方法。计日工费用的计价，一般采用下述方法：

1）工程量清单中，对采用计日工形式可能涉及到不同工种的劳力、材料、设备的价格进行了规定，因此在进行计日工工作时，一些劳力、材料及设备的费用可根据工程量清单中相同项目的单价计取有关费用。

2）尽管工程量清单中对一些劳力、材料及设备进行了定价，但进行计日工工作时，往往还有一些劳力、材料及设备在清单中没有定价。对于清单中没有定价的项目，应按实际发生的费用加上合同中规定的费用率支付有关的费用。

（2）计日工的支付。计日工实质上也属于备用金（暂定金额）的性质，它是用于完成在招标、投标时不能预料的一些工作。对于计日工费用的支付，一般应符合以下规定：

1）以计日工的形式进行的任何工作，必须有监理工程师的指令，没有监理工程师的批准，承包商不能以计日工的形式进行任何工作，当然也不能支付任何款项。

2）经监理工程师批准以计日工的形式进行的工作，承包商在施工过程中，每天应向监理工程师提交参加该项计日工工作的人员姓名、职业、级别、工作时间和有关的材料、设备清单，同时每月向监理工程师提交一份关于记载计日工工作所用的劳力、材料、设备价格的报表。否则承包商无权要求计日工的付款。

二、投资控制的措施

要有效控制项目投资，应从组织、技术、经济、合同与信息管理等多方面采取措施。从组织上采取措施包括明确项目组织结构，明确项目投资控制者及其任务，以使项目投资控制有专人负责，明确组织职能分工；从技术上采取措施包括重视设计多方案选择，严格审查初步设计、技术设计、施工图设计、施工组织设计，深入技术领域研究节约投资的可能性；从经济上采取措施包括动态比较项目投资的实际值和计划值，严格审核各项费用支出，采取节约投资的奖励措施等。

三、施工实施阶段投资控制的主要监理工作

施工实施阶段工程投资控制的主要监理工作包括以下各项：

（1）审批承包人提交的资金流计划。

（2）协助项目法人编制合同项目的付款计划。

（3）根据工程实际进展情况，对合同付款情况进行分析，提出资金流调整意见。

（4）审核工程付款申请，签发付款证书。

（5）根据施工合同约定进行价格调整。

（6）根据授权处理工程变更所引起的工程费用变化事宜。

（7）根据授权处理合同索赔中的费用问题。

（8）审核完工付款申请，签发完工付款证书。

（9）审核最终付款申请，签发最终付款证书。

四、资金投入计划和投资控制规划的编制

在施工阶段，监理工程师担负着繁重的投资控制任务。为了做好投资控制工作，做到在施工过程的各时段，在资金投入需求量、资金筹措、资金分配等方面有计划、有措施地协调运作，以达到合理、稳妥地控制投资的目的。监理工程师应于施工前做好资金投入计划和投资控制规划工作，即根据承包商的投标报价，承包商提交的现金流量计划，综合考虑由承包人提供或者物资采购合同中有关物资供应、材料供应、场地使用、图纸供应等有关方面的费用，考虑一定的可变因素影响，在项目分解的基础上，做出资金使用计划。

监理工程师在审批承包商呈报的现金流通量估算计划的基础上，要编制工程项目建设资金的投入计划，为进行有效的投资（费用）控制奠定基础。

资金投入计划的编制过程为：首先在工程施工招标文件的工程量清单项目划分基础上，根据承包商的投标报价和物资采购合同的报价，综合考虑承包人的其他支出，进行资金分配；其次，按照施工进度计划的安排（如网络进度计划、横道计划等），统计各时段需要投入的资金，得到资金投入现金流过程；最后，在资金投入现金流过程的基础上，按时间对资金进行累积计算，即可得到资金投入计划。

五、工程计量

工程量测量和计算，简称计量。为进行这项工作，国外有工程量测算师，在我国目前实行的监理工程师制度中，监理机构应配备测量工程师和工程测量员，协助监理工程师进行工程量测量和计算。

在水利水电工程施工中，对承包商的工程价款支付，大多数是按照实际完成的工程数量来进行计算的。工程量清单中开列的工程量是合同的估算工程量，不是承包人为履行合同应当完成的和用于结算的工程量。结算的工程量应是承包人实际完成的并按合同有关计量规定计量的工程量。因此，项目的计量支付，必须以监理工程师确认的中间计量作为支付的凭证，未经监理工程师计量确认的任何项目，一律不予支付。

工程计量控制是监理工程师投资控制的基础之一。在施工过程中，由于地质、地形条件变化、设计变更等多方面的影响，招标中的名义工程量和施工中的实际工程量很难一致，再加上工期长，影响因素多，因此，在计量工作中，监理工程师既要做到公正、诚信、科学，又必须使计量审核统计工作在工程一开始就达到系统化、程序化、标准化和制度化。

（一）可支付的工程量

可支付的工程量应同时符合以下条件：

（1）经监理机构签认，并符合施工合同约定或项目法人同意的工程变更项目的工程量以及计日工。

（2）经质量检验合格的工程量。

（3）承包人实际完成的并按施工合同有关计量规定计量的工程量。

（二）计量的程序

工程计量应符合以下程序：

（1）工程项目开工前，监理工程师应监督承包商按有关规定或施工合同约定完成原始地面地形的测绘以及计量起始位置地形图的测绘，并审核测绘成果。

（2）工程计量前，监理工程师应审查承包商计量人员的资格和计量仪器设备的精度及率定情况，审定计量的程序和方法。

（3）在接到承包商计量申请后，监理工程师应审查计量项目、范围、方式，审核承包人提交的计量所需的资料、工程计量已具备的条件，若发现问题，或不具备计量条件时，应督促承包商进行修改和调整，直至符合计量条件要求，方可同意进行计量。

（4）监理工程师应会同承包商共同进行工程计量；或监督承包人的计量过程，确认计量结果；或依据施工合同约定进行抽样复核。

（5）在付款申请签认前，监理工程师应对支付工程量汇总成果进行审查。

（6）若监理工程师发现计量有误，可重新进行审核、计量，进行必要的修正与调整。

（三）完成工程量的计量

（1）承包人应按合同规定的计量办法，按月对已完成的质量合格的工程进行准确计量，并在每月末随同月付款申请单，按工程量清单的项目分项向监理工程师提交完成工程量月报表和有关计量资料。

（2）监理工程师对承包人提交的工程量月报表进行复核，以确定当月完成的工程量。有疑问时，可以要求承包人派员与监理工程师共同复核，并可要求承包人按规定进行抽样复测，此时，承包人应指派代表协助监理工程师进行复核并按监理工程师的要求提供补充的计量资料。

（3）若承包人未按监理工程师的要求派代表参加复核，则监理工程师复核修正的工程量应被视为承包人实际完成的准确工程量。

（4）监理工程师认为有必要时，可要求与承包人联合进行测量计量，承包人应遵照执行。

（5）承包人完成了工程量清单中每个项目的全部工程量后，监理工程师应要求承包人派员共同对每个项目的历次计量报表进行汇总和通过测量核实该项目的最终结算工程量，并可要求承包人提供补充计量资料，以确定该项目最后一次进度付款的准确工程量。如承包人未按监理工程师的要求派员参加，则监理工程师最终核实的工程量应被视为该项目完成的准确工程量。

在监理机构签发的施工图纸（包括设计变更通知）所确定的建筑物设计轮廓线和施工合同文件约定应扣除或增加计量的范围内，应按有关规定及施工合同文件约定的计量方法和计量单位进行计量。当承包人完成了每个计价项目的全部工程量后，监理机构应要求承包人与其共同对每个项目的历次计量报表进行汇总和总体量测，核实该项目的最终计量工程量。

（四）计量的工作内容

在施工阶段所做的计量工作，以合同中的工程量清单为基础。监理工程师要进行以下计量：

（1）永久工程的计量，包括中间计量和竣工计量。

（2）承包商为永久工程使用的运进现场材料的计量。

（3）对承包商进行额外工作的计量，包括工程量计量和工程量形成因素的计量。

其中，永久工程的计量采用中间计量方式对承包商进行阶段付款，竣工计量则用于竣工支付。永久工程的计量中，大量的工作是中间计量，其中包括工程变更的计量。对于图纸中有固定几何尺寸的永久工程计量较为简单，往往是把构造物从基础到上部划分为若干部分，每一部分完成后按约定的费用比例进行支付，因此，计量也包含了对该部分工程几何尺寸、形状是否符合设计要求的验收性质。竣工计量的总工程量，不应超出工程量清单中预计的工程量。

对于承包商为永久工程使用而运进现场的材料，如果合同中规定在该项材料被用于永久工程之前项目法人以材料预付款的形式先预支付一定百分比的材料购入款时，监理工程师除了需要对该项材料是否符合用于永久工程标准要求进行确认外，还应对进入现场材料的数量随时计量。为了支付的需要，还需要对材料的使用量、进场数量的差值随时计算。

对于承包商所做的额外工作，如用暂定金额支付的项目以及应付意外事件所完成的工作，处于不同的支付计算需要，有的按完成的工程量计算，有的则要计量工程量形成因素，如计日工计量等。

（五）计量的方式

工程计量工作方式有以下几种。

1. 由监理工程师独立计量

计量工作由监理人员单独进行，只通知承包商为计量做好各种准备，而不要求承包商参加计量。

监理人员计量后，应将计量的结果和有关记录送达承包商。如果承包商对监理人员的计量有异议，可在规定时间内（如14天）以书面形式提出，再由监理工程师对承包商提出的质疑进行核实。

采用这种计量方式，监理工程师对计量的控制较好，但是程序复杂，并且占用监理工程师人员也比较多。

2. 由承包商进行计量

计量工作完全由承包商进行，但监理工程师应对承包商的计量提出具体的要求，包括计量的格式、计量记录及有关资料的规定，承包商用于计量设备的精确程度、计量人员的素质等。

承包商计量完成后，需将计量的结果及有关记录和资料，报送监理工程师审核，以监理工程师审核确认的结果作为支付的凭据。

采用这种计量方式，唯一的优点是占用的监理人员较少。但是，由于计量工作全部由承包商进行，监理工程师只是通过抽测甚至免测加以确认，容易使计量失控。因此，采用这种方式的计量，监理工程师应加强对中间计量的管理，克服由于中间计量不严格对工程费用的影响。

3. 监理工程师与承包商联合计量

由监理单位与承包商分别委派专人组成联合计量小组，共同负责计量工作。当需要对某项工程项目进行计量时，由这个小组商定计量的时间，并做好有关方面的准备工作，然后到现场共同进行计量，计量后双方签字认可，最后由监理工程师审批。

采用这种计量方式，由于双方在现场共同确认计量结果，与上述其他两种方式相比，减少了计量与计量结果确认的时间，同时也保证了计量的质量，是目前提倡的计量方式。

（六）计量的方法

工程计量是项目法人向承包商支付工程价款的主要依据。监理工程师应按合同技术规范中有关计量与支付的办法严格执行。

关于计量方法，投标人在投标时就应该认真考虑，对工程量清单中表列项目所包含的工作内容、范围以及计量、支付应该清楚，并把表列项目中为完成技术规范要求而可能发生的工作费用计入其报价中去。除合同另有规定外，各个项目的计量办法应按技术条款的有关规定执行。按照合同中所规定的计量总则及分项计量细则对照合同中的技术规范要求，结合承包商是否已完成工程量表列项目所包含的工作内容，进行现场测量和计算，是工程量计量的基本方法。一般情况下，有以下几种方法。

1．现场测量

现场测量就是根据现场实际完成的工程情况，按规定的方法进行丈量、测算，最终确定支付工程量。

在每月的计量工作中，对承包商递交的收方资料，除了进行室内复核工作之外，还应现场进行测量抽查，抽查数量一般控制在递交剖面的 5％～10％。对工程量和投资影响较大的收方资料，抽查量应适当增加；反之可减少。

2．按设计图纸测量

设计图纸测算是指根据施工图对完成的工程进行计算，以确定支付的工程量。

3．仪表测量

仪表测量是指通过使用仪表对所完成的工程进行计量，如混凝土灌浆计量等。

4．按单据计算

按单据计算是指根据工程实际发生的发票、收据等进行的计量。

5．按监理工程师批准计量

按监理工程师批准计量是指在工程实施中，监理工程师批准确认的工程量直接作为支付工程量，承包商据此进行支付申请工作。

6．合同中个别采用包干计价项目的计量

包干计价项目一般以总价控制、检查项目完成的形象面貌，逐月或逐季支付价款。但有的项目也可进行计量控制，其计量方式可按中间计量统计支付，同时也要严格按合同文件要求执行。

包干一般在总价确定以后。除非十分特殊的原因，总价不能变更，其每月支付的工程价款也与当日实际完成的数量有关系。一般来讲，该项工程在全部完成后，即应将规定的价款全部支付。

（七）特殊情况下的计量

1．按工程价值形成过程或因素计量

工程量的测量和计算，一般指工程量表中列明的永久工程实物量的计量。但费用控制实施过程中，有时需要对工程价值的形成过程或因素进行计量以决定支付，如承包商为应付意外事件所进行的工作，以及按监理工程师指令进行的计日工作等。

工程价值形成因素主要有：人工消耗（工日数）、机械台（时）班消耗、材料消耗、时间消耗及其他有关消耗。

2. 索赔计量

费用控制中遇到较多的赔偿计量是对承包商提出的索赔的计量。

索赔计量中主要是价值因素的计量，包括有形资源（人工、机械、材料）损失计量和无形资源（时间、效率、空间）损失计量。

其中有形资源损失较易计量，监理工程师可根据对专项工作连续监测和记录（如监理工程师日志、承包商的同期记录等）来计量；时间、空间损失情况较为复杂；承包商的效率损失则可以用双方同意的"效率降低系数"（意外情况下使正常效率降低的程度）来计量。

索赔计量中直接损失较易计算，而间接损失则需要协商达成一致。

项目法人认定承包商违约而要求索取的赔偿的计量方法类同。

3. 以区分责任为前提的计量

有些情况的计量是先区分责任，然后对非承包商原因造成的损失部分进行计量。

总之，特殊情况下的计量，与对永久工程的实物量计量不同，常常需要将某些难以量化的因素加以分析、论证，适当反映为某种可量化的计量结果（货币金额、工期日数），通过支付给予损失方某种补偿，充分协商是必要的。

六、施工索赔控制

索赔是工程承包合同履行中，当事人一方因对方不履行或不完全履行既定的义务，或由于对方的行为使权利人受到损失时，要求对方补偿损失的权利，包括经济补偿和工期补偿两种。索赔是工程承包中经常发生的正常现象。由于施工现场条件、气候条件、施工进度的变化以及合同条款、规范、标准文件和施工图纸的变更、差异、延误的因素的影响，使得工程承包中不可避免地出现索赔，进而导致项目的投资发生变化。因此索赔的控制将是施工阶段投资控制的重要手段。

（一）索赔费用的组成

在计算索赔费用时，首先应分析索赔费用的组成，分辨出哪些费用是可以索赔的。索赔费用的主要组成部分，同工程款的计价内容相似，包括直接费、间接费和利润。直接费包括人工费、材料费和机械设备使用费；间接费包括工地管理费、保险费、利息、总部管理费等，一般可索赔的具体内容见图8-39。这些费用都是由于完成额外的应索赔的工作而增加的开支。

索赔费用的确定，应能使承包商的实际损失得到完全弥补，也不应使其因索赔而额外受益。费用索赔都是以补偿实际损失为原则。但对于不同原因引起的索赔，承包商可索赔的具体费用内容是不完全一样的，要根据各项费用的特点、条件进行分析论证。

1. 人工费

人工费包括施工人员的基本工资、工资性质的津贴、加班费、奖金以及法定的安全福利等费用。对于索赔费用中的人工费部分而言，人工费是指完成合同之外的额外工作所花费的人工费用；由于非承包商责任导致的工效降低所增加的人工费用；超过法定工作时间的加班劳动费用；法定人工费增长以及非承包商责任工程延误导致的人员窝工和工资上涨费等。

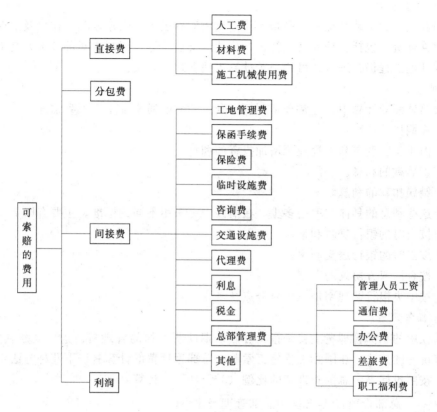

图 8-39 可索赔费用的组成部分

2. 材料费

材料费的索赔内容包括：

（1）由于索赔事项材料实际用量超过计划用量而增加的材料费。

（2）由于客观原因材料价格大幅上涨的费用。

（3）由于非承包商责任造成工程延误而导致的材料价格上涨和超期储备储存费用。

材料费中应包括运输费、仓储费，以及合理的损耗费用。如果由于承包商管理不善造成材料损坏失效，则不能列入索赔计价。

3. 施工机械使用费

施工机械使用费的索赔包括：

（1）由于完成额外工作增加的机械使用费。

（2）非承包商责任造成工效降低而增加的机械使用费。

（3）由于项目法人或监理工程师的原因导致机械停工的窝工费。窝工费的计算，如系租赁设备，一般按实际租金和调进调出的分摊计算；如系承包商自有设备，一般按台班折旧费计算，而不能按台班费计算，因台班费中包括了设备使用费。

4. 分包费用

分包费用索赔指的是分包商的索赔费，一般也包括人工、材料、机械使用费的索赔。分包商的索赔应如数列入总承包商的索赔总额以内。

5. 工地管理费

索赔款项中的工地管理费，是指承包商完成额外工程、索赔事项工作以及工期延长期间的工地管理费，包括管理人员工资、办公费、交通费等。但如果对部分工人窝工损失索赔时，因其他工程仍在进行，可能不予计算工地管理费索赔。

6. 利息

在索赔款额的计算中，经常包括利息。利息的索赔通常发生于下列情况：

（1）拖期付款的利息。

（2）由于工程变更和工程拖延增加投资的利息。

（3）索赔款的利息。

（4）错误扣款的利息。

至于这些利息的具体利率是多少，在实践中可采用不同的标准，主要有以下几种：

（1）按当时的银行贷款利率。

（2）按当时的银行透支利率。

（3）按合同双方协议的利率。

（4）按中央银行贴现率加三个百分点。

7. 总部管理费

索赔款中的总部管理费主要是指工程延误期间所增加的管理费。这项索赔款的计算，目前没有统一的方法。在国际工程施工索赔中总部管理费的计算有以下几种方法：

（1）按照投标书中总部管理费的比例（3%～8%）计算：

$$总部管理费 = 合同中总部管理费比率(\%)$$
$$\times(直接费索赔款额 + 工地管理费索赔款额等) \qquad (8-25)$$

（2）按照公司总部统一规定的管理费比率计算：

$$总部管理费 = 公司管理费比率(\%)\times(直接费索赔款额 + 工地管理费索赔款额等)$$

$$(8-26)$$

（3）以工程延误的总天数为基础，计算总部管理费的索赔额，计算步骤如下：

$$对某一工程提取的管理费 = 同期内公司的总管理费 \times \frac{该工程的合同额}{同期内公司的总合同额}$$

$$(8-27)$$

$$该工程的每日管理费 = \frac{该工程向总部上缴的管理费}{合同实施天数} \qquad (8-28)$$

$$索赔的总部管理费 = 该工程的每日管理费 \times 工期延误的天数$$

8. 利润

一般说来，由于工程范围的变更、文件有缺陷或技术错误、项目法人未能提供现场等引起的索赔，承包商可以列入利润。但对于工程暂停的索赔，由于利润通常是包括在每项实施的工程内容的价格之内的，而延误工期并未削减某些项目的实施，而导致利润减少。所以，一般监理工程师很难同意在工程暂停的费用索赔中加进利润损失。

索赔利润的款额计算通常是与原报价单中的利润百分率保持一致，即在成本的基础上，增加原报价单中的利润率，作为该项索赔款的利润。

（二）索赔费用的计算方法

1. 总费用法

总费用法即总成本法，是当发生多次索赔事件以后，重新计算该工程的实际总费用，再从实际总费用减去投标报价时的估算总费用，即为索赔金额：

$$索赔金额 = 实际总费用 - 投标报价估算总费用$$

不少人对采用这种方法计算索赔费用持批评态度，因为实际发生的总费用中可能包括了由于承包商的原因（如施工组织不善、工效降低或原材料浪费等）而增加的费用，同时投标报价时却因为想中标而将总费用估算得过低。因此，按总费用法计算索赔费用往往遇到较多困难。但是这种方法计算简单，对于某些特定的索赔事项，要精确计算出索赔额是很困难的，有时甚至是不可能的，因此总费用法在一定的条件下仍被采用。概括地说，采用总费用法一般要符合以下条件：

（1）由于该项索赔在施工中的特殊性质，难于或不可能精确计算出损失费用。

（2）承包商的该项报价估算费用比较合理。

（3）已开支的实际总费用经过逐项审核，可认为是比较合理的。

（4）承包商对已发生的费用增加没有责任。

2. 修正的总费用法

修正的总费用法是对总费用法的改进，即在总费用计算的原则上，去掉一些不合理的因素，使其更合理。修正的内容如下：

（1）计算索赔款的时段仅限于受到外界影响的时期，而不是整个施工工期。

（2）只计算受影响时段内某项工作所受影响的损失，而不是计算该时段内所有施工工作所受的损失。

（3）在所影响时段内受影响的某项施工中，使用的人工、设备、材料等资源均有可靠的记录资料，如监理工程师的监理日志、承包商的施工日志等施工记录。

（4）与该工作无关的费用，不列入总费用中。

（5）对投标报价时估算费用重新进行核算，按受影响时段期间该项工作的实际单价进行计算，乘以实际完成的该项工作的工程量，得出调整后的报价费用。

按修正后的总费用计算索赔金额的公式如下：

$$索赔金额 = 某项工作调整后的实际总费用 - 该项工作的报价费用$$

修正的总费用法与总费用法相比，有了实质性的改进，基本上能准确反映出实际增加的费用。

3. 实际费用法

实际费用法又称实际成本法，是工程索赔计算中最常用的一种方法。这种方法是以承包商为某项工作所支付的实际开支为根据，分别分析计算索赔值，故亦称分项法。

用实际费用法计算时，在直接费的额外费用部分的基础上，加上应得的间接费和利润，即得承包商应得的索赔金额。由于实际费用法所依据的是实际发生的成本记录和单据，所以在施工过程中，系统而准确地积累记录资料是非常重要的。

4. 合理价值法

合理价值法是根据公正调整的理论要求得到合理的经济补偿。根据公正调整理论，当施工合同条款没有明确规定时，以及当合同已被解除时，承包商有权根据自己已经完成的工程量取得合理的经济补偿。

对于合同范围以外的额外工程，或施工条件完成变化了的施工项目，承包商有权取得经济补偿，得到合理的索赔款额。一般认为，如果合同中有具体的索赔条款时，应按该合同条款的规定计算索赔费用，而不必采用合理价值法。

【例 8-22】　某水工隧洞工程，承包商将工程的一部分分包给了另一家施工单位。由于项目法人修改设计，监理工程师下令承包商工程全面停工一个月。试分析在这种情况下，承包商可索赔哪些费用。

解　可索赔如下费用：

(1) 人工费：对于不可辞退的工人，索赔人工窝工费，应按人工工日成本计算；对于可以辞退的工人，可索赔人工上涨费。

(2) 材料费：可索赔超期存储费用或材料价格上涨费。

(3) 施工机械使用费：可索赔机械窝工费或机械台班上涨费。自有机械窝工费一般按台班折旧费索赔；租赁机械一般按实际租金和调进调出的分摊费计算。

(4) 分包费用：是指由于工程暂停，分包商向总包索赔的费用。总包向项目法人索赔应包括分包商向总包索赔的费用。

(5) 工地管理费：由于全面停工，可索赔增加的工地管理费，可按日计算，也可按直接成本的百分比计算。

(6) 保险费：可索赔延期一个月的保险费，按保险公司的保险费率计算。

(7) 保函手续费：可索赔延期一个月的保函手续费，按银行规定的保函手续费率计算。

(8) 利息：可索赔延期一个月增加的利息支出，按合同约定的利率计算。

(9) 总部管理费：由于全面停工，可索赔延期增加的总部管理费，可按总部规定的百分比计算。如果工程只是部分暂停，监理工程师可能不同意总部管理费的索赔。

(三) 索赔的提出

承包人有权根据合同任何条款及其他有关规定，向项目法人索取追加付款，但应在索赔事件发生后的 28 天内，将索赔意向书提交项目法人和监理工程师。在上述意向书发出后的 28 天内，再向监理工程师提交索赔申请报告，详细说明索赔理由和索赔费用的计算依据，并应附必要的当时记录和证明材料。如果索赔事件继续发展或继续产生影响，承包人应按监理工程师要求的合理时间间隔列出索赔累计金额和提出中期索赔申请报告，并在索赔事件影响结束后的 28 天内，向项目法人和监理工程师提交包括最终索赔金额、延续记录、证明材料在内的最终索赔申请报告。

(四) 索赔的处理

(1) 监理工程师收到承包人提交的索赔意向书后，应及时核查承包人的当时记录，并可指示承包人提供进一步的支持文件和继续作好延续记录以备核查，监理工程师可要求承包人提交全部记录的副本。

（2）监理工程师收到承包人提交的索赔申请报告和最终索赔申请报告后的 42 天内，应立即进行审核，并与项目法人和承包人充分协商后作出决定，在上述期限内将索赔处理决定通知承包人。

（3）项目法人和承包人应在收到监理工程师的索赔处理决定后 14 天内，将其是否同意索赔处理决定的意见通知监理工程师。若双方均接受监理工程师的决定，则监理工程师应在收到上述通知后的 14 天内，将确定的索赔金额列入付款证书中支付；若双方或其中任一方不接受监理工程师的决定，则双方均可按规定提请争议调解组解决。

（4）若承包人不遵守索赔规定，则应得到的付款不能超过监理工程师核实后决定的或争议调解组按规定提出的或由仲裁机构裁定的金额。

七、工程变更价款的确定

在工程项目的实施过程中，由于多方面的情况变更，经常出现工程量变化、施工进度变化，以及项目法人与承包方在执行合同中的争执等许多问题。由于工程变更所引起的工程量的变化、承包商的索赔等，都有可能使项目投资超出原来的预算投资，监理工程师必须严格予以控制，密切注意其对未完工程投资支出的影响和对工期的影响。

1. 变更的处理原则

（1）变更需要延长工期时，应按合同相关条款的规定办理；若变更使合同工作量减少，监理工程师认为应予提前变更项目的工期时，由监理工程师和承包人协商确定。

（2）变更需要调整合同价格时，按以下原则确定其单价或合价：

1）工程量清单中有适用于变更工作的项目时，应采用该项目的单价。

2）工程量清单中无适用于变更工作的项目时，则可在合理的范围内参考类似项目的单价或合价作为变更估价的基础，由监理工程师与承包人协商确定变更后的单价或合价。

3）工程量清单中无类似项目的单价或合价可供参考，则应由监理工程师与项目法人和承包人协商确定新的单价或合价。

任何一项变更引起本合同工程或部分工程的施工组织和进度计划发生实质性变动，以致影响本项目和其他项目的单价或合价时，项目法人和承包人均有权要求调整本项目和其他项目的单价或合价，监理工程师应与项目法人和承包人协商确定。

2. 变更的报价

（1）承包人收到监理工程师发出的变更指示后 28 天内，应向监理工程师提交一份变更报价书，其内容应包括承包人确认的变更处理原则和变更工程量及其变更项目的报价单。监理工程师认为必要时，可要求承包人提交重大变更项目的施工措施、进度计划和单价分析等。

（2）承包人对监理工程师提出的变更处理原则持有异议时，可在收到变更指示后 7 天内通知监理工程师，监理工程师则应在收到通知后 7 天内答复承包人。

3. 变更决定

（1）监理工程师应在收到承包人变更报价书后 28 天内对变更报价书进行审核后作出变更决定，并通知承包人。

（2）项目法人和承包人未能就监理工程师的决定取得一致意见，则监理工程师可暂定他认为合适的价格和需要调整的工期，并将其暂定的变更处理意见通知项目法人和承包人，此时承包人应遵照执行。对已实施的变更，监理工程师可将其暂定的变更费用列入月进度付款中。但项目法人和承包人均有权在收到监理工程师变更决定后的 28 天内要求提请争议调解组解决，若在此期限内双方均未提出上述要求，则监理工程师的变更决定即为最终决定。

（3）在紧急情况下，监理工程师向承包人发出的变更指示，可要求立即进行变更工作。承包人收到监理工程师的变更指示后，应先按指示执行，向监理工程师提交变更报价书，监理工程师则仍应补发变更决定通知。

4. 工程变更的实施

（1）经监理机构审查同意的工程变更建议书需报项目法人批准。

（2）经项目法人批准的工程变更，应由项目法人委托原设计单位负责完成具体的工程变更设计工作。

（3）监理机构核查工程变更设计文件、图纸后，应向承包人下达工程变更指示，承包人据此组织工程变更的实施。

（4）监理机构根据工程的具体情况，为避免耽误施工，可将工程变更分两次向承包人下达：先发布变更指示（变更设计文件、图纸），指示其实施变更工作；待合同双方进一步协商确定工程变更的单价或合价后，再发出变更通知（变更工程的单价或合价）。

5. 工程变更所引起的合同价的调整

当发生的工程变更数量或款额超过了一定的界限时，必须进行合同价的调整。这是因为：承包商在投标时，将工程的各项成本和管理费以及利润全部分摊到各项单价之中，承包商的成本和利润均随工程量的增减而增减。然而其中有一部分固定费用，如：承包商的总部管理费、启动费、动员费等，与工程量增减是无关的，而在工程变更的支付中，会因为采用了固定的单价合同这种支付方式而发生增减。因此，当所有工程变更的价款总数超出一定限度时，应扣除这些固定费和包干费用的增加部分，当由于工程变更而减少的价款总数超过同一百分比时，应给承包商补偿因此而减少的这部分款项。

FIDIC 合同条件专用条件 52.2 款规定，供当事人在签订合同时考虑。当某一项目涉及的款额超过合同价的 2%，以及在该项目下实施的实际工程量超出或少于工程量表中规定的工程量的 25% 以上时，允许对合同价进行调整。

FIDIC 合同条件专用条件 52.3 款规定，当工程变更合同价的增加或减少值合起来超过有效合同价（合同价减去暂定金额及计日工）的 15%，允许对合同价进行调整。

合同价调整的办法是：经过协商和计算，考虑现场费用和总部管理费之后给承包商增加或减少一定的款额。

6. 计日工

计日工亦称"点工"，是指监理工程师认为工程的某些变动有必要，或认为按计日工作制适宜于承包商开展工作，从而以工作天数为基础进行计量与支付，以便于结算。监理工程师认为有必要时，可以通知承包人以计日工的方式，进行任何一项变更工作。其金额应按承包人在投标文件中提出，并经项目法人确认后按列入合同文件的计日工项目及其单价进行计算。

在投标文件中，包含有一套计日工表，表中标明了工程、设备类型、材料等预估项目的单价和暂估数量，作为一笔预备费。采用计日工计量的任何一项变更工作，应列入备用金中支付，承包人应在该项变更实施过程中，每天提交以下报表和有关凭证报送监理工程师审批。

（1）项目名称、工作内容和工作数量。

（2）投入该项目的所有人员姓名、工种、级别和耗用工时。

（3）投入该项目的材料种类和数量。

（4）投入该项目的设备型号、台数和耗用工时。

（5）监理工程师要求提交的其他资料和凭证。

计日工项目由承包人按月汇总后按月进度付款申请的规定列入月进度付款申请单中，由监理工程师复核签证后按月支付给承包人，直至该项目全部完工为止。

选用计日工作制的工程项目，常常是在合同规定项目之外的、随时可能发生的、不可预见的工作，并大多属于工程中的辅助性工作，或者说是零星工作。例如，施工中发现了具有考古价值的文物、化石等需要开挖；发现了难以预见的地下障碍等。"计日工"所涉及的人工、材料、设备和工程量数量相对较小，且不易准确估算，所以应慎重使用。

八、工程款的支付

监理工程师在项目法人明确授权的合同价格范围内以及可以直接援引合同规定通过计量和支付手段进行的费用控制活动，称为合同内支付。合同价格内的支付控制是项目法人聘请监理工程师的基本目的，而涉及合同价格变动的工程变更和一般索赔，只要是可以直接援引合同有关规定做出决定的，项目法人也会给监理工程师一定范围的授权。所以合同内支付一般可由监理工程师自行处理；遇到超越项目法人授权范围的问题时，有的需要把处理结果报送项目法人，有的需要与项目法人协商处理，有的则需经项目法人批准处理。

一般说来，合同内支付内容包括预付款的支付与扣还、阶段付款（临时付款）、保留金的扣留与退还、完工支付（竣工支付）与最终支付、工程变更支付、暂定金额支付、合同内支付的价格调整及索赔款支付等。

（一）项目法人对监理工程师合同内支付的授权及其限制

1. 全面授权

通常情况下，项目法人聘请监理工程师在合同价格内的阶段付款是全面授权的。因为这种支付以监理工程师对承包商完成的实物量的测量和计算为依据，以合同规定的单价计算，发生争议的可能性不大，同时监理工程师也是通过用阶段付款作为其约束承包商全面履行合同的主要手段。

监理工程师在合同通用条件和专用条件的有关规定下进行监督、审查，按程序支付和扣还，项目法人也是全面授权的。

竣工支付尽管内容多、工作量大，涉及到各种费用的全面计算，但只要合同正常履行，项目法人基本上也是全面授权的。

项目法人往往也全面授权给监理工程师对保留金的退还进行把关。

监理工程师应熟悉各种支付的性质、依据、作用、程序以及为熟练操作而需要进行的例行工作内容。

2. 有限授权

我国现行管理体制下的工程施工合同条件（如 GF—2000—0208《水利水电工程施工合同和招标文件示范文本》中的合同条件等）以及 FIDIC 合同条件中均指明，由项目法人主办该工程，对永久工程的成败、投资活动的成败负有全部责任，因此，项目法人不能不是施工阶段的全部活动的施控主体。除了在程序性控制工作之外，项目法人对涉及费用变动的问题必然对监理工程师的权力具有有限授权的性质。即使在程序性控制的全面授权中，项目法人对监理工程师的支付基础——质量和计量工作，仍然要进行经常性的检查和监督。

在涉及费用变动的支付中，项目法人往往采取有限授权的办法来限制监理工程师的权力，以使实际实现的工程费用不致超出其可接受的一定范围。FIDIC 合同条件的一个基本原则是，监理工程师有权决定额外付款。同时也指出，如果项目法人希望限制监理工程师的权力，则应在合同第Ⅱ部分明确规定。在合同第Ⅱ部分中，项目法人往往把监理工程师的支付权力限制在一定范围内。

项目法人对监理工程师在费用变动方面的有限授权具有普遍性，然而授权范围的大小，对不同的合同可以有很大差别。

项目法人限制监理工程师支付权力的主要办法是：

（1）在合同第Ⅱ部分写明授权支付的金额限制，超过此限额的额外支付（变更、索赔等等）则规定要报项目法人批准。

（2）在项目法人与监理工程师签订的委托服务合同中规定程序限制。当发生超过一定金额的费用变动支付时，项目法人规定监理工程师必须与之协商确定等。

在监理实践中，项目法人授权的限制程度没有统一规定。不同的具体合同，其授权的限制程度一般也不同，这与项目法人的资金状况、项目法人对监理工程师能力的信任以及承包商的素质等多种因素有关。

（二）支付的条件

计价支付是监理工程师投资控制的重要环节，监理工程师既要熟悉计价支付业务，又要具有严谨、廉洁、公正的工作作风。按照我国现行管理体制下的工程施工合同条件以及 FIDIC 合同条件的规定，工程支付必须符合以下条件：

1. 质量合格的工程项目

工程质量达到合同规定的标准，工程项目才予以计量，这也是工程支付的必备条件。监理工程师只对质量合格的工程项目予以支付，对于不合格的项目，要求承包商修复、返工，直到达到合同规定标准后，才予以计量支付。

2. 有监理工程师变更通知的变更项目

合同条件规定，承包商没有得到监理工程师的变更指示，不得对工程进行任何变更。未经监理工程师批准的任何工程变更，不管其必要性和合理性如何，一律不予支付。

3. 符合合同文件的规定

工程的任何一项支付，都必须符合合同文件的规定，这既是为了维护项目法人的利益，又是监理工程师投资控制的权限所在。例如，监理工程师只有在暂定金额范围内支付计日工和意外事件费用，超出合同规定的暂定金额数目时，应重新得到承包人的批准。又如，动员预付的款额应符合投标书附件中规定的数量，支付的条件应满足合同的有关规定，即承包商只有在签订了合同协议书、提供了履约担保、提供了动员预付款的担保（如果合同要求）且其月支付款应大于合同规定的最低限额时，才予以支付动员预付款。

4. 月支付款应大于合同规定的最低限额

FIDIC 合同条件规定，承包商每月应得到的支付款额（已扣除了保留金及其他应扣款后的款额）等于或小于合同规定的阶段证书的最低限额时才予以支付。不予支付的金额将按月结转，直到批准的付款金额达到或超过最低限额时，才予以支付。

5. 承包商的工程活动使监理工程师满意

为了确保监理工程师在合同管理中的核心地位，并通过经济手段约束承包商全面履行合同中规定的各项责任和义务，FIDIC 合同条件赋予了监理工程师在支付方面的充分权力，规定："监理工程师可通过任何临时证书对他所签发过的任何原有的证书进行任何修正或更改，如果他对任何工作执行情况不满，他有权在任何临时证书中删去或减少该工作的价值。"

（三）工程价款的结算

工程价款的主要结算方式：按现行规定，工程价款结算可以根据不同情况采取多种方式。

1. 按月结算

这是先预付工程备料款，在施工过程中按月结算工程进度款，竣工后进行竣工结算。我国现行工程价款结算中，相当一部分实行按月结算方式。

2. 竣工后一次结算

建设项目或单项工程全部建筑安装工程建设期在 12 个月以内，或者工程承包合同价在 100 万元以下的，可以实行工程价款每月月中预支，竣工后一次结算。

3. 分段结算

这是当年开工，当年不能竣工的单项工程或单位工程按照工程形象进度，划分不同阶段进行结算。分段结算可以按月预支工程款。

实行竣工后一次结算和分段结算的工程，当年结算的工程款应与分年度的工作量一致，年终不另行清算。

4. 结算双方约定的其他结算方式

（1）由承包人自行采购建筑材料的，发包单位可在双方签订合同后，按年度工作量的一定比例向承包人预付备料，并在一个月内付清。

（2）由项目法人供应材料，其材料可按合同约定价格转给承包人，材料价款在结算工程款时陆续扣回。这部分材料，承包人不收取备料款。

上述结算款在施工期间一般不应超过承包价的 95%，另 5% 的尾款在工程竣工验收后按规定清算。

（四）预付款

工程预付款是建设工程施工合同订立后由项目法人按照合同约定，在正式开工前预支付给承包人的工程款，是施工准备和所需材料、结构件等流动资金的主要来源。预付工程款的具体事宜由发承包双方根据建设行政主管部门的规定，结合工程款、建设工期和包工包料情况在合同中约定。

根据《水利工程设计概（估）算编制规定》，预付款一般可划分为工程预付款和工程材料预付款两部分。

1. 工程预付款

工程预付款是项目法人为了帮助承包人解决资金周转困难的一种无息贷款，主要供承包人为添置本合同工程施工设备以及承包人需要预先垫支的部分费用。按合同规定，工程预付款需在以后的进度付款中扣还。

在合同签订后，承包商必须按合同规定办理预付款保函。该保函应在承包人收回全部预付款之前一直有效。监理工程师在审查了承包商的预付款保函后，应按合同规定开具向承包商支付预付款的证明。工程预付款的总金额为合同价格的 $10\%\sim20\%$，分两次支付给承包人。第一次预付款的金额应不低于工程预付款的 40%。工程预付款总金额的额度和分次付款比例，应根据工程的具体情况由项目法人通过编制合同资金流动计划予以测定，并在专用条款中规定。第一次预付款应在协议书签署 21 天内，并在承包人向项目法人提交了经项目法人认可的付款保函后支付。第二次预付款需待承包人主要设备进入工地后，其估算价值已达到本次预付款金额时，由承包人提出书面申请，经监理单位核实后出具付款证书提交给项目法人，项目法人收到监理单位出具的付款证书后的 14 天内支付给承包商。

工程预付款分两次支付，是考虑了当前承包人提交预付款保函的困难。只要求承包人提交第一次工程预付款保函，第二次工程预付款不需要保函，而用进入工地的承包人设备作为抵押，代替保函。

工程预付款由项目法人从月进度付款中扣回。在合同累计完成金额达到专用合同条款规定的数额时开始扣款，直至合同累计完成金额达到专用合同条款规定的数额时全部扣清。在每次进度付款时，累计扣回的金额按下式计算：

$$R = \frac{A}{(F_2 - F_1)S}(C - F_1 S) \qquad (8-29)$$

式中　　R——每次进度付款中累计扣回的金额；

　　　　A——工程预付款总金额；

　　　　S——合同价格；

　　　　C——合同累计完成金额；

　　　　F_1——按专用合同条款规定开始扣款时合同累计完成金额达到合同价格的比例；

　　　　F_2——按专业合同条款规定全部扣清时合同累计完成金额达到合同价格的比例。

上述合同累计完成金额均指价格调整前且未扣留留金的金额。

开始扣款的时间通常为合同累计完成金额达到合同价格的 20% 时，全部扣清的时间通常为合同累计完成金额达到合同价格的 90% 时，可视工程的具体情况酌定。

SL288—2003《水利工程建设项目施工监理规范》关于工程预付款的支付规定如下：监理机构在收到承包人的工程预付款申请后，应审核承包人获得工程预付款已具备的条件。条件具备、额度准确时，可签发工程预付款付款证书。监理机构应在审核工程价款月支付申请的同时审核工程预付款应扣回的额度，并汇总已扣回的工程预付款总额。

2．工程材料预付款

水利工程一般规模较大，所需材料的种类和数量较多，提前备料所需资金较大，因此考虑向承包商支付一定数量的材料预付款。材料预付款用于帮助承包商在施工初期购进成为永久工程组成部分的主要材料的款项。用于具体工程时，工程的主要材料应在专用合同条款中指明，如水泥、钢筋、钢板和其他钢材等。GF—2000—0208《水利水电工程施工合同和招标文件示范文本》规定，专用合同条款中规定的工程主要材料到达工地并满足以下条件后，承包人可向监理工程师提交材料预付款支付申请单，要求给予材料预付款。

（1）材料的质量和储存条件符合《技术条款》的要求。

（2）材料已到达工地，并经承包人和监理工程师共同验点入库。

（3）承包人应按监理工程师的要求提交材料的订货单、收据或价格证明文件。

预付款金额为经监理工程师审核后的实际材料价的90％，在月进度付款中支付。预付款从付款月后的6个月内在月进度付款中每月按该预付款金额的1/6平均扣还。上述材料不宜大宗采购后在工地仓库存放过久，应尽快用于工程，以免材料变质和锈蚀。由于形成工程后，承包人即可从项目法人处得到工程付款，故按材料使用的大致周期规定该预付款从付款月后6个月内扣清。

（五）工程进度款的支付

工程进度款的支付常采用阶段付款的方式。阶段付款是按照工程施工进度分阶段对承包商支付的一种付款方式。在水利水电工程施工承包合同中，工程进度款的支付，一般按当月实际完成工程量进行结算，工程竣工后办理竣工结算。在工程竣工前，承包人收取的工程预付款和进度款的总额一般不超过建筑安装工程造价的95％，预留5％作为尾款，在工程竣工结算时除保留金外一并清算。

1．月支付的程序

（1）承包商每月月初应向监理工程师递交上月所完成的工程量分项清单及其相应附件、合同工程量清单中其他表列项目的支付申请（如计日工）、进场永久工程设备清单、进场材料清单及其证明文件以及按合同规定有权得到的其他金额。

（2）监理工程师对承包商递交的支付申请材料进行审核，并将审核后的材料返回承包商。

监理工程师有权通过对以往历次已签证的月进度付款证书的汇总和复核中发现的错、漏或重复进行修正或更改；承包人亦有权提出此类修正或更改。经双方复核同意的此类修正或更改，应列入月进度付款证书中予以支付或扣除。

（3）承包商根据监理工程师审核后的工程量和其他项目，计算应支付的费用，并向监理工程师正式递交进度支付申请。

承包人应在每月末按监理工程师规定的格式提交月进度付款申请单（一式4份），工程价款月支付申请一般包括以下内容：

1）本月已完成的并经监理机构签认的《工程量清单》中的工程项目的应付金额。

2）经监理机构签认的当月计日工的应付金额。

3）工程材料预付款金额。

4）价格调整金额。

5）承包人应有权得到的其他金额。

6）工程预付款和工程材料预付款扣回金额。

7）保留金扣留金额。

8）合同双方争议解决后的相关支付金额。

（4）监理工程师在收到月进度付款申请单后的 14 天内完成核查，并向项目法人出具月进度付款证书，提出他认为应当到期支付给承包人的金额。

（5）支付凭证报送项目法人。项目法人收到监理工程师签证的月进度付款证书并审批后支付给承包人，支付时间不应超过监理工程师收到月进度付款申请单后 28 天。若不按期支付，则应从逾期第一天起按专用合同条款中规定的逾期付款违约金加付给承包人。

2. 月支付的控制

在月支付费用控制中，监理工程师都应认真审查、核定、分析，严格把关，尤其应加强下列环节的工作，并有权开具或不开具支付证书：

（1）月报表中所开列的永久工程的价值，必须以质量检验的结果和计量结果为依据，签认的合格工程及其计量数量应经监理工程师认可。

（2）必须以预定的进度要求为依据。一般以扣除保留金额及其他本期应扣款额后的总额大于投标书中规定的最小金额为支付依据；小于这个金额，监理工程师不开具本期支付证书。

（3）承包商运进现场的用于永久工程的材料必须是合格的；有材料出厂（场）证明，有工地抽检试验证明，有经监理人员检验认可的证明。不合格材料不但得不到材料预付款支付，不准使用，而且必须尽快运出现场；如果到时不能运出，监理工程师将雇人将其运出，一切费用由该承包商承担。

（4）未经监理工程师事先批准的计日工，不给承包商支付。

（5）把好价格调整和索赔关。

工程价款月支付属工程施工合同的中间支付，监理机构或按照施工合同的约定，对中间支付的金额进行修正和调整，并签发付款证书。

（六）完工支付（竣工结算）

在永久工程竣工、验收、移交后，监理工程师应开具完工支付证书，在项目法人与承包商之间进行竣工结算。完工支付证书是对项目法人以前支付过的所有款额以及项目法人有权得到的款额的确认，指出项目法人还应支付给承包商或承包商还应支付给项目法人的余额，具有结算的性质。因此，完工支付也叫竣工结算。

完工支付证书与阶段付款证书不同。阶段付款证书是以监理工程师审核结果为准的，可以将承包商申请的款项删掉，可以对前一个阶段付款进行修正，也可以将认为满意了的项目加在下一个阶段付款证书中；阶段付款证书的支付项目与支付金额，按合同规定以及视监理工程师满意或不满意审核认定，而完工支付证书的结算性质决定了监理工程师已无后续证书可以修正，因此他必须与承包商在其提出的竣工报告草稿的基础上协商并达成一致的意见。

完工支付证书必须以所有阶段付款证书为基础，但又必须处理好各种有争议的款项，在支付证书中不再出现未经解决的有争议的款项。例如最常见的关于索赔费用的争议，虽然 FIDIC 合同条件允许索赔费用在完工支付证书中支付，但对事件本身，应在此之前解决完毕。

完工支付证书是对监理工程师费用控制工作的全面总结，要全面清理和准确审核工程全过程发生的实际费用，工作量是较大的。

1. 完工支付的内容

确认按照合同规定竣工应支付给承包商的款额；确认项目法人以前支付的所有款额以及项目法人有权得到的款额；确认项目法人还应支付给承包商或者承包商还应支付给项目法人的余额，双方以此余额相互找清。

2. 完工支付的程序

（1）承包商提出完工验收申请报告。当工程具备以下条件时，承包人即可向项目法人和监理工程师提交完工验收申请报告（附完工资料）。

1）已完成了合同范围内的全部单位工程以及有关的工作项目，但经监理工程师同意列入保修期内完成的尾工项目除外。

2）已按规定备齐了符合合同要求的完工资料。

3）已按监理工程师的要求编制了在保修期内实施的尾工工程项目清单和未修补的缺陷项目清单以及相应的施工措施计划。

完工资料（一式 6 份）应包括：

1）工程实施概况和大事记。

2）已完工程移交清单（包括工程设备）。

3）永久工程竣工图。

4）列入保修期继续施工的尾工工程项目清单。

5）未完成的缺陷修复清单。

6）施工期的观测资料。

监理工程师指示应列入完工报告的各类施工文件、施工原始记录（含图片和录像资料）以及其他应补充的完工资料。

（2）完工验收，监理工程师颁发移交证书。监理工程师收到承包人按合同条款规定提交的完工验收申请报告后，应审核其报告的各项内容，并按以下不同情况进行处理。

1）监理工程师审核后发现工程尚有重大缺陷时，可拒绝或推迟进行完工验收，但监理工程师应在收到完工验收申请报告后的 28 天内通知承包人，指出完工验收前应完成的工程缺陷修复和其他的工作内容和要求，并将完工验收申请报告同时退还给承包人。承包人应在具备完工验收条件后重新申报。

2）监理工程师审核后对上述报告及报告中所列的工作项目和工作内容持有异议时，应在收到报告后的 28 天内将意见通知承包人，承包人应在收到上述通知后的 28 天内重新提交修改后的完工验收申请报告，直至监理工程师同意为止。

3）监理工程师审核后认为工程已具备完工验收条件，应在收到完工验收申请报告后的 28 天内提请项目法人进行工程验收。项目法人在收到完工验收申请报告后的 56 天内签署工程移交证书，颁发给承包人。

4）在签署移交证书前，应由监理工程师与项目法人和承包人协商核定工程的实际完工日期，并在移交证书中写明。

监理工程师审核后认为工程已具备完工验收条件，应在收到完工验收申请报告后的28天内提请项目法人进行工程验收。项目法人在收到完工验收申请报告后的56天内签署工程移交证书，颁发给承包人。

（3）承包商提交完工付款申请。在本合同工程移交证书颁发后的28天内，承包人应按监理工程师批准的格式提交一份完工付款申请单（一式4份），并附有下述内容的详细证明文件。

1）至移交证书注明的完工日期止，根据合同所累计完成的全部工程价款金额。

2）承包人认为根据合同应支付给他的追加金额和其他金额。

（4）监理工程师开具付款证明。监理工程师应在收到承包人提交的完工付款申请单后的28天内完成复核，并与承包人协商修改后，在完工付款申请单上签字和出具完工付款证书报送项目法人审批。项目法人应在收到上述完工付款证书后的42天内审批后支付给承包人。若项目法人不按期支付，则应按合同规定的办法将逾期付款违约金加付给承包人。

（七）保留金的扣留与退还

保留金是项目法人持有的一种保证，是为了促使承包商抓紧工程收尾工作，尽快完成合同任务，确保在工程竣工移交后，在缺陷责任期内承包商仍能履行修补缺陷的义务。合同一般规定，监理工程师应从第一个月开始，在给承包人的月进度付款中扣留按专用合同条款规定百分比的金额作为保留金（其计算额度不包括预付款和价格调整金额），直至扣留的保留金总额达到专用合同条款规定的数额为止。

在签发本合同工程移交证书后14天内，由监理工程师出具保留金付款证书，项目法人将保留金总额的一半支付给承包人。在单位工程验收并签发移交证书后，将其相应的保留金总额的一半在月进度付款中支付给承包人。监理工程师在本合同全部工程的缺陷责任期满时，出具为支付剩余保留金的付款证书。项目法人应在收到上述付款证书后14天内将剩余的保留金支付给承包人。若保修期满时尚需承包人完成剩余工作，则监理工程师有权在付款证书中扣留与剩余工作所需金额相应的保留金余额。

（八）最终支付（最终结算）

在缺陷责任期终止后，并且监理工程师颁发了缺陷责任证书，可进行工程的最终结算，程序如下。

1. 保修责任终止证书

在整个工程保修期满后的28天内，由项目法人或授权监理工程师签署和颁发保修责任终止证书给承包人。若保修期满后还有缺陷未修补，则需待承包人按监理工程师的要求完成缺陷修复工作后，再发保修责任终止证书。尽管颁发了保修责任终止证书，项目法人和承包人均仍应对保修责任终止证书颁发前尚未履行的义务和责任负责。

2. 承包商向项目法人提交书面清单

承包人在收到保修责任终止证书后的28天内，按监理工程师批准的格式向监理工程师提交一份最终付款申请单（一式4份），该申请单应包括以下内容，并附有关的证明文件。

（1）按合同规定已经完成的全部工程价款金额。

（2）按合同规定应付给承包人的追加金额。

（3）承包人认为应付给他的其他金额。

若监理工程师对最终付款申请单中的某些内容有异议时，有权要求承包人进行修改和提供补充资料，直至监理工程师同意后，由承包人再次提交经修改后的最终付款申请单。

承包人向监理工程师提交最终付款申请单的同时，应向项目法人提交一份结清单，并将结清单的副本提交监理工程师。该结清单应证实最终付款申请单的总金额是根据合同规定应付给承包人的全部款项的最终结算金额。但结清单只在承包人收到退还履约担保证件和项目法人已向承包人付清监理工程师出具的最终付款证书中应付的金额后才生效。

3. 监理工程师签发最终支付证书

监理工程师收到经其同意的最终付款申请单和结清单副本后的 14 天内，向项目法人出具一份最终付款证书提交项目法人审批。最终付款证书应说明：

（1）按合同规定和其他情况应最终支付给承包人的合同总金额。

（2）项目法人已支付的所有金额以及项目法人有权得到的全部金额。

4. 最终支付

项目法人审查监理工程师提交的最终付款证书后，若确认还应向承包人付款，则应在收到该证书后的 42 天内支付给承包人。若确认承包人应向项目法人付款，则项目法人应通知承包人，承包人应在收到通知后的 42 天内付还给项目法人。不论是项目法人或承包人，若不按期支付，均应按专用合同条款规定的办法将逾期付款违约金加付给对方。

（九）备用金（暂定金额）

在工程招投标期间，对于没有足够资料可以准确估价的项目和意外事件，可以采取备用金的形式在招标文件的工程量清单中列出。备用金又称暂定金额，指由项目法人在工程量清单中专项列出的用于签订协议书时尚未确定或不可预见项目的备用金额。该项金额应按监理工程师的指示，并经项目法人批准后才能动用。承包人仅有权得到由监理工程师决定列入备用金有关工作所需的费用和利润。监理工程师应与项目法人协商后，将决定通知承包人。除了按合同文件中规定的单价或合价计算的项目外，承包人应提交监理工程师要求的属于备用金专项内开支的有关凭证。监理工程师可以指示承包人进行上述备用金项下的工作，并根据合同关于变更的规定办理。

（十）价格调整

价格调整是指以合同条款（如调价公式等）为依据，根据工程实施中实际发生的情况（如劳务、材料等价格的涨落），通过计算所得的调整款额，由承包商报请监理工程师审批。

1. 调价原则

申请价格调整支付时，应遵循的原则有：

（1）当发生或可能发生导致合同价格调整的任何事件时，承包商应及时通知监理工程师。

（2）承包商应保存合同价格调整前必需的账簿、账单及其他文件和记录，并在监理工程师提出要求时能够提供所需信息。

（3）对任何时候出现承包商一方不够勤勉、违约或玩忽职守等情况，而导致价格费用增加时，将不予考虑作价格调整；对本来可以降低的价格费用，由于上述承包商的行为以致未能降低时，则应从合同价格中扣除这一笔金额。

2. 调价原因

价格调整的主要原因有：

（1）物价变动，物价上涨使工程成本增加或物价下降使成本降低。

（2）后续的立法改变，引起费用上涨或下降。

（3）工期的较大延长，使施工直接费、间接费增加。

（4）不利的现场施工条件，使施工难度大为增加。

（5）工程变更。

3. 价格调整的计算

（1）物价波动引起的价格调整。

1）价格调整的差额计算。因人工、材料和设备等价格波动影响合同价格时，按以下公式计算差额，调整合同价格。

$$\Delta P = P_0 \left(A + \sum B_n \frac{F_{tn}}{F_{on}} - 1 \right) \tag{8-30}$$

式中　ΔP——需调整的价格差额；

P_0——按付款证书中承包人应得到的已完成工程量的金额（不包括价格调整，不计保留金的扣留和支付以及预付款的支付和扣还；若变更已按现行价格计价的亦不计在内）；

A——定值权重（即不调部分的权重）；

B_n——各可调因子的变值权重（即可调部分的权重），为各可调因子在合同估算价中所占的比例；

F_{tn}——各可调因子的现行价格指数，指与付款证书相关周期最后一天前42天的各可调因子的价格指数；

F_{on}——各可调因子的基本价格指数，指投标截止日前42天的各可调因子的价格指数。

以上价格调整公式中的各可调因子、定值和变值权重，以及基本价格指数及其来源规定在投标辅助资料的价格指数和权重表内。价格指数应首先采用国家或省、自治区、直辖市的政府物价管理部门或统计部门提供的价格指数，若缺乏上述价格指数时，可采用上述部门提供的价格或双方商定的专业部门提供的价格指数或价格代替。

在计算调整差额时得不到现行价格指数，可暂用上一次的价格指数计算，并在以后的付款中再按实际的价格指数进行调整。

由于变更导致原定合同中的权重不合理时，监理工程师应与承包人和项目法人协商后进行调整。

2）除在专用合同条款中另有规定和上述调价原因外，其余因素的物价波动均不另行调价。

（2）承包人工期延误后的价格调整。由于承包人原因未能按专用合同条款中规定的完工日期内完工，则对原定完工日期后施工的工程，在按价格调整公式计算时应采用原定完工日期与实际完工日期的两个价格指数中的低者作为现行价格指数。若延长了完工日期，但又由于承包人原因未能按延长后的完工日期内完工，则对延期期满后施工的工程，其价格调整计算应采用延长后的完工日期与实际完工日期的两个价格指数中的低者作为现行价格指数。

（3）法规更改引起的价格调整。在投标截止日前的 28 天后，国家的法律、行政法规或国务院有关部门的规章和工程所在地的省、自治区、直辖市的地方法规和规章发生变更，导致承包人在实施合同期间所需要的工程费用发生除物价波动引起的价格调整以外的增减时，应由监理工程师与项目法人和承包人进行协商后确定需调整的合同金额。

九、投资偏差分析

在确定了投资控制目标之后，为了有效地进行投资控制，监理工程师必须定期进行投资计划值与实际值的比较，当实际值偏离计划值时，分析产生偏差的原因，采取适当的纠偏措施，以使投资超支尽可能小。

（一）投资偏差的概念

投资偏差是指投资的实际值与计划值的差异，即

$$投资偏差 = 已完工程实际投资 - 已完工程计划投资$$

计算结果为正，表示投资超支；计算结果为负，表示投资节约。但是，进度偏差对投资偏差分析的结果有重要影响，如果不考虑就不能正确反映投资偏差的实际情况。如，某一阶段的投资超支，可能是由于进度超前导致的，也可能是由于物价上涨导致的。所以，必须引入进度偏差的概念。以时间表示的进度偏差为

$$进度偏差 = 已完工程实际时间 - 已完工程计划时间$$

为了与投资偏差联系起来，进度偏差也可用投资表示为

$$进度偏差 = 拟完工程计划投资 - 已完工程计划投资$$

拟完工程计划投资是指根据进度安排在某一确定时间内所应完成的工程内容的计划投资，即

$$拟完工程计划投资 = 拟完工程量(计划工程量) \times 计划单价$$

进度偏差为正，表示工期拖延；结果为负，表示工期提前。但是以投资表示的进度偏差，其思路是可以接受的，但表达不严格。在实际应用时，为了便于工期调整，还需要将用投资差额表示的进度偏差转换为所需要的时间。

另外，在进行投资偏差分析时，还要考虑以下几组投资偏差参数。

1. 局部偏差与累计偏差

局部偏差有两层含义：一是对于整个项目而言，指各单项工程、单位工程及分部分项工程的投资偏差；另一层含义是对于整个项目已经实施的时间而言，是指每一控制周期所发生的投资偏差。累计偏差是一个动态的概念，其数值总是与具体的时间联系在一起，第一个累计偏差在数值上等于局部偏差，最终的累计偏差就是整个项目的投资偏差。

局部偏差的引入，可使项目投资管理人员清楚了解偏差发生的时间、所在的单项工

程，这有利于分析其发生的原因。而累计偏差所涉及的工程内容较多、范围较大，且原因也较复杂，因而累计偏差分析必须以局部偏差分析为基础。从另一方面来看，因为累计偏差分析是建立在对局部偏差进行综合分析的基础上，所以其结果更能显示出代表性和规律性，对投资控制工作在较大范围内具有指导作用。

2. 绝对偏差和相对偏差

绝对偏差是指投资实际值与计划值比较所得到的差额，绝对偏差的结果很直观，有助于投资管理人员了解项目投资出现偏差的绝对数额，并依此采取一定的措施，制定或调整投资支付计划和资金筹措计划。但是，绝对偏差有其不容忽视的局限性。如同样是 1 万元的投资偏差，对于总投资 1000 万元的项目和总投资 10 万元的项目而言，其严重性显然是不同的。因此需要引入相对偏差的概念。

$$相对偏差 = \frac{绝对偏差}{投资计划值} = \frac{投资实际值 - 投资计划值}{投资计划值} \qquad (8-31)$$

与绝对偏差一样，相对偏差可正可负，且二者同号。正值表示投资超支，反之表示投资节约。二者都只涉及投资的计划值和实际值，既不受项目层次的限制，也不受项目实施时间的限制，因而在各种投资比较中均可采用。

3. 偏差程度

偏差程度是指投资实际值对计划值的偏离程度，其表达式为

$$投资偏差程度 = \frac{投资实际值}{投资计划值} \qquad (8-32)$$

偏差程度可参照局部偏差和累计偏差分为局部偏差程度和累计偏差程度。需要注意的是，累计偏差程度并不等于局部偏差程度的简单相加。以月为一控制周期，则二者公式为

$$投资局部偏差程度 = \frac{当月投资实际值}{当月投资计划值} \qquad (8-33)$$

$$投资累计偏差程度 = \frac{累计投资实际值}{累计投资计划值} \qquad (8-34)$$

将偏差程度与进度结合起来，引入进度偏差程度的概念，则可得到以下公式：

$$进度偏差程度 = \frac{已完工程实际时间}{已完工程计划时间} \qquad (8-35)$$

或

$$进度偏差程度 = \frac{拟完工程计划投资}{已完工程计划投资} \qquad (8-36)$$

上述各组偏差和偏差程度变量都是投资比较的基本内容和主要参数。投资比较的程度越深，为下一步的偏差分析提供的支持就越有力。

（二）偏差分析方法

常用的偏差分析方法有横道图法、表格法和曲线法。

1. 横道图法

用横道图法进行投资偏差分析，是用不同的横道标识已完工程计划投资、拟完工程计划投资和已完工程实际投资，横道的长度与其金额成正比，见图 8-40。

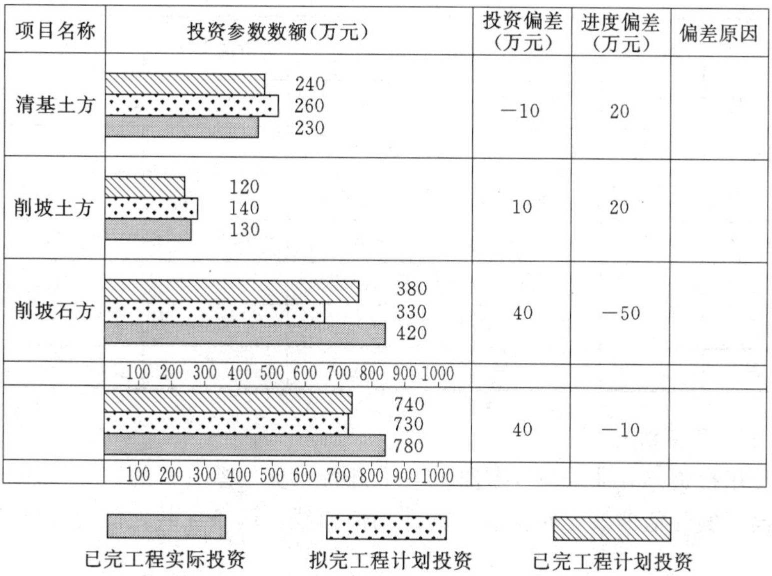

项目名称	投资参数数额（万元）	投资偏差（万元）	进度偏差（万元）	偏差原因
清基土方	240 260 230	−10	20	
削坡土方	120 140 130	10	20	
削坡石方	380 330 420	40	−50	
	100 200 300 400 500 600 700 800 900 1000			
	740 730 780	40	−10	
	100 200 300 400 500 600 700 800 900 1000			

已完工程实际投资　　　拟完工程计划投资　　　已完工程计划投资

图 8-40　横道图法的投资偏差分析

横道图法具有形象、直观、一目了然等优点，能够准确表达出投资的绝对偏差，而且能够一眼感受到偏差的严重性。但是，这种方法反映的信息少，一般在项目的较高管理层应用。

2. 表 格 法

表格法是将项目的编号、名称、各投资参数以及投资偏差综合归纳入一张表格中，并且直接在表格中进行比较。由于各参数都在表中列出，使得投资管理者能够综合了解并处理这些数据。

表格法具有灵活、实用性强、信息量大、可借助于计算机等优点，是进行偏差分析最常用的一种方法。表 8-23 为用表格法进行投资偏差分析的例子。

表 8-23　　　　　　　　　　投 资 偏 差 分 析 表

名　称	单　位	(1)	清基土方	削坡土方	削坡石方
计划单价	元/m³	(2)			
拟完工程量	万 m³	(3)			
拟完工程计划投资	万元	(4)＝(2)×(3)	256.50	137.57	331.34
已完工程量	m³	(5)			
已完工程计划投资	万元	(6)＝(2)×(5)	240.07	120.01	351.91
实际单价	元/m³	(7)			
其他款项	万元	(8)			
已完工程实际投资	万元	(9)＝(5)×(7)+(8)	229.95	129.99	388.91
投资局部偏差	万元	(10)＝(9)−(6)	−10.12	9.98	37.01

名　称	单　位	(1)	清基土方	削坡土方	削坡石方
投资局部偏差程度		(11) = (9) ÷ (6)	0.96	1.08	1.11
投资累计偏差	万元	(12) = ∑ (10)			
投资累计偏差程度		(13) = ∑ (9) ÷ ∑ (6)			
进度局部偏差	万元	(14) = (4) − (6)	16.43	17.56	−20.57
进度局部偏差程度		(15) = (4) ÷ (6)	1.07	1.15	0.94
进度累计偏差	万元	(16) = ∑ (14)			
进度累计偏差程度		(17) = ∑ (4) ÷ ∑ (6)			

3. 曲线法（赢值法）

曲线法是用投资累计曲线（S形曲线）来进行投资偏差分析的一种方法，见图 8-41。其中 a 表示投资实际值曲线，p 表示投资计划值曲线，两条曲线之间的竖向距离表示投资偏差。

在用曲线法进行投资偏差分析时，首先要确定投资计划值曲线。投资计划值曲线是与确定的进度计划联系在一起的。同时，也应考虑实际进度的影响，应当引入投资参数曲线，即已完工程实际投资曲线 a，已完工程计划投资曲线 b 和拟完工程计划投资曲线 p，见图 8-42。图中曲线 a 和曲线 b 的竖向距离表示投资偏差，曲线 b 与曲线 p 的水平距离表示进度偏差。

图 8-42 反映的偏差为累计偏差。用曲线法进行偏差分析同样具有形象、直观的特点，但这种方法很难直接用于定量分析，只能对定量分析起一定的指导作用。

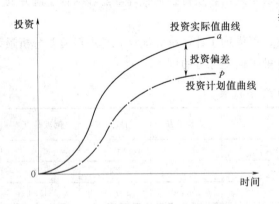

图 8-41　投资计划值与实际值曲线

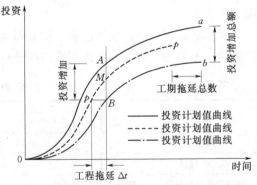

图 8-42　三条投资参数曲线

【例 8-23】　某工程项目施工合同于 2002 年 12 月签订，约定的合同工期为 20 个月，2003 年 1 月正式施工，施工单位按合同工期要求编制了混凝土结构工程施工进度时标网络计划，如图 8-43 所示，并经专业监理工程师审核批准。

该项目的各项工作均按最早开始时间安排，且各工作每月所完成的工程量相等。各工作计划工程量和实际工程量如表 8-24 所示。工作 D、E、F 的实际工作持续时间与计划工作持续时间相同。

合同约定，混凝土结构工程综合单价为 1000 元/m³，按月结算。结算价按项目所在地混凝土结构工程价格指数进行调整，项目实施期间各月的混凝土结构工程价格指数见表 8-25。

施工期间，由于项目法人原因使工作 H 的开始时间比计划的开始时间推迟 1 个月，并由于工作 H 工程量的增加使该工作的持续时间延长 1 个月。

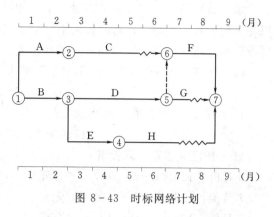

图 8-43 时标网络计划

问题：

（1）请按施工进度计划编制资金使用计划（即计算每月和累计拟完工程计划投资），并简要写出其步骤。计算结果填入表 8-26 中。

表 8-24　　　　　　　　　　计划工程量和实际工程量

工作	A	B	C	D	E	F	G	H
计划工程量（m³）	8600	9000	5400	10000	5200	6200	1000	3600
实际工程量（m³）	8600	9000	5400	9200	5000	5800	1000	5000

表 8-25　　　　　　　　　　工 程 价 格 指 数

时　间	12 月	1 月	2 月	3 月	4 月	5 月	6 月	7 月	8 月	9 月
混凝土结构工程价格指数（%）	100	115	105	110	115	110	110	120	110	110

表 8-26　　　　　　　　　　计 算 结 果　　　　　　　　　单位：万元

项　　目	投 资 数 据								
	1 月	2 月	3 月	4 月	5 月	6 月	7 月	8 月	9 月
每月拟完工程计划投资	880	880	690	690	550	370	530	310	
累计拟完工程计划投资	880	1760	2450	3140	3690	4060	4590	4900	
每月已完工程计划投资	880	880	660	660	410	355	515	415	125
累计已完工程计划投资	880	1760	2420	3080	3490	3845	4360	4775	4900
每月已完工程实际投资	1012	924	726	759	451	390.5	618	456.5	137.5
累计已完工程实际投资	1012	1936	2662	3421	3872	4262.5	4880.5	5337	5474.5

（2）计算工作 H 各月的已完工程计划投资和已完工程实际投资。

（3）计算混凝土结构工程已完工程计划投资和已完工程实际投资，计算结果填入表 8-26 中。

（4）列式计算 8 月末的投资偏差和进度偏差（用投资额表示）。

解 （1）将各工作计划工程量与单价相乘后，除以该工作持续时间，得到各工作每月拟完工程计划投资额；再将时标网络计划中各工作分别按月纵向汇总得到每月拟完工程计划投资额；然后逐月累加得到各月累计拟完工程计划投资额。

（2）H工作6~9月份每月完成工程量为

$$5000/4 = 1250（m^3／月）$$

H工作6~9月已完工程计划投资均为

$$1250 \times 1000 = 125（万元）$$

H工作已完工程实际投资：

6月份：$125 \times 110\% = 137.5$（万元）

7月份：$125 \times 120\% = 150$（万元）

8月份：$125 \times 110\% = 137.5$（万元）

9月份：$125 \times 110\% = 137.5$（万元）

（3）计算结果填入表8-26中。

（4）偏差分析：

8月末投资偏差＝已完工程实际投资－已完工程计划投资＝$5337 - 4775 = 562$（万元），超支562万元；

8月末进度偏差＝拟完工程计划投资－已完工程计划投资＝$4900 - 4775 = 125$（万元），拖后125万元。

（三）偏差原因分析

偏差分析的一个重要目的就是要找出引起偏差的原因，从而有可能采取有针对性的措施，减少或避免相同原因的再次发生。在进行偏差原因分析时，首先应将已经导致和可能导致偏差的各种原因逐一列举出来。导致不同工程项目产生偏差的原因具有一定共性，因而可以通过对已建项目的投资偏差原因进行归纳、总结，为该项目采用预防措施提供依据。

一般来说，产生投资偏差的原因有以下几种，见图8-44。

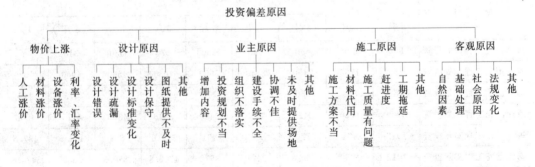

图8-44　投资偏差原因

（四）纠偏

对偏差原因进行分析的目的是为了有针对性地采取纠偏措施，从而实现投资的动态控制和主动控制。

纠偏首先要确定纠偏的对象，如上面介绍的偏差原因，有些是无法避免和控制的，如客观原因。充其量只能对其中少数原因做到防患于未然，力求减少该原因所产生的经济损失。对于施工原因所导致的经济损失通常是由承包商自己承担的，从投资控制的角度只能加强合同的管理，避免被承包商索赔。所以，这些偏差原因都不是纠偏的主要对象。纠偏的主要对象是项目法人原因和设计原因造成的投资偏差。在确定了纠偏的主要对象之后，就需要采取有针对性的纠偏措施。纠偏可采用组织措施、经济措施、技术措施和合同措施等。

第五节　施工安全与环境保护控制

一、施工安全

项目法人应负责统一管理全工地的施工安全、社会治安、消防、防汛和防灾、抗灾等工作，监理机构应根据施工合同文件的有关约定，协助项目法人进行施工安全的检查、监督。承包人应接受项目法人的统一管理和认真执行监理单位发出的有关上述安全管理工作的任何指示。项目法人对安全的统一管理和协调工作并不解除承包人按合同规定应负的安全责任。

（一）项目法人的安全责任

（1）项目法人应负责组建一个由项目法人、监理单位和承包人参加的安全生产委员会统一管理和协调工地的施工安全工作。

（2）项目法人应负责与当地公安部门协商，共同在工地建立和委托当地公安部门建立一个现场治安管理机构统辖工地的治安管理事宜。

（3）项目法人或委托承包人（应在专用合同条件中约定）在工地建立一支消防队伍，负责全工地的消防工作，配备必要的消防设备和救助设施。

（4）项目法人或委托监理单位应在每年汛前组织承包人和有关单位进行防汛检查，并负责统一指挥全工地的防汛抗灾工作。

（5）项目法人应对其在现场工作的全部工作人员的安全负责，做好其所辖人员（包括监理单位的人员）在项目法人的工作场所和居住区的安全保护工作。

（二）承包人的安全责任

（1）承包人应按合同规定履行其安全责任。承包人应向建设行政主管部门申请并取得《安全生产许可证》，在施工现场设立必要的安全管理机构和配备专职的安全人员，加强对施工作业安全的管理，特别应加强爆破材料和爆破作业的管理，制定安全操作规程，配备必要的安全生产和劳动保护用具，并经常对职工进行施工安全教育。

（2）承包人应对其工程以及管辖范围内的人员、材料和设备（包括在其管辖区内项目法人的人员、材料和设备）的安全负责。应负责做好其辖区内的工作场所和居住区的日常治安保护工作。

（3）承包人应负责其管辖范围内的消防、防汛、抗灾等工作，按合同规定设置必要的消防水源和消防设施以及防汛器材和救助设施。承包人还应按监理单位的指示定期进行防火安全检查和每年的汛期检查，按合同技术规范的规定做好汛情预报工作。

（4）承包人应注意保护工地临近建筑物和附近居民的安全，防止因施工措施不当使附近居民的人身和财产遭受损失。

（三）监理机构的主要工作

（1）工程开工前，监理机构应督促承包人建立健全施工安全保障体系和安全管理规章制度，对职工进行施工安全教育和培训；应对施工组织设计中的施工安全措施进行审查。

（2）在施工过程中，监理机构应对承包人执行施工安全法律、法规和工程建设强制性标准以及施工安全措施的情况进行监督、检查。发现不安全因素和安全隐患时，应指示承包人采取有效措施予以整改。若承包人延误或拒绝整改时，监理机构可责令其停工。当监理机构发现存在重大安全隐患时，应立即指示承包人停工，做好防患措施，并及时向项目法人报告；如有必要，应向政府有关主管部门报告。

（3）当发生施工安全事故时，监理机构应协助项目法人进行安全事故的调查处理工作。

（4）监理机构应协助项目法人在每年汛前对承包人的度汛方案及防汛预案的准备情况进行检查。

二、环境保护

（一）环境保护的责任

承包人在施工过程中应严格遵守国家和地方的有关环境保护的法规和规章以及施工合同的有关规定，并应对其违反上述法规和规章以及合同的规定所造成的环境破坏及人员和财产的损失承担全部责任。

（二）采取合理的措施保护环境

（1）承包人应在编报的施工组织设计中做好施工弃渣的处理措施，严格按批准的弃渣规划有序地堆放和利用弃渣，防止任意堆放弃渣影响河道的防洪标准和本工程其他承包人的正常施工以及下游居民的安全。

（2）承包人应按合同规定采取有效措施对施工开挖的边坡及时进行支护和做好排水措施，避免由于施工造成的水土流失。

（3）承包人在施工过程中应采取有效措施，注意保护饮用水源免受施工活动造成的污染。

（4）承包人应按合同技术规范的规定加强对噪声、粉尘、废气的控制和治理，采取先进设备和技术，努力降低噪声，控制粉尘浓度以及废水和废油的治理和排放。

（5）承包人应保持施工区和生活区以及周围环境卫生，及时清除施工废弃物并运至指定地点，不能阻碍通道。

FIDIC 合同条件在环境保护里，还重点强调了生活环境方面的内容，诸如劳务人员的住房、健康与安全、消灭虫害措施、传染病、食物供应、供水、酒精饮料和毒品、节假日及宗教习惯问题，都要有适当的考虑。

（三）监理机构在环境保护控制上的主要工作

（1）工程项目开工前，监理机构应督促承包人按施工合同约定，编制施工环境管理和保护方案，并对落实情况进行检查。

（2）监理机构应监督承包人避免对施工区域的植物和建筑物等的破坏。

（3）监理机构应要求承包人采取有效措施对施工中开挖的边坡及时进行支护和做好排水措施，尽量避免对植被的破坏并对受到破坏的植被及时采取恢复措施。

（4）监理机构应监督承包人严格按照批准的弃渣规划有序地堆放、处理和利用废渣，防止任意弃渣造成的环境污染、影响河道行洪能力和其他承包人的施工。

（5）监理机构应监督承包人严格执行有关规定，加强对噪声、粉尘、废气、废水、废油的控制，并按施工合同约定进行处理。

（6）监理机构应要求承包人保持施工区和生活区的环境卫生，及时清除垃圾和废弃物，并运至指定地点进行处理。进入现场的材料、设备应有序放置。

（7）工程完工后，监理机构应监督承包人按施工合同约定拆除施工临时设施，清理场地，做好环境恢复工作。

思 考 题

1. 试述影响质量的因素。

2. 什么是质量控制？简述施工阶段质量控制的主要内容。

3. 质量控制中统计分析方法的用途各有哪些？

4. 监理工程师在开工条件控制方面的主要工作有哪些？

5. 监理工程师施工进度控制工作包括哪些内容？

6. 监理工程师检查实际施工进度的方式有哪些？

7. 实际进度与计划进度的对比方法有哪几种？

8. 施工进度计划的调整方法有哪些？

9. 简述工程变更价款的确定方法。

10. 简述索赔费用的一般构成和计算方法。

11. 投资偏差分析的方法有哪些？

12. 投资偏差的原因有哪些？

13. 简述工程进度月支付的程序。

14. 简述工程计量的程序。

15. 简述监理工程师在施工安全和环境保护控制方面的工作。

16. 简述投资偏差分析的方法和投资偏差的原因。

第九章 施工实施阶段监理的管理工作

第一节 工程项目合同管理

随着社会主义市场经济体制的建立，我国水利水电工程建设也进入了高速、健康发展的新阶段。市场经济是法制经济，法制经济的特征是社会经济行为的规范性和有序性，而市场经济的规范性和有序性是靠健全的合同秩序来体现的。水利水电工程建设市场更是如此，在项目的整个建设过程中，项目法人与设计单位、工程施工单位、监理单位和设备、材料供应商等之间的经济行为均由合同来约束和规范。所以合同管理是工程项目管理的核心，它对整个工程项目的实施起总控制和总保证作用，我们必须给予足够的重视。

一、合同概念及其内容

（一）合同的概念

合同，又称契约。《中华人民共和国民法通则》第八十五条规定："合同是当事人之间设立、变更、终止民事关系的协议。"当事人可以是双方的，也可以是多方的。民事关系指民事法律关系，也就是民法规范所调整的财产关系和人身关系在法律上的表现。民事法律关系由权利主体、权利客体和内容三部分组成。

权利主体，又称民事权利义务主体。指民事法律关系的参加者，也就是在民事法律关系中依法享受权利和承担义务的当事人。从合同角度看，也就是签订合同的双方或多方当事人，包括自然人和法人。

权利客体，是指权利主体的权利和义务共同指向的对象。它包括物、行为和精神产品，物是指由民事主体支配并能满足人们需要的物质财富，它是民事法律关系中常见的客体。行为是指人的活动及活动的结果。精神产品也称智力成果。

内容，是指民事权利和义务。

一切合同，不论其主体是谁，客体是什么，内容如何，都具有以下共同的法律特征：首先合同是一种民事法律行为；其次合同是当事人的法律行为。

（二）合同的内容

根据《中华人民共和国经济合同法》第十二条规定，合同的内容包含以下几个方面：

（1）合同当事人的名称或者姓名和住所。

（2）合同的标的。合同标的是当事人双方的权利、义务共指的对象。它可能是实物（如生产资料、生活资料、动产、不动产等）、服务性工作（如劳务、加工）、智力成果（如专利、商标、专有技术）等。如工程承包合同，其标的是完成工程项目。标的是合同必须具备的条款。无标的或标的不明确，合同是不能成立的，也无法履行。

（3）标的的数量和质量。标的的数量和质量共同确定和定义标的的具体特征。标的的数量一般以度量衡作计算单位，以数字作为衡量标的尺度；标的质量是指质量标准、功能技术要求、服务条件等。

没有标的数量和质量的尺度，合同是无法生效和履行的，发生纠纷也不易分清责任。

（4）合同价金或酬金。合同价金或酬金即为取得标的（物品、劳务或服务）的一方向对方支付的代价，作为对方完成合同义务的补偿。合同中应写明价金数量、付款方式、结算程序。合同应遵循等价互利的原则。

（5）合同期限和履行的地点。合同期限指履行合同期限，即从合同生效到合同结束时间。履行地点指合同标的物所在地，如以承包工程为标的的合同，其履行地点是工程计划文件所规定的工程所在地。

由于一切经济活动都是在一定的时间和空间上进行的，离开具体的时间，经济活动是没有意义的，所以合同中应非常具体地规定合同期限和履行地点。

（6）违约责任。违约责任即为合同一方或双方因过失不能履行或不能完全履行合同责任，侵犯另一方经济权利时所应负的责任。违约责任是合同的关键条款之一。若没有规定违约责任，则合同对双方难以形成法律约束力，难以确保圆满地履行，发生争执也难以解决。

（7）解决争议的方法。在合同的履行过程中，合同当事人双方的争执总是有的。合同争执通常具体表现在：合同当事人双方对合同规定的义务和权利理解不一致，最终导致对经济合同的履行和不履行的后果和责任的分担产生争议。

经济合同争执的解决通常有协商、调解、仲裁和诉讼。我国新的仲裁制度建立后，仲裁与诉讼成为平行的两种解决争议的最终方式。经济合同的当事人不能同时选择仲裁和诉讼作为争议（纠纷）解决的方式。

（三）建设工程中的主要合同关系

1. 项目法人的主要合同关系

项目法人作为工程（或服务）的买方，是工程的所有者，他可能是政府、企业、其他投资者，或几个企业的组合，或政府与企业的组合。项目法人根据对工程的需求，确定工程项目的整体目标，这个目标是所有相关工程合同的核心。要实现工程目标，项目法人必须将建筑工程的勘察设计、各专业施工、设备和材料供应等工作委托出去，并与有关单位签订如下合同：

（1）咨询（监理）合同。

（2）勘察设计合同。

（3）供应合同。

（4）工程施工合同。

（5）贷款合同，等等。

2. 承包商的主要合同关系

承包商是工程施工的具体实施者，是工程承包合同的执行者。承包商通过投标接受项目法人的委托，签订工程承包合同，承包商要完成承包合同的责任，包括工程量表所确定的工程范围的施工、竣工和保修，为完成这些工程提供劳动力、施工设备、材料，有时也包括技术设计。但承包商不可能也不必具备所有专业的工程施工能力，材料设备的生产和供应能力，也同样需要将许多专业工作委托出去。故承包商常常又有自己复杂的合同关系。如：

（1）分包合同。

（2）供应合同。

（3）运输合同。

（4）加工合同。

（5）租赁合同。

（6）劳务供应合同。

（7）保险合同，等等。

二、施工合同文件与合同条款

（一）施工合同文件

1. 施工合同文件的内容

合同文件简称"合同"。《中华人民共和国经济合同法》规定，订立合同可有书面形式、口头形式和其他形式，建设工程合同采用书面形式。合同文件就是指构成合同的所有书面文件。对施工承包合同而言，通常包括下列内容。

（1）合同条款。合同条款指由项目法人拟订和选定，经双方同意采用的条款，它规定了合同双方的权利和义务。

合同条款一般包含两部分：第一部分——通用条款和第二部分——专用条款。

（2）规范。规范指合同中包括的工程规范以及由监理工程师批准的对规范所作的修改或增补。

规范应规定合同的工作范围和技术要求。对承包商提供的材料质量和工艺标准，必须作出明确的规定。规范还应包括在合同期间由承包商提供的试样和进行试验的细节。规范通常还包括有计量方法。

（3）图纸。图纸指监理工程师根据合同向承包商提供的所有图纸、设计书和技术资料，以及由承包商提出并经监理工程师批准的所有图纸、设计书，操作和维修手册以及其他技术资料。

图纸应足够详细，以便投标者在参照了规范和工程量清单后，能确定合同所包括的工作性质和范围。

（4）工程量清单。工程量清单指已标价的完整的工程量表。它列有按照合同应实施的工作的说明、估算的工程量以及由投标者填写的单价和总价。它是投标文件的组成部分。

（5）投标书。投标书指承包商根据合同的各项规定，为工程的实施、完工和修补缺陷向项目法人提出并为中标函所接受的报价表。

投标书是投标者提交的最重要的单项文件。在投标书中投标者要确认他已阅读了招标文件并理解了招标文件的要求，并申明他为了承担和完成合同规定的全部义务所需的投标金额。这个金额必须和工程量清单中所列的总价相一致。此外，项目法人还必须在投标书中注明他要求投标书保持有效和同意被接受的时间，并经投标者确认同意。这一时间应足够用来完成评标、决标和授予合同等工作。

（6）投标书附件。投标书附件指包括在投标书内的附件，它列出了合同条款所规定的一些主要数据。

196

（7）中标函。中标函指项目法人发给承包商表示正式接受其投标书的函件。

中标函应在其正文或附录中包括一个完整的合同文件清单，其中包含已被接受的投标书，以及对双方协商一致对投标书所作修改的确认。如有需要，中标函中还应写明合同价格以及有关履约担保及合同协议等问题。

（8）合同协议书。合同协议书指双方就最后达成协议所签订的协议书。

按照《中华人民共和国经济合同法》规定，承包商提交了投标书（即要约）和项目法人发出了中标函（即承诺），已可以构成具有法律效力的合同。然而在有些情况下，仍需要双方签订一份合同协议书。

（9）其他。其他指明确列入中标函或合同协议书中的其他文件。

2. 合同文件的优先次序

构成合同的各种文件，应该是一个整体，他们是有机的结合，互为补充、互为说明。但是，由于合同文件内容众多、篇幅庞大，很难避免彼此之间出现解释不清或有异议的情况。因此合同条款中应规定合同文件的优先次序，即当不同文件出现模糊或矛盾时，以哪个文件为准。如按照 FIDIC 条款，除非合同另有规定，构成合同的各种文件的优先次序按如下排列：

（1）合同协议书（如果已签署）。

（2）中标函。

（3）投标书。

（4）合同条款第二部分，即专用条款。

（5）合同条款第一部分，即通用条款。

（6）构成合同的其他文件，主要包括：规范、图纸、已标价的工程量清单。

如果项目法人选定不同于上述的优先次序，则可以在专用条款中予以修改说明；如果项目法人决定不分文件的优先次序，则亦可在专用条款中说明，并可将对出现的含糊或异议的解释和校正权赋予监理工程师，即监理工程师有权向承包商发布指令，对这种含糊和异议加以解释和校正。

3. 合同文件的主导语言

在国际工程中，当使用两种或两种以上语言拟定合同文件时，或用一种语言编写，然后译成其他语言时，则应在合同中规定据以解释或说明合同文件以及作为翻译依据的一种语言，称为合同的主导语言。

规定合同文件的主导语言是很重要的。因为不同的语言在表达上存在着不同的习惯，往往不可能完全相同地表达同一意思。一旦出现不同语言的文本有不同的解释时，则应以主导语言编写的文本为准，这就是通常所说的"主导语言原则"。

4. 合同文件的适用法律

国际工程中，应在合同中规定一种适用于该合同并据以对该合同进行解释的国家或州的法律，称为该合同的"适用法律"，适用法律可以选用合同当事人一方国家的法律，也可使用国际公约和国际立法，还可以使用合同当事人双方以外第三国的法律。

我国从维护国家主权的立场出发，遵照平等互利的原则和优选适用国际公约及参照国际惯例的做法，就涉外经济合同适用法律的选择分为一般原则、选择适用和强制适用三种类型。

（1）一般原则。是指我国涉外经济合同法的一般性规定，如在我国订立和履行的合同（除我国法律另有规定的外），应适用中华人民共和国法律。

（2）选择适用。是指当事人可以选择适用与合同有密切联系的国家的法律，当事人没有作法律适用选择时，可适用合同缔结地或合同履行地的法律。

（3）强制适用。是指法律规定的某些方面的涉外经济合同必须适用于我国法律，而不论当事人双方选择适用与否。

选择适用法律是很重要的。因为从原则上讲，合同文件必须严格按适用法律进行解释，解释合同不能违反适用法律的规定，当合同条款与适用法律规定出现矛盾时，以法律规定为准。也就是说，法律高于合同，合同必须符合法律。这也就是所谓的"适用法律原则"。

在国际工程承包合同中，一般都选用工程所在国的法律为适用法律。因此，承包商必须仔细研究工程所在国的法律和有关法规，以避免损失和维护自己的合法利益。

5. 合同与法律的关系

合同文件规定了签约双方所承担的责任、权利和义务，明确了合同双方的法律和经济关系。合同一经正式协商签订，就具有法律效力，受到法律保护，成为双方都必须遵照办事的准则。违反合同或撕毁合同，就是违法行为，要受到法律追究，违约一方要承担法律和经济责任。对于一个工程项目来说，它的合同文件就是工程项目签约双方的法律，是他们的行为准则，故有"建设宪法"之称。

在国际法系和合同事务中，公认的合同的一般原则是：

"在任何法系或环境下，合同都应按其规定予以准确而正当地执行。"

这就是说，不论在执行习惯法体系、大陆法体系或伊斯兰法体系的地区或国家，不论在什么条件或环境下，合同一旦被签订，签订者都应该遵守合同条款的规定，准确而严格地执行合同。但在实践中，由于工程所在国的有关现行法律和法令非常繁多，工程项目的合同条款不可能包罗万象，且可能出现论述和规定上的差异。这时，就要按照合同与法律的关系来处理问题。

从原则上讲，在国际工程承包合同与所在国法律规定出现矛盾时，以法律规定为准。在实际工作中应注意以下几个问题：

（1）签订合同时，应贯彻自愿协商的原则，在双方协商一致的基础上签订。任何强制性的合同，由于违反自愿协商的原则，被强制的一方有权通过诉讼拒绝承担合同规定的义务。

（2）签订合同时的另一个重要原则，是合同条款必须符合工程所在国的法律和法令，不能违背该国的民法规定。否则，这样的合同就不合法，就必须按该国的法律修改。

（3）有时，在签订工程承包合同以后，工程所在国的法律、法令发生改变，由此引起承包商的经济损失时，承包商有权提出索赔要求。其理由是，该项法令改变对承包商来说是没有能力可以"预见"的经济损失，应得到相应的经济补偿。

6. 合同文件的解释

合同文件有各个组成部分，都属于合同文件的内容，合同双方都应该遵照执行。但是，在实践中，组成合同文件的各部分往往在论述上相互有出入，甚至出现矛盾。这时，就应由主管合同的监理工程师做出文件上的正式解释，或最好在合同条款中明确规定合同文件的优先顺序，作为执行合同的依据。

即使合同中对合同文件的优先顺序做出了明确的规定，在合同实施过程中，仍会出现不同的理解和争议。这时，就要求监理工程师对争议事项发出解释的书面信件，或发出改变优先顺序的指令。这种指令，应视作变更指令，按合同变更的有关规定处理。

对合同文件的解释，除应遵循上述合同文件的优先次序原则外，还应遵循国际上对工程承包合同文件进行解释的一些公认的原则，主要有以下几点：

（1）诚实信用原则。各国法律都普遍承认诚实信用原则（简称诚信原则），它是解释合同文件的基本原则之一。

诚信原则是指合同双方当事人在签订和履行合同中都应是诚实可靠、恪守信用的。根据这一原则，法律推定当事人在签订合同之前都认真阅读和理解了合同文件，都确认合同文件的内容是自己真实意思的表示，双方自愿遵守合同文件的所有规定。因此，按这一原则解释，即"任何法系和环境下，合同都应按其表述的规定准确而正当地予以履行。"

（2）反义居先原则。这个原则是指：如果由于合同中有模棱两可、含糊不清之处，因而导致对合同的规定有两种不同的解释时，则按不利于起草方的原则进行解释，也就是以与起草方相反的解释居于优先地位。

对于工程施工承包合同，项目法人总是合同文件的起草、编写方，所以当出现上述情况时，承包商的理解与解释应处于优先地位。但是在实践中，合同文件的解释权通常属于监理工程师，这时，承包商可以要求监理工程师就其解释作出书面通知，并将其视为"工程变更"来处理经济与工期补偿问题。

（3）明显证据优先原则。这个原则是指：如果合同文件中出现几处对同一问题有不同规定时，则除了遵照合同文件优先次序外，应服从如下原则：即具体规定优先于原则规定；直接规定优先于间接规定，细节的规定优先于笼统的规定。

根据此原则形成了一些公认的国际惯例，细部结构图纸优先于总装图纸，图纸上数字标志的尺寸优先于其他方式（如用比例尺换算）；数值的文字表达优先于用阿拉伯数字表达，单价优先于总价；定量的说明优先于其他方式的说明；规范优先于图纸；专用条款优先于通用条款等。

（4）书写文件优先原则。按此原则规定：书写条文优先于打字条文；打字条文优先于印刷条文。

7. 合同文件中的明文条款，隐含条款和可推定条款

（1）明文条款。明文条款是指在合同文件中所有用明文写出的各项条款和规定。

明文条款对双方的权利义务都已作出书面规定，合同双方应根据诚实信用原则严格按合同条款办事。

（2）隐含条款。隐含条款是指合同明文条款中没有写入，但符合合同双方签订合同时

的真实思想和当时环境条件的一切条款。

隐含条款可以从合同中明文条款所表达的内容引申出来，也可以从合同双方在法律上的合同关系引申出来。例如国际工程的合同，一般都以工程所在国的法律为适用法律。工程所在国的许多法律规定，如税收、保险、环保、海关、安全等，虽然在合同文件中没有明文写出，但合同双方必须遵照执行，这就是根据法律规定引伸出来的隐含条款。此外，在合同实施过程中，双方常就一些合同中未明确规定的事项，经过协商一致，付诸实施，这实质上也是一种隐含条款。

隐含条款一旦按法律法规指明，或为双方一致接受，即成为合同文件的内容，合同双方必须遵照执行。

（3）可推定条款。可推定条款指在施工过程中，项目法人或监理工程师虽未出正式指令，但其言行表示出了一种非正式的指示或意见，承包商亦予以执行。这种非正式的指示或意见，事实上相当于发布了一个正式指令，这在合同管理上称为"可推定指令"。

在工程施工中，常见这种情况，如当由于不是承包商的过失而发生施工工期延误时，项目法人和监理工程师仍要求承包商按期完工，否则将处以误期赔偿费。在这种情况下，承包商为避免误期赔偿，只能采取加速施工的措施，这称之为"可推定的加速施工"。

（二）施工合同条款的内容及其标准化

1. 合同条款的内容

施工承包合同的合同条款，一般均应包括下述主要内容：定义，合同文件的解释，项目法人的权利和义务，承包商的权利和义务，监理工程师的权力和职责，分包商和其他承包商，工程进度、开工和完工，材料、设备和工作质量，支付与证书，工程变更，索赔，安全和环境保护，保险与担保，争议，合同解除与终止，其他。它的核心问题是规定双方的权利义务，以及分配双方的风险责任。

2. 合同条款的标准化

由于合同条款在合同管理中的重要性，所以合同双方都很重视。对作为条款编写者的项目法人方而言，必须慎重推敲每一个词句，防止出现任何不妥或有疏漏之处。对承包商而言，必须仔细研读合同条款，发现有明显错误应及时向项目法人指出，予以更正，有模糊之处必须及时要求项目法人方澄清，以便充分理解合同条款表示的真实思想与意图，还必须考虑条款可能带来的机遇和风险。只有在这些基础上才能得出一个合适的报价。因此，在订立一个合同过程中，双方在编制、研究、协商合同条款上要投入很多的人力、物力和时间。

世界各国为了减少每个工程都必须花在编制讨论合同条款上的人力物力消耗，也为了避免和减少由于合同条款的缺陷而引起的纠纷，都制订出自己国家的工程承包标准合同条款。二次世界大战以后，国际工程的招标承包日益增加，也陆续形成了一些国际工程常用的标准合同条款。

3. 常见的标准合同条款

国际国内有代表性的标准合同条款见表 9-1。

表 9 - 1 标 准 合 同 条 款 ·

适用范围	编 制 者	标准合同条款名称
准国际	国际咨询工程师联合会 (Federation Internationale Des Ingenieurs Conseils)	FIDIC 合同条款
英国及英 联邦	英国土木工程师学会 (Institute of Civil Engineers)	ICE 合同条款
国际金融组织 贷款项目	欧洲发展基金会 (european Development Fund)	EDF 合同条款
	世界银行 (国家复兴开发银行) (International Bank For Reconstruction And Development)	"工程采购招标文件样本" 等
	亚洲开发银行 (Asian Developnent Bank)	"土木工程采购招标文件样本" 等
美国	美国建筑师学会 (The Anerican Institute of Architects)	AIA 合同条款
	美国总承包商协会 (Associated Genetal Contractors of Anerica)	AGC 合同条款
	美国工程师合同文件委员会 (Engineers' Joint Contract Docunent Committee)	EJCDC 合同条款
	美国联邦政府	SF—23A 合同条款
中国	中国财政部	"世界银行贷款项目招标 采购文件范本"
	中国国家工商行政管理局,建设部	建设工程施工合同

（三）FIDIC《土木工程施工合同条款》简介

1. FIDIC 简介

FIDIC 是"国际咨询工程师联合会"（Federation Internationale Des Lngenieurs Conseils）五个法文词首的缩写。该组织在每个国家或地区只吸收一个独立的咨询工程师协会作为团体会员，至今已有 60 多个国家和地区的有关协会加入 FIDIC，它是国际上最具有权威性的咨询工程师组织。

为了规范国际工程咨询和承包活动，FIDIC 先后发表过很多重要的管理性文件和标准化的合同文件范本。目前已成为国际工程界公认的标准化合同格式有"土木工程施工合同条件"（国际通称 FIDIC "红皮书"）、"电气与机械工程合同条件"（黄皮书）和"业主—咨询工程师标准服务协议书"（白皮书）。这些合同文件不仅已被 FIDIC 成员国广泛采用，还被其他非成员国和一些国际金融组织的贷款项目采用。近年 FIDIC 又出版了"设计—建造与交钥匙工程合同条件"（桔皮书）和"土木工程施工分包合同条件"（配合"红皮书"使用）。

2. FIDIC 条款简介

FIDIC 条款（第 4 版）包括两个部分以及一套标准格式。

（1）第一部分——通用条款。

通用条款包括 25 个主题，72 条，194 款。它包括了每个土木工程施工合同应有的条款，全面地规定了合同双方的权利和义务，风险和责任，确定了合同管理的内容及做法。这部分不作任何改动附入招标文件。

（2）第二部分——专用条款。

专用条款的作用是对第一部分通用条款进行修改和补充，它的编号与其所修改或补充的通用条款的各条相对应。通用条款和专用条款是一个整体，相互补充和说明，所以必须把相同编号的通用条款和专用条款一起阅读，才能全面正确地理解该条款的内容和用意。如果通用条款和专用条款有矛盾。则专用条款优先于通用条款。

第二部分中，还编入了一些第一部分未涉及的补充性条款，如防止贿赂，保密，承包商联营体等，供项目法人在需要时选用。这些新增条款的编号从第73条起顺序编排。

在第二部分中，有的条款列举了几种不同的措词。供编写者结合本工程实际情况选用或参考。

（3）标准格式。

FIDIC条款，还附有两个标准格式，即"协议书"和"投标书及其附件"，供参考选用。

3. FIDIC条款的适用条件

FIDIC条款的适用条件，主要有下列几点：

（1）必须要由独立的监理工程师来进行施工监督管理。从某种意义来讲，也可以说FIDIC条款是专门为监理工程师进行施工管理而编写的。

（2）项目法人应采用竞争性招标方式选择承包商。可以采用公开招标（无限制招标）或邀请招标（有限制招标）。

（3）适用于单价合同。

（4）要求有较完整的设计文件（包括规范、图纸、工程量清单等）。

（四）GF—2000—0208《水利水电工程施工合同和招标文件示范文本》简介

根据有关工程建设施工的法律、法规，结合我国工程建设施工的实际情况，并借鉴了国际通用土木工程施工合同，水利部、国家电力公司、国家工商行政管理局2000年2月颁布了GF—2000—0208《水利水电工程施工合同和招标文件示范文本》（以下简称《示范文本》）。

1.《示范文本》的组成

《示范文本》由《水利水电土建工程施工合同条件》（以下简称《合同条件》）、《水利水电工程施工招标文件》（以下简称《招标文件》）和《水利水电工程施工合同技术条款》（以下简称《技术条款》）三部分组成。

《合同条件》是由以下22部分内容组成的：①词语涵义；②合同文件；③双方的一般义务和责任；④履约担保；⑤监理人和总监理工程师；⑥联络；⑦图纸；⑧转让和分包；⑨承包人的人员及其管理；⑩材料和设备；⑪交通运输；⑫工程进度；⑬工程质量；⑭文明施工；⑮计量与支付；⑯价格调整；⑰变更；⑱违约和索赔；⑲争议的解决；⑳风险和保险；㉑完工和保修；㉒其他。《合同条件》是通用性条款，它基本上适用于各类水利水电建设工程。除双方协商一致对其中的某些条款作出修改、补充或取消外，都必须严格履行。

2.《示范文本》的适用范围

《示范文本》适用于大、中型水利水电工程，小型工程可参考使用。采用《示范文本》的工程项目必须采用承包方式，承包的方式可以有所不同。

三、使用 GF—2000—0208《水利水电土建工程施工合同条件》的合同管理

本节介绍应用水利部、国家电力公司、国家工商行政管理局 2000 年 2 月颁布的 GF—2000—0208《水利水电土建工程施工合同条件》（以下简称《合同条件》）的工程施工合同的管理。

（一）发包人（项目法人）和承包人的一般义务和责任

1. 发包人的一般义务和责任

发包人应在其实施工合同的全部工作中遵守与本合同有关的法律、法规和规章，并应承担由于其自身违反下述法律、法规和规章的责任。行使合同约定的权力，履行合同约定的职责。

（1）发包人应委托监理人按合同规定的日期前向承包人发布开工通知，在开工通知发出前安排监理人及时进入工地开展监理工作。

（2）发包人应按专用合同条款规定的承包人用地范围和期限，办清施工用地范围内的征地和移民，按时向承包人提供施工用地；完成由发包人承担的施工准备工程，并按合同规定的期限提供承包人使用；向承包人提供已有的与本合同工程有关的水文和地质勘探资料，但只对列入合同文件的水文和地质勘探资料负责，不对承包人使用上述资料所作的分析、判断和推论负责。

（3）发包人应按本合同《技术条款》的有关规定，委托监理人向承包人提供现场测量基准点、基准线和水准点及其有关资料；委托监理人在合同规定的期限内向承包人提供应由发包人负责提供的图纸。

（4）发包人应按合同规定负责办理由发包人投保的保险。

（5）发包人应按国家有关规定负责统一管理本工程的文明施工，为承包人实现文明施工目标创造必要的条件；发包人负责管理和协调工地的治安保卫和施工安全；按环境保护的法律、法规和规章的有关规定统一筹划本工程的环境保护工作，负责审查承包人所采取的环境保护措施，并监督其实施。

（6）发包人主持和组织工程的完工验收。

（7）发包人应承担专用合同条款中规定的其他一般义务和责任。

2. 承包人的一般义务和责任

（1）承包人应向发包人提交履约担保证件。

（2）承包人应在接到开工通知后及时调遣人员和调配施工设备、材料进入工地，按施工总进度要求完成施工准备工作；认真执行监理人发出的与合同有关的任何指示，按合同规定的内容和时间完成全部承包工作。除合同另有规定外，承包人应提供为完成本合同工作所需的劳务、材料、施工设备、工程设备和其他物品。

（3）承包人应按合同规定的内容和时间要求，编制施工组织设计、施工措施计划和由承包人负责的施工图纸，报送监理人审批，并对现场作业和施工方法的完备和可靠负全部责任。

（4）承包人应按合同规定负责办理由承包人投保的保险。

（5）承包人应按国家有关规定文明施工，并应在施工组织设计中提出施工全过程的文明施工措施计划。严格按施工图纸和本合同《技术条款》中规定的质量要求完成各项

工作。

（6）承包人应认真采取施工安全措施，确保工程和由其管辖的人员材料、设施和设备的安全，并应采取有效措施防止工地附近建筑物和居民的生命财产遭受损害；遵守环境保护的法律、法规和规章，并采取必要措施保护工地及其附近的环境，免受因其施工引起的污染、噪声和其他因素所造成的环境破坏和人员伤害及财产损失。应保障发包人和其他人的财产和利益以及使用公用道路、水源和公共设施的权利免受损害。

（7）承包人应按监理人的指示为其他人在本工地或附近实施与本工程有关的其他各项工作提供必要的条件。除合同另有规定外，有关提供条件的内容和费用应在监理人的协调下另行签订协议。若达不成协议，则由监理人作出决定，有关各方遵照执行。

（8）工程未移交发包人前，承包人应负责照管和维护，移交后承包人应承担保修期内的缺陷修复工作。若工程移交证书颁发时尚有部分未完工程需在保修期内继续完成，则承包人还应负责该未完工程的照管和维护工作，直至完工后移交给发包人为止。

（9）承包人应在合同规定的期限内完成工地清理并按期撤退其人员、施工设备和剩余材料。

（10）承包人应承担专用合同条款中规定的其他一般义务和责任。

（二）工程转让与分包

1. 转让

转让是指中标的承包商把对工程的承包权转让给另一家施工企业的行为。施工承包合同的转让，实质上就是指合同主体的变更，是权利和义务的转让，即合同当事人一方将合同的权利和义务全部或部分转让给第三者的法律行为，而不是合同的内容和客体发生变化。一般地说，项目法人是不希望转让的。因为原承包商是项目法人经过资格预审、招投标等程序选中的，授予合同意味着项目法人对原承包商的信任。《合同条件》规定承包人不得将其承包的全部工程转让给第三人。未经发包人同意，承包人不得转移合同中的全部或部分义务，也不得转让合同中的全部或部分权利，下述情况除外：

（1）承包人的开户银行代替承包人收取合同规定的款额。

（2）在保险人已清偿了承包人的损失或免除了承包人的责任的情况下，承包人将其从任何其他责任方处获得补偿的权利转让给承包人的保险人。

2. 分包

工程分包，是指经合同约定或发包单位认可，从工程总包单位承包的工程中承包部分工程的行为。

招标文件中通常规定，承包人不得将其承包的工程肢解后分包出去。主体工程不允许分包。除合同另有规定外，未经监理人同意，承包人不得把工程的任何部分分包出去。经监理人同意的分包工程不允许分包人再分包出去。承包人应对其分包出去的工程以及分包人的任何工作和行为负全部责任。即使是监理人同意的部分分包工作，亦不能免除承包人按合同规定应负的责任。分包人应就其完成的工作成果向发包人承担连带责任。监理人认为有必要时，承包人应向监理人提交分包合同副本。除合同另有规定外，下列事项不要求承包人征得监理人同意。

（1）承包人为完成合同规定的各项工作向工地派遣或雇用的技术劳务人员。

（2）采购符合合同规定标准的材料。

（3）合同中已明确了分包人的工程分包。

凡是由项目法人或监理工程师指定、选定或批准的为实施合同中以暂定金额支付的工程施工或供应货物、机械设备、材料或提供服务的所有专家、商人、技术工人及其他人员，和按合同条款规定要求承包商对他们分包的任何人员，在从事上述的工程施工或设备、材料供应或提供服务的过程中，均应视为承包商的分包商，并在合同中称为"指定的分包商"。指定分包合同仍然是承包商与分包商签订的。承包商拟雇佣的任何分包商均需经监理工程师进行资格审查，并经书面同意后才可以分包工程。

承包商若要求雇佣分包商，则必须履行如下程序：

（1）发包人根据工程特殊情况欲指定分包人时，应在专用合同条款中写明分包工作内容和指定分包人的资质情况。承包人可自行决定同意或拒绝发包人指定的分包人。若承包人在投标时接受了发包人指定的分包人，则该指定分包人应与承包人的其他分包人一样被视为承包人雇用的分包人，由承包人与其签订分包合同，并对其工作和行为负全部责任。

（2）在合同实施过程中，若发包人需要指定分包人时，应征得承包人的同意，此时发包人应负责协调承包人与分包人之间签订分包合同。发包人应保证承包人不因此项分包而增加额外费用；承包人则应负责该分包工作的管理和协调，并向指定分包人收取管理费；指定分包人应接受承包人的统一安排和监督。由于指定分包人造成的与其分包工作有关而又属承包人的安排和监督责任所无法控制的索赔、诉讼和损失赔偿均应由指定分包人直接对发包人负责，发包人也应直接向指定分包人追索，承包人不对此承担责任。

（三）合同争议的解决

1. 争议的解决方式

《合同条件》第44条规定：发包人和承包人双方因合同发生争议，要求调解、仲裁、起诉的，可按协议条款的约定，采用以下一种或几种方式解决：

（1）向协议条款约定的单位或人员要求调解。

（2）向协议条款约定的仲裁委员会申请仲裁。

（3）向有管辖权的人民法院起诉。

2. 允许停止履行合同的情况

以下情况允许停止履行合同：

（1）合同确已无法履行。

（2）双方协议停止施工。

（3）调解要求停止施工，且为双方接受。

（4）仲裁机关要求停止施工。

（5）法院要求停止施工。

（四）合同的违约处理

违约责任是指合同当事人违反合同约定所应承担的民事责任。

1. 发包人的常见责任

（1）未按合同规定的时间和要求提供原材料、设备、场地、资金、技术资料等，除工程日期得予顺延外，还应偿付承包人因此造成停工、窝工的实际损失。

（2）工程中途停建、缓建，应采取措施进行弥补，减少损失，同时赔偿承包人由此而造成的停工、窝工、倒运、机械设备调迁、材料和构件积压等损失和实际费用。

（3）工程未经验收，提前使用，发现质量问题，自己承担责任。

（4）超过合同规定日期验收或支付工程费，偿付逾期的违约金。

2. 承包人的常见责任

（1）工程质量不符合合同规定，发包人有权要求限期无偿修理或者返工、改建，经过修理或者返工、改建后，造成逾期交付的，承包人偿付逾期的违约金。

（2）工程交付时间不符合合同规定，偿付逾期的违约金。

3. 《合同条件》对发包人违约的界定及处理

（1）发包人违约。在履行合同过程中，发包人发生下述行为之一者属发包人违约。

1）发包人未能按合同规定的内容和时间提供施工用地、测量基准和应由发包人负责的部分准备工程等承包人施工所需的条件。

2）发包人未能按合同规定的期限向承包人提供应由发包人负责的施工图纸。

3）发包人未能按合同规定的时间支付各项预付款或合同价款，或拖延、拒绝批准付款申请和支付凭证，导致付款延误。

4）由于法律、财务等原因导致发包人已无法继续履行或实质上已停止履行本合同的义务。

（2）对违约的处理。

1）若发生上述1）、2）项的违约时，承包人应及时向发包人和监理人发出通知，要求发包人采取有效措施限期提供上述条件和图纸，并有权要求延长工期和补偿额外费用。监理人收到承包人通知后，应立即与发包人和承包人共同协商补救办法。由此增加的费用和工期延误责任，由发包人承担。

发包人收到承包人通知后的28天内仍未采取措施改正，则承包人有权暂停施工，并通知发包人和监理人。由此增加的费用和工期延误责任，由发包人承担。

2）若发生上述3）项的违约时，发包人应按规定加付逾期付款违约金，逾期28天仍不支付，则承包人有权暂停施工，并通知发包人和监理人。由此增加的费用和工期延误责任，由发包人承担。

3）若发生上述3）、4）项的违约时，承包人已按规定发出通知，并采取了暂停施工的行动后，发包人仍不采取有效措施纠正其违约行为，承包人有权向发包人提出解除合同的要求，并抄送监理人。发包人在收到承包人书面要求后的28天内仍不答复承包人，则承包人有权立即采取行动解除合同。

4. 《合同条件》对承包人违约的界定及处理

（1）承包人违约。在履行合同过程中，承包人发生下述行为之一者属承包人违约。

1）承包人无正当理由未按开工通知的要求及时进场组织施工和未按签订协议书时商定的进度计划有效地开展施工准备，造成工期延误。

2）承包人违反规定私自将合同或合同的任何部分或任何权利转让给其他人，或私自将工程或工程的一部分分包出去。

3）未经监理人批准，承包人私自将已按合同规定进入工地的工程设备、施工设备，临时工程或材料撤离工地。

4）承包人使用了不合格的材料和工程设备，并拒绝按规定处理不合格的工程，材料和工程设备。

5）由于承包人原因拒绝按合同进度计划及时完成合同规定的工程，而又未按规定采取有效措施赶上进度，造成工期延误。

6）承包人在保修期内拒绝工程移交证书中所列的缺陷清单内容进行修复，或经监理人检验认为修复质量不合格而承包人拒绝再进行修补。

7）承包人否认合同有效或拒绝履行合同规定的承包人义务，或由于法律、财务等原因导致承包人无法继续履行或实质上已停止履行本合同的义务。

（2）对承包人违约的处理。

1）承包人发生上述的违约行为时，监理人应及时向承包人发出书面警告，限令其在收到书面警告后的28天内予以改正。承包人应立即采取有效措施认真改正，并尽可能挽回由于违约造成的延误和损失。由于承包人采取改正措施所增加的费用，应由承包人承担。

2）承包人在收到书面警告后的28天内仍不采取有效措施改正其违约行为，继续延误工期或严重影响工程质量，甚至危及工程安全，监理人可暂停签发支付工程价款凭证，并按规定暂停其工程或部分工程施工，责令其停工整改，并限令承包人在14天内提交整改报告报送监理人。由此增加的费用和工期延误责任由承包人承担。

3）监理人发出停工整改通知28天后，承包人继续无视监理人的指示，仍不提交整改报告，亦不采取整改措施，则发包人可通知承包人解除合同。发包人可在发出通知14天后派员进驻工地直接监管工程，使用承包人设备、临时工程和材料，另行组织人员或委托其他承包人施工，但发包人的这一行动不免除承包人按合同规定应负的责任。

（五）施工合同的质量、进度和费用控制

1. 质量控制

（1）对标准、规范的约定。《示范文本》使用说明对合同双方标准、规范的约定作了如下规定：

国家有统一的标准规范时，施工中必须使用。国家没有统一标准规范时，可以使用地方或专业的标准规范，地方和专业的标准规范不相一致时，应在此条写明使用的标准规范的名称，并按照工程的部位和项目分别填写适用标准规范的名称和编号。

如承包人要求发包人提供标准规范，应在编号后写明，并注明提供的时间、份数和费用由谁承担。

发包人提出超过标准规范的要求，征得承包人同意后，可以作为验收和施工的要求写入本款，并明确规定产生的费用的承担。

由承包人提出施工工艺的，应在本款写明施工工艺的名称，使用的工程部位，制定的时间、要求和费用的承担。

（2）工程验收的质量控制。《合同条件》第22～28条对工程施工的检查，工程质量等级，隐蔽工程和中间验收、试车、验收和重新检验作了相应规定。

1）《合同条件》对检查和返工的规定是：承包人应认真按照标准、规范和设计的要求以及发包人代表依据合同发出的指令施工、随时接受发包人代表及其委派人员的检查检验、为检查检验提供便利条件，并按发包人代表及委派人员的要求返工、修改，承担由自身原因导致返工、修改的费用。因发包人不正确纠正或其他非承包人原因引起的经济支出，由发包人承担。

以上检查检验合格后，又发现由承包人原因引起的质量问题，仍由承包人承担责任和发生的费用，赔偿发包人的有关损失，工期不予顺延。

以上检查检验不应影响施工正常进行，检查检验不合格，影响正常施工的费用由承包人承担。除此之外，影响正常施工的经济支出由发包人承担，相应顺延工期。

2)《合同条件》对工程质量等级的规定：工程质量应达到国家或专业的质量检验评定标准的合格条件。发包人要求部分或全部工程质量达到优良标准，应支付由此增加的经济支出，对工期有影响的应给予相应顺延。

达不到约定条件的部分，发包人代表一经发现，可要求承包人返工，承包人应按发包人代表要求的时间返工，直到符合约定条件。因承包人原因达不到约定条件，由承包人承担返工费用，工期不予顺延。返工后仍不能达到约定条件，承包人承担违约责任。因发包人原因达不到约定条件，由发包人承担返工的经济支出，工期相应顺延。

双方对工程质量有争议，请协议条款约定的质量监督部门仲裁，仲裁费用及因此造成的损失，由败诉一方承担。

3)《合同条件》对隐蔽工程和中间验收作了规定：工程具备覆盖、掩盖条件或达到协议条款约定的中间验收部位，承包人自检合格后在隐蔽和中间验收48h前通知发包人代表参加。通知包括承包人自检记录、隐蔽和中间验收的内容、验收时间和地点。承包人准备验收记录。验收合格，发包人代表在验收记录上签字后，方可进行隐蔽和继续施工。验收不合格，承包人在限定时间内修改后重新验收。

工程质量符合规范要求，验收24h后，发包人代表不在验收记录上签字，可视为发包人代表已经批准，承包人可进行隐蔽或继续施工。

4)《合同条件》对试车的规定是：设备安装工程具备单机无负荷试车条件，承包人组织试车，并在试车48h前通知发包人代表，通知包括试车内容、时间、地点。承包人准备试车记录。发包人为试车提供必要条件。试车通过，发包人代表在试车记录上签字。

设备安装工程具备联动无负荷试车条件，发包人组织试车，并在试车48h前通知承包人，通知包括试车内容、时间、地点和对承包人应做准备工作的要求。承包人按要求做好准备工作和试车记录。试车通过，双方在试车记录上签字后，方可进行竣工验收。

由于设计原因试车达不到验收要求，发包人负责修改设计，承包人按修改后设计重新安装。发包人承担修改设计费用、拆除及重新安装的经济支出，工期相应顺延。

由于设备制造原因试车达不到验收要求，由该设备采购一方负责重新购置或修理，承包人负责拆除和重新安装。设备为承包人采购，由承包人承担修理或重新购置、拆除及重新安装的费用，工期不予顺延；设备由发包人采购，发包人承担上述各项经济支出，工期相应顺延。

由于承包人施工原因试车达不到验收要求，发包人代表在试车后24h内提出修改意见。承包人修改后重新试车，承担修改和重新试车的费用，工期不予顺延。

试车费用除已包括在合同价款之内或协议条款另有约定的，均由发包人承担。

发包人代表未在规定时间提出修理意见，或试车合格不在试车记录上签字，试车结束24h后，记录自行生效，承包人可继续施工或办理竣工手续。

5)《合同条件》对验收和重新检验作了规定：发包人代表不能按时参加验收或试车，须在开始验收或试车24h前向承包人提出延期要求，延期不能超过两天。发包人代表未能按以上时间提出延期要求，不参加验收或试车，承包人可自行组织验收或试车，发包人应承认验收或试车记录。

无论发包人代表是否参加验收，当其提出对已经隐蔽工程重新检验的要求时，承包人应按要求进行剥露，并在检验后重新进行覆盖或修复。检验合格，发包人承担由此发生的经济支出，赔偿承包人损失并相应顺延工期。检验不合格，承包人承担发生的费用，工期也不顺延。

（3）工程保修。《合同条件》对保修作了规定：承包人按国家有关规定和协议条款约定的保修项目、内容、范围、期限及保修金额和支付办法，进行保修并支付保修金。

保修期从发包人代表在最终验收记录上签字之日算起。分单项验收的工程，按单项工程分别计算保修期。

保修期间，承包人应在接到修理通知之日后10天内派人修理，否则，发包人可委托其他单位或人员修理。因承包人原因造成返修的费用，发包人在保修金内扣除，不足部分，由承包人交付。因承包人之外原因造成返修的经济支出，由发包人承担。

采取按合同价款一定比率，在发包人应付承包人工程款内预留保修金办法的，发包人应在保修期满后20天内结算，将剩余保修金和按协议条款约定利率计算的利息一起退还给承包人。

2. 进度控制

（1）约定合同工期。施工合同工期是指施工的工程从开工起到完成施工合同协议条款双方约定的全部内容，工程达到竣工验收标准所经历的时间。合同工期由双方在协议条款中约定，它直接约束了施工单位的施工进度安排。

（2）进度计划的提交、批准及监督执行。

《合同条件》对此作了明确规定：承包人应在协议条款约定的日期，将施工组织设计（或施工方案）和进度计划提交发包人代表。发包人代表应按协议条款约定的时间予以批准或提出修改意见，逾期不批复，可视为该施工组织设计（或施工方案）和进度计划已经批准。

承包人必须按批准的进度计划组织施工，接受发包人代表对进度的检查、监督。工程实际进展与进度计划不符时，承包人应按发包人代表的要求提出改进措施，报发包人代表批准后执行。

（3）进度计划执行中的特殊问题。

1)《合同条件》对延期开工作了规定：承包人按协议条款约定的开工日期开始施工。承包人不能按时开工，应在协议条款约定的开工日期5天之前，向发包人代表提出延期开工的理由和要求。发包人代表在3天内答复承包人。发包人代表同意延期要求或3天内不予答复，可视为已同意承包人要求。工期相应顺延。发包人代表不同意延期要求或承包人未在规定时间内提出延期开工要求，竣工日期不予顺延。

发包人征得承包人同意以书面形式通知承包人后可推迟开工日期，承担承包人因此造成的经济支出，相应顺延工期。

2)《合同条件》对暂停施工作了规定：发包人代表在确有必要时，可要求承包人暂停施工，并在提出要求后48h内提出处理意见。承包人按发包人要求停止施工，妥善保护已完工程，实施发包人代表处理意见后向其提出复工要求，发包人代表批准后继续施工。发包人代表未能在规定时间内提出处理意见，或收到承包人复工要求后48h内未予答复，承包人可自行复工。停工责任在发包人，由发包人承担经济支出，相应顺延工期；停工责任在承包人，由承包人承担发生的费用。因发包人代表不及时做出答复，施工无法进行，承包人可认为发包人已部分或全部取消合同，由发包人承担违约责任。

3)《合同条件》对工期延误作了规定。对以下造成竣工日期推迟的延误，经发包人代表确认，工期相应顺延：①工程量变化或设计变更；②一周内，非承包人原因停水、停电、停气造成停工累计超过8h；③不可抗力；④合同中约定或发包人代表同意给予顺延的其他情况。

承包人在以上情况发生后5天内，就延误的内容和因此发生的经济支出向发包人代表提出报告，发包人代表在收到报告后5天内予以确认、答复，逾期不予答复，承包人即可视为延期要求已被确认。

非上述原因，工程不能按合同工期竣工，承包人承担违约责任。

4)《合同条件》对工期提前作了规定：施工中如需提前竣工，双方协商一致后可签订提前竣工协议，合同竣工日期可提前。承包人按此修订进度计划，报发包人批准，发包人应在5天内给予批准，并为赶工提供方便条件。竣工协议包括以下主要内容：①提前的时间；②承包人采取的赶工措施；③发包人为赶工提供的条件；④赶工措施的经济支出和承担；⑤提前竣工收益（如果有）的分享。

3. 费用控制

《合同条件》第32～36条就合同价款及调整、工程款预付、工程量的核实确认、工程款支付作了明确规定。

(1) 合同价款及调整。

《合同条件》规定：合同价款在协议条款内约定后，任何一方不得擅自改变。协议条款另有约定或发生下列情况之一的可作调整：

1) 发包人代表确认的工程量增减。

2) 发包人代表确认的设计变更或工程洽商。

3) 工程造价管理部门公布的价格调整。

4) 一周内非承包人原因造成停水、停电、停气累计超过8h。

5) 合同约定的其他增减或调整。

承包人应在上述情况发生后10天内，将调整的原因、金额以书面形式通知发包人代表，发包人代表批准后通知经办银行和承包人。发包人代表收到承包人通知后10天内不作答复，视为已经批准。

(2) 工程款预付。

《合同条件》规定：发包人按协议条款约定的时间和数额，向承包人预付工程款，开工后按协议条款约定的时间和比例逐次扣回。发包人不按协议预付，承包人在约定预付时间10天后向发包人发出要求预付的通知，发包人收到通知后仍不能按要求预付，承包人可以发出通知5天后停止施工，发包人从应付之日起向承包人支付应付款的利息并承担违约责任。

（3）工程量的核实确认。

《合同条件》规定：承包人按协议条款约定时间，向发包人代表提交已完工程量的报告。发包人代表接到报告后3天内按设计图纸核实已完工程数量（以下简称计量），并在计量24h前通知承包人。承包人为计量提供便利条件并派人参加。承包人无正当理由不参加计量，发包人自行进行，计量结果视为有效，作为工程价款支付的依据。发包人代表收到承包人报告后3天内未进行计量，从第4天起，承包人报告中开列的工程量即视为已被确认，作为工程价款支付的依据。发包人代表不按约定时间通知承包人，使承包人不能参加计量，计量结果无效。

发包人代表对承包人超出设计图纸要求增加的工程量和因自身原因造成返工的工程量，不予计量。

（4）工程款支付。

《合同条件》规定，发包人根据协议条款约定的时间、方式和发包人代表确认的工程量，按构成合同价款相应项目的单价和取费标准计算、支付工程价款。发包人在其代表计量签字后10天内不予支付，承包人可向发包人发出要求付款的通知，发包人在收到承包人通知后仍不能按要求支付，承包人可在发出通知5天后停止施工，发包人承担违约责任。

经承包人同意并签订协议，发包人可延期支付工程价款。协议须明确约定付款日期和从发包人计量签字后第11天起计算应付工程价款的利息。

（六）设计变更和施工索赔

1. 设计变更

（1）设计变更。

《合同条件》规定：承包人对原设计进行变更，须经发包人代表同意，并由发包人取得以下批准。

1）超过原设计标准和规模时，须经原设计和规划审查部门批准，取得相应追加投资和材料指标。

2）送原设计单位审查，取得相应图纸和说明。

施工中发包人对原设计进行变更，在取得上述两项批准后，向承包人发出变更通知，承包人按通知进行变更，否则，承包人有权拒绝变更。

双方办理变更，经洽商后，承包人按发包人代表要求，进行下列变更：

1）增减合同中约定的工程数量。

2）更改有关工程的性质、质量、规格。

3）更改有关部分的标高、基线、位置和尺寸。

4）增加工程需要的附加工作。

5）改变有关工程的施工时间和顺序。

因以上变更导致的经济支出和承包人损失，由发包人承担，延误的工期相应顺延。

（2）确定变更价款。

《合同条件》规定发生变更后，在双方协商的时间内，承包人按下列方法提出变更价格，报发包人代表批准后调整合同价款和竣工日期：

1）合同中已有适用于变更工程的价格，按合同已有的价格计算、变更合同价款。

2）合同中只有类似于变更情况的价格，可以此作为基础确定变更价格，变更合同价款。

3）合同中没有类似和适用的价格，由承包人提出适当的变更价格，送发包人代表批准执行。

发包人代表不能同意承包人提出的变更价格，在承包人提出后10天内，通知承包人提请工程造价管理部门裁定（实行社会监理的，由总监理工程师暂定，事后提请工程造价管理部门裁定），对裁定仍有异议，承包人可先执行，但可保留日后索赔权利。

2. 施工索赔

（1）施工索赔的概念。

1）索赔定义——当事人在合同实施过程中，根据法律、合同规定及惯例，对并非由于自己的过错，而是属于应由合同对方承担责任的情况造成，且实际发生了损失，向对方提出给予补偿或赔偿的权利要求。

2）索赔的双向性——索赔既可以是施工企业向项目法人的索赔，也可以是项目法人向施工企业的索赔。但因项目法人在向施工企业的索赔中处于主动地位，他可以直接从应付给施工企业的工程款中扣除，也可以从保留金中扣款以补偿损失。所以施工企业向项目法人的索赔才是索赔管理的重点。

3）索赔与变更的不同——变更是项目法人或者监理工程师提出变更要求后，主动与施工企业协商确定一个补偿额付给施工企业；而索赔则是施工企业根据法律和合同的规定，对认为他有权得到的权益主动向项目法人提出要求。

（2）施工索赔的分类。

1）按索赔依据分类：

A. 合同内索赔，这种索赔涉及的内容可以在合同内找到依据。如工程量的计算、变更工程的计量和价格、不同原因引起的拖期等。

B. 合同外索赔，亦称超越合同规定的索赔。这种索赔在合同内找不到直接依据，但承包商可根据合同文件的某些条款的含义，或可从一般的民法、经济法或政府有关部门颁布的其他法规中找到依据。此时，承包商有权提出索赔要求。

C. 道义索赔，亦称通融索赔或优惠索赔。这种索赔在合同内或在其他法规中均找不到依据，从法律角度讲没有索赔要求的基础，但承包商确实蒙受损失，他在满足项目法人要求方面也做了最大努力，因而他认为自己有提出索赔的道义基础。因此，他对其损失寻求优惠性质的补偿。有的项目法人通情达理，出自善良和友好，给承包商以适当补偿。

2）按索赔的目的分类：在施工中，索赔按其目的可分为延长工期索赔和费用索赔。

A. 延长工期索赔，简称工期索赔；这种索赔的目的是承包商要求项目法人延长施工期限，使原合同中规定的竣工日期顺延，以避免承担拖期损失赔偿的风险。如遇特殊风险、变更工程量或工程内容等，使得承包商不能按合同规定工期完工，为避免追究违约责任，承包商在事件发生后就会提出顺延工期的要求。

B. 费用索赔，亦称经济索赔。它是承包商向项目法人要求补偿自己额外费用支出的一种方式，以挽回不应由他负担的经济损失。

在施工实践中，大多数情况是承包商既提出工期索赔，又提出费用索赔。按照惯例，两种索赔要独立提出，不得将两种索赔要求写在同一报告中。因此若某一事件发生后，项目法人可能只同意工期索赔，而拒绝经济索赔。若两种要求在同一报告中，通常会被认为理由不充分或索赔要求过高，反而会被拒绝。

（3）引起承包商索赔常见的原因。在施工过程中，引起承包商向项目法人索赔的原因多种多样，主要有：

1）项目法人违约。在施工招标文件中规定了项目法人应承担的义务，承包商正是在这基础上投标和报价的。若开始施工后，项目法人没有按合同文件（包括招标文件）规定，如期提供必要条件，势必造成承包商工期的延误或费用的损失，这就可能引起索赔。如，应由项目法人提供的施工现场内外交通道路没有达到合同规定的标准，造成承包商运输机械效率降低或磨损增加，这时承包商就有可能提出补偿要求。

2）不利的自然条件。一般施工合同规定，一个有经验的承包商无法预料到的不利的自然条件，如超标准洪水、地震、超标准的地下水等，承包商就可提出索赔。

3）合同文件缺陷。合同缺陷表现为合同文件规定不严谨甚至矛盾、合同中的遗漏或错误。其缺陷既包括在商务条款中，也可能包括在技术规程和图纸中。对合同缺陷，监理工程师有权作出解释，但承包商在执行监理工程师的解释后引起施工成本的增加或工期的延长，有权提出索赔。

4）设计图纸或工程量表中的错误。这种错误包括：①设计图纸与工程量清单不符；②现场条件与图纸要求相差较大；③纯粹工程量错误。由于这些错误若引起承包商施工费用增加或工期延长，则承包商极有可能提出索赔。

5）计划不周或不适当的指令。承包商按施工合同规定的计划和规范施工，对任何因计划不周而影响工程质量的问题不承担责任，而弥补这种质量问题而影响的工期和增加的费用应由项目法人承担。项目法人和监理工程师不适当的指令，由此而引发的工期拖延和费用的增加也应由项目法人承担。

（4）施工索赔的程序。

1）寻找施工索赔的正当理由。施工企业从对索赔管理的角度出发，应积极寻找索赔机会，一旦出现索赔机会，首先应对事件进行详尽调查、记录；其次对事件原因进行分析，判断其责任应由谁承担；最后对事件的损失进行调查和计算。

2）发出索赔通知。《合同条件》第43条指出："索赔事件发生后20天内，向发包人发出要求索赔的通知"。通知发出后，施工企业还有补充证据的机会。

3）索赔的批准。《合同条件》第43条指出："发包人在接到索赔通知后14天内给予批准，或要求承包人进一步补充索赔理由和证据"。

发包人代表或监理工程师应抓紧时间对索赔通知，特别是有关证据进行分析，并提出处理意见。特别需要注意的是，应当在合同规定的期限内对索赔给予答复。

发包人代表或监理工程师对索赔的管理，应当通过加强合同管理，严格执行合同，使对方找不到索赔的理由和根据。在索赔事件发生后，也应积极收集证据，以便分清责任，反击对方的无理索赔要求。

第二节 信 息 管 理

一、监理信息及其重要性

（一）监理信息的概念和特点

1. 信息的概念和特征

信息是内涵和外延不断变化、发展着的一个概念。人们对它下了很多的定义。一般认为，信息是以数据形式表达的客观事实，它是对数据的解释，反映着事物的客观状态和规律。数据是人们用来反映客观世界而记录下来的可鉴别的符号、数字、文字、字符串等，数据本身是一个符号，只有当它经过处理、解释，对外界产生影响时才成为信息。

为了深刻理解信息含义和充分利用信息资源，必须了解信息的特征。一般地说，信息具有以下特征：

（1）伸缩性，即扩充性和压缩性。任何一种物质和能量资源都是有限的，会越用越少，而信息资源绝大部分会在应用中得到不断地补充和扩展，永远不会耗尽用光。信息还可以进行浓缩，可以通过加工、整理、概括、归纳而使之精练。

（2）传输扩散性。信息与物质、能量不同，不管怎样保密或封锁，总是可以通过各种传输形式到处扩散。

（3）可识别性。信息可以通过感官直接识别，也可以通过各种测试手段间接识别。不同的信息源有不同的识别方法。

（4）可转换存储。同一条信息可以转换成多种形态或载体而存在，如物质信息可以转换为语言文字、图像，还可以转换为计算机代码、广播、电视等信号。信息可以通过各种方法进行存储。

（5）共享性。信息转让和传播出去后，原持有者仍然没有失去，只是可以使第二者，或者更多的人享用同样的信息。

2. 监理信息的概念与特点

监理信息是在整个工程监理过程中发生的、反映着工程建设的状态和规律的信息。它具有一般信息的特征，同时也有其本身的特点：

（1）来源广、信息量大。在工程监理制度下，工程建设是以监理工程师为中心，项目监理组织自然成为信息生成的中心、信息流入和流出的中心。监理信息来自两个方面，一是项目监理组织内部进行项目控制和管理而产生的信息，二是在实施监理的过程中，从项目监理组织外流入的信息。由于工程建设的长期性和复杂性，由于涉及的单位众多，使得从这两方面来的信息来源广，信息量大。

（2）动态性强。工程建设的过程是一个动态过程，监理工程师实施的控制也是动态控制，因而大量的监理信息都是动态的，这就需要及时地收集和处理。

（3）有一定的范围和层次。项目法人委托监理的范围不一样，监理信息也不一样。监理信息不等同于工程建设信息，工程建设过程中，会产生很多信息，这些信息并非都是监理信息，只有那些与监理工作有关的信息才是监理信息。不同的工程建设项目，所需的信息既有共性，又有个性。另外，不同的监理组织和监理组织的不同部门，所需的信息也不一样。

监理信息的这些特点，要求监理工程师必须加强信息管理，把信息管理作为工程监理的一项主要内容。

（二）监理信息的表现形式及内容

监理信息的表现形式就是信息内容的载体，也就是各种各样的数据。在工程监理过程中，各种情况层出不穷，这些情况包含了各种各样的数据。这些数据可以是文字，可以是数字，可以是各种表格，也可以是图形、图像和声音。

文字数据形式是监理信息的一种常见的表现形式。文件是最常见的用方案数据表现的信息。管理部门会下发很多文件；工程建设各方，通常规定以书面形式进行交流，即使是口头上的指令，也要在一定时间内形成书面的文字，这也会形成大量的文件。这些文件包括国家、地区、部门行业、国际组织颁布的有关工程建设的法律法规文件，如经济合同法、政府工程监理主管部门下发的通知和规定、行业主管部门下发的通知和规定等。还包括国际、国家和行业等制定的标准规范。如合同标准、设计及施工规范、材料标准、图形符号标准、产品分类及编码标准等。具体到每一个工程项目，还包括合同及招投标文件、工程承包（分包）单位的情况资料、会议纪要、监理月报、洽商及变更资料、监理通知、隐蔽及预检记录资料等。这些文件中包含了大量的信息。

数字数据也是监理信息的常见的一种表现形式。在工程建设中，监理工作的科学性要求"用数字说话"，为了准确地说明各种工程情况，必然有大量数字数据产生，各种计算成果和试验检测数据反映了工程项目的质量、投资和进度等情况。用数据表现的信息常见的有：设备与材料价格；工程概预算定额；调价指数；工期、劳动、机械台班的施工定额；地区地质数据；项目类型及专业和主材投资的单位指标；大宗主要材料的配合数据等。具体到每个工程项目，还包括：材料台账；设备台账；材料、设备检验数据；工程进度数据；进度工程量签证及付款签证数据；专业图纸数据；质量评定数据；施工人力和机械数据等。

各种报表是监理信息的另一种表现形式。工程建设各方都用这种直观的形式传播信息。承包商需要提供反映工程建设状况的多种报表。这些报表有：开工申请单、施工技术方案审报表、进场原材料报验单、进场设备报验单、施工放样报验单、分包申请单、合同外工程单价申报表、计日工单价申报表、合同工程月计量申报表、额外工程月计量申报表、人工与材料价格调整申报表、付款申请表、索赔申请书、索赔损失计算清单、延长工期申报表、复工申请、事故报告单、工程验收申请单、竣工报验单等。监理组织内部常采用规范化的表格来作为有效控制的手段。这类报表有：工程开工令、工程量清单支付月报表、暂定金额支付月报表、应扣款月报表、工程变更通知、额外增加工程通知单、工程暂停指令、复工指令、现场指令、工程验收证书、工程验收记录、竣工证书等。监理工程师向项目法人反映工程情况也往往用报表形式传递工程信息。这类报表有：工程质量月报表、项目月支付总表、工程进度月报表、进度计划与实际完成报表、施工计划与实际完成情况表、监理月报表、工程状况报告表等。

监理信息的形式还有图形、图像和声音等。这些信息包括工程项目立面、平面及功能布置图形、项目位置及项目所在区域环境实际图形或图像等。对每一个项目，还包括分专业隐蔽部位图形（数据）、分专业设备安装部位图形（数据）、分专业预留预埋部位图形（数据）、分专业管线平(立)面走向及跨越伸缩缝部位图形（数据）、分专业管线系统图形（数据）、质量问题和工程进度形象图像（数据），在施工中还有设计变更图等。图形、图像信息还包括工程录像、照片等，这些信息直观、形象地反映了工程情况，特别是能有效反映隐蔽工程的情况。声音信息主要包括会议录音、电话录音以及其他的讲话录音等。

以上这些只是监理信息的一些常见形式，而且监理信息往往是这些形式的组合。了解监理信息的各种形式及其特点，对收集、整理信息很有帮助。

（三）工程监理信息的分类

不同的监理范畴，需要不同的信息，可按照不同的标准将监理信息进行归类划分，来满足不同监理工作的信息需求，并有效地进行管理。

监理信息的分类方法通常有以下几种。

1. 按工程监理控制目标划分

工程监理的目的是对工程进行有效的控制，按控制目标将信息进行分类是一种重要的分类方法。按这种方法，可将监理信息划分如下：

（1）投资控制信息，是指与投资控制直接有关的信息。属于这类信息的有一些投资标准，如工程造价、物价指数、概算定额、预算定额等；有工程项目计划投资信息，如工程项目投资估算、设计概预算、合同价等；有项目进行中产生的实际投资信息，如施工阶段的支付账单、投资调整、原材料价格、机械设备台班费、人工费、运杂费等；还有对以上这些信息进行分析比较得出的信息，如投资分配信息、合同价格与投资分配的对比分析信息、实际投资与计划投资的动态比较信息、实际投资统计信息、项目投资变化预测信息等。

（2）质量控制信息，是指与质量控制直接有关的信息。属于这类信息的有与工程质量有关的标准信息，如国家有关的质量政策、质量法规、质量标准、工程项目建设标准等；有与计划工程质量有关的信息，如工程项目的合同标准信息、材料设备的合同质量信息、质量控制工作流程、质量控制的工作制度等；有项目进展中实际质量信息，如工程质量检验信息、材料的质量抽样检查信息、设备的质量检验信息、质量和安全事故信息。还有由这些信息加工后得到的信息，如质量目标的分解结果信息、质量控制的风险分析信息、工程质量统计信息、工程实际质量与质量要求及标准的对比分析信息、安全事故统计信息、安全事故预测信息等。

（3）进度控制信息，是指与进度控制直接有关的信息。这类信息有与工程进度有关的标准信息，如工程施工进度定额信息等；有与工程计划进度有关的信息，如工程项目总进度计划、进度控制的工作流程、进度控制的工作制度等；有项目进展中产生的实际进度信息；还有上述信息加工后产生的信息，如工程实际进度控制的风险分析、进度目标分解信息、实际进度与计划进度对比分析、实际进度与合同进度对比分析、实际进度统计分析，以及进度变化预测信息等。

2. 按照工程建设不同阶段分类

（1）项目建设前期的信息。项目建设前期的信息包括可行性研究报告提供的信息、设计任务书提供的信息、勘察与测量的信息、初步设计文件的信息、招投标方面的信息等，其中大量的信息与监理工作有关。

（2）工程施工中的信息。施工中由于参加的单位多，现场情况复杂，信息量最大。其中有从项目法人方来的信息。项目法人作为工程项目建设的负责人，对工程建设中的一些重大问题不时要表达意见和看法，下达某些指令；项目法人对合同规定由其供应的材料、设备，需提供品种、数量、质量、试验报告等资料。有承包商方面的信息，承包商作为施工的主体，必须收集和掌握施工现场大量的信息，其中包括经常向有关方面发出的各种文件、向监理工程师报送的各种文件、报告等。有设计方面来的信息，如设计合同、供图协议、施工图纸，在施工中根据实际情况对设计进行的修改和变更等。项目监理内部也会产生许多信息，有直接从施工现场获得有关投资、质量、进度和合同管理方面的信息，还有经过分析整理后对各种问题的处理意见等。还有来自其他部门如发包方政府、环保部门、交通部门等部门的信息。

（3）工程竣工阶段的信息。在工程竣工阶段，需要大量的竣工验收资料，其中包含了大量的信息，这些信息一部分是在整个施工过程中，长期积累形成的，一部分是在竣工验收期间，根据积累的资料整理分析而形成的。

3. 按照监理信息的来源划分

（1）来自工程项目监理组织的信息。如监理的记录、各种监理报表、工地会议纪要、各种指令、监理试验检测报告等。

（2）来自承包商的信息。如开工申请报告、质量事故报告、形象进度报告、索赔报告等。

（3）来自项目法人的信息。如项目法人对各种报告的批复意见。

（4）来自其他部门的信息。如政府有关文件、市场价格、物价指数、气象资料等。

4. 其他的一些分类方法

（1）按照信息范围的不同，把工程监理信息分为精细的信息和摘要的信息两类。

（2）按照信息时间的不同，把工程监理信息分为历史性的信息和预测性的信息两类。

（3）按照监理阶段的不同，把工程监理信息分为计划的、作业的、核算的及报告的信息。

（4）按照对信息的期待性不同，把工程监理信息分为预知的和突发的信息两类。

（5）按照信息的性质不同，把工程监理信息划分为生产信息、技术信息、经济信息和资源信息。

（6）按照信息的稳定程度划分，有固定信息和流动信息等。

（四）工程监理信息的作用

工程监理信息对监理工程师开展监理工作，对监理工程师进行决策，具有重要的作用。

1. 信息是监理工程师开展监理工作的基础

（1）工程监理信息是监理工程师实施目标控制的基础。工程监理的目标是按计划的投资、质量和进度完成工程项目建设。工程监理目标控制系统内部各要素之间、系统和环境之间都靠信息进行联系；信息贯穿在目标控制的环节性工作之中，投入过程包括信息的投入，转换过程是产生工程状况、环境变化等信息的过程，反馈过程则主要是这些信息的反馈，对比过程是将反馈的信息与已知的信息进行比较，并判断产生是否有偏差的信息，纠正过程则是信息的应用过程；主动控制和被动控制也都是以信息为基础；至于目标控制的前提工作——组织和规划，也离不开信息。

（2）工程监理信息是监理工程师进行合同管理的基础。监理工程师的中心工作是进行合同管理。这就需要充分地掌握合同信息，熟悉合同内容，掌握合同双方所应承担的权力、义务和责任；为了掌握合同双方履行合同的情况，必须在监理工作时收集各种信息；对合同出现的争议，必须在大量的信息基础上作出判断和处理；对合同的索赔，需要审查判断索赔的依据，分清责任原因，确定索赔数额，这些工作都必须以自己掌握的大量准确的信息为基础。监理信息是合同管理的基础。

（3）工程监理信息是监理工程师进行组织协调的基础。工程项目的建设是一个复杂和庞大的系统，涉及到的单位很多，需要进行大量的协调工作，监理组织内部也要进行大量的协调工作。这都要依靠大量的信息。

协调一般包括人际关系的协调、组织关系的协调和资源需求关系的协调。人际关系的协调，需要了解人员专长、能力、性格方面的信息，需要岗位职责和目标的信息，需要全面工作绩效的信息；组织关系的协调，需要组织机构设置、目标职责、权限的信息，需要开工作例会、业务碰头会、发会议纪要、采用工作流程图来沟通信息，需要在全面掌握信息的基础上及时消除工作中的矛盾和冲突；需求关系的协调，需要掌握人员、材料、设备、能源动力等资源方面的计划信息、储备情况以及现场使用情况等信息。信息是协调的基础。

2. 信息是监理工程师决策的重要依据

监理工程师在开展监理工作时，要经常进行决策。决策是否正确，直接影响着工程项目建设总目标的实现及监理单位和监理工程师的信誉。监理工程师做出正确的决策，必须建立在及时准确的信息基础之上。没有可靠的、充分的信息作为依据，就不可能做出正确的决策。例如，监理工程师对工程质量行使否决权时，就必须对有质量问题的工程进行认真细致的调查、分析，还要进行相关的试验和检测，在掌握大量可靠信息基础时才能做出。

二、工程监理信息管理的内容

（一）信息资料的收集

1. 收集监理信息的作用

在工程建设中，每时每刻都产生着大量的信息。但是，要得到有价值的信息，只靠自发产生的信息是远远不够的，还必须根据需要进行有目的、有组织、有计划的收集，才能提高信息质量，充分发挥信息的作用。

收集信息是运用信息的前提。各种信息一经产生，就必然会受到传输条件、人们的思想意识及各种利益关系的影响。所以，信息有真假、虚实、有用无用之分。监理工程师要取得有用的信息。必须通过各种渠道，采取各种方法收集信息，然后经过加工、筛选，从中选择出对进行决策有用的信息，没有足够的信息作依据，决策就会产生失误。

收集信息是进行信息处理的基础。信息处理是包括对已经取得的原始信息，进行分类、筛选、分析、加工、评定、编码、存贮、检索、传递的全过程。不经收集就没有进行处理的对象，信息收集工作的好坏，直接决定着信息加工处理质量的高低。在一般情况下，如果收集到的信息时效性强、真实度高、价值大、全面系统，再经加工处理质量就更高，反之则低。

2. 收集监理信息的基本原则

收集监理信息的基本原则，有以下几方面：

要主动及时。监理工程师要取得对工程控制的主动权，就必须积极主动地收集信息，善于及时发现、及时取得、及时加工各类工程信息。只有工作主动，获得信息才会及时。监理控制是一个动态控制的过程，水利工程建设具有投资大、工期长、项目分散、管理部门多、参与建设的单位多等特点，因此信息量大、时效性强，稍纵即逝，如果不能及时得到工程中大量发生的变化的数据，不能及时把不同的数据传递于需要相关数据的不同单位、部门，势必影响各部门工作，影响监理工程师作出正确的判断，影响监理的质量。

要全面系统。监理信息贯穿在工程项目建设的各个阶段及全部过程。各类监理信息和每一条信息，都是监理内容的反映或表现。所以，收集监理信息不能挂一漏万，以点代面，把局部当成整体，或者不考虑事物之间的联系。同时，工程建设不是杂乱无章的，而是有着内在的联系。因此，收集信息不仅要注意全面性，而且还要注意系统性和连续性。全面系统就是要求收集到的信息具有完整性，以防决策失误。

要真实可靠。收集信息的目的在于对工程项目进行有效的控制。由于工程建设中人们的经济利益关系、工程建设的复杂性，信息在传输过程中发生失真现象等主客观原因，难免产生不能真实反映工程建设实际情况的假信息。因此，必须严肃认真地进行收集工作，要将收集到的信息进行严格核实、检测、筛选，去伪存真。

要重点选择。收集信息要全面系统和完整，不等于不分主次、缓急和价值大小。必须有针对性，坚持重点收集的原则。针对性首先是指有明确的目的性或目标；其次是指有明确的信息源和信息内容。还要作到适用，即所取信息符合监理工作的需要，能够应用并产生好的监理效果。所谓重点选择，就是根据监理工作的实际需要，根据监理的不同层次、不同部门、不同阶段对信息需求的侧重点，从大量的信息中选择使用价值大的主要信息。如项目法人委托施工阶段监理，则以施工阶段为重点进行收集。

3. 监理信息收集的基本方法

监理工程师主要通过各种方式的记录来收集监理信息，这些记录统称为监理记录，它是与工程项目监理相关的各种记录中资料的集合。通常可分为以下几类。

（1）现场记录。现场监理人员必须每天利用特定的表格或以日志的形式记录工地上所发生的事情。所有记录应始终保存在工地办公室内，供监理工程师及其他监理人员查阅。这类记录每月由专业监理工程师整理成书面资料上报监理工程师办公室。监理人员在现场上遇到工程施工中不得不采取紧急措施而对承包商所发出的书面指令，应尽快通报上一级监理组织，以征得其确认或修改指令。

现场记录通常记录以下内容：

1）现场监理人员对所监理工程范围内的机械、劳力的配备和使用情况作详细记录。如承包人现场人员和设备的配备是否同计划所列的一致；工程质量和进度是否因某部门职员或某种设备不足而受到影响，受到影响的程度如何；是否缺乏专业施工人员或专业施工设备，承包商有无替代方案；承包商施工机械完好率和使用率是否令人满意；维修车间及设施情况如何，是否存储有足够的备件等。

2）记录气候及水文情况。记录每天的最高、最低气温，降雨和降雪量，风力，河流水位；记录有预报的雨、雪、台风及洪水到来之前对永久性或临时性工程所采取的保护措施；记录气候、水文的变化影响施工及造成损失的细节，如停工时间、救灾的措施和财产的损失等。

3）记录承包商每天工作范围，完成工程数量，以及开始和完成工作的时间，记录出现的技术问题，采取了怎样的措施进行处理，效果如何，能否达到技术规范的要求等。

4）对工程施工中每步工序完成后的情况作简单描述，如此工序是否已被认可，对缺陷的补救措施或变更情况等作详细记录。监理人员在现场对隐蔽工程应特别注意记录。

5）记录现场材料供应和储备情况，每一批材料的到达时间、来源、数量、质量、存储方式和材料的抽样检查情况等。

6）对于一些必须在现场进行的试验，现场监理人员进行记录并分类保存。

（2）会议记录。由监理人员所主持的会议应由专人记录，并且要形成纪要，由与会者签字确认，这些纪要将成为今后解决问题的重要依据。会议纪要应包括以下内容：会议地点及时间；出席者姓名、职务以及他们所代表的单位；会议中发言者的姓名及主要内容；形成的决议；决议由何人及何时执行等；未解决的问题及其原因。

（3）计量与支付记录。包括所有计量及付款资料。应清楚地记录哪些工程进行过计量，哪些工程没有进行计量，哪些工程已经进行了支付；已同意或确定的费率和价格变更等。

（4）试验记录。

除正常的试验报告外，试验室应由专人每天以日志形式记录试验室工作情况，包括对承包商的试验的监督、数据分析等。记录内容包括：

1）工作内容的简单叙述。如做了哪些试验，监督承包商做了哪些试验，结果如何等。

2）承包人试验人员配备情况。试验人员配备与承包商计划所列是否一致，数量和素质是否满足工作需要，增减或更换试验人员之建议。

3）对承包商试验仪器、设备配备、使用和调动情况记录，需增加新设备的建议。

4）监理试验室与承包商试验室所做同一试验，其结果有无重大差异，原因如何。

（5）工程照片和录像。以下情况，可辅以工程照片和录像进行记录：

1）科学试验。重大试验，如桩的承载试验，板、梁的试验以及科学研究试验等；新工艺、新材料的原形及为新工艺、新材料的采用所做的试验等。

2）工程质量。能体现高水平的建筑物的总体或分部，能体现出建筑物的宏伟、精致、美观等特色的部位；对工程质量较差的项目，指令承包商返工或须补强的工程的前后对比；能体现不同施工阶段的建筑物照片；不合格原材料的现场和清除出现场的照片。

3）能证明或反证未来会引起索赔或工程延期的特征照片或录像；能向上级反映即将引起影响工程进展的照片。

4）工程试验、试验室操作及设备情况。

5）隐蔽工程。被覆盖前构造物的基础工程；重要项目钢筋绑扎、管道铺设的典型照片；混凝土桩的桩顶表面特征情况。

6）工程事故。工程事故处理现场及处理事故的状况；工程事故及处理和补强工艺，能证实保证了工程质量的照片。

7）监理工作。重要工序的旁站监督和验收；看现场监理工作实况；参与的工地会议及参与承包商的业务讨论会，班前、工后会议；被承包商采纳的建议，证明确有经济效益及提高了施工质量的实物。

拍照需要采用专门登记本标明序号、拍摄时间、拍摄内容、拍摄人员等。

（二）监理信息的加工整理

1. 监理信息加工整理的作用和原则

监理信息的加工整理是对收集来的大量原始信息，进行筛选、分类、排序、压缩、分析、比较、计算等过程。

信息的加工整理作用很大。首先，通过加工，将信息聚同分类，使之标准化、系统化。收集来的信息，往往是原始的、零乱的和孤立的，信息资料的形式也可能不同，只有经过加工后，使之成为标准的、系统的信息资料，才能进入使用、存贮，以及提供检索和传递。其次，经过收集的资料，真实程度、准确程度都比较低，甚至还混有一些错误，经过对它们进行分析、比较、鉴别，乃至计算、校正，使获得的信息准确、真实。另外，原始状态的信息，一般不便于使用和存贮、检索、传递，经加工后，可以使信息浓缩，以便于进行以上操作。还有，信息在加工过程中，通过对信息的综合、分解、整理、增补，可以得到更多有价值的新信息。

信息加工整理要本着标准化、系统化、准确性、时间性和适用性等原则进行。为了适应信息用户的使用和交换，应当遵守已制定的标准，使来源和形态多样的各种各样信息标准化。要按监理信息的分类，系统、有序地加工整理，符合信息管理系统的需要。要对收集的监理信息进行校正、剔除，使之准确、真实地反映工程建设状况。要及时处理各种信息，特别是对那些时效性强的信息。要使加工后的监理信息，符合实际监理工作的需要。

2. 监理信息加工整理的成果——各种监理报告

监理工程师对信息进行加工整理，形成各种资料，如各种来往信函、来往文件、各种指令、会议纪要、备忘录或协议和各种工作报告等。工作报告是最主要的加工整理成果，这些报告有：

（1）现场监理日报表。是现场监理人员根据每天的现场记录加工整理而成的报告，主要包括如下内容：当天的施工内容；当天参加施工的人员（工种、数量、施工单位等）；当天施工用的机械的名称和数量等；当天发现的施工质量问题；当天的施工进度和计划进度的比较，若发生进度拖延，应说明原因；当天天气综合评语；其他说明及应注意的事项等。

（2）现场监理工程师周报。是现场监理工程师根据监理日报加工整理而成的报告，每周向项目总监理工程师汇报一周内所有发生的重大事件。

（3）监理工程师月报。是集中反映工程实况和监理工作的重要文件，一般由项目总监理工程师组织编写，每月一次上报项目法人。大型项目的监理月报，往往由各合同段或子项目的总监理工程师代表组织编写，上报总监理工程师审阅后报项目法人。监理月报一般包括以下内容：

1）工程进度。描述工程进度情况，工程形象进度和累计完成的比例。若拖延了计划，应分析其原因以及这种原因是否已经消除，就此问题承包商、监理人员所采取的补救措施等。

2）工程质量。用具体的测试数据评价工程质量，如实反映工程质量的好坏，并分析原因。承包商和监理人员对质量较差项目的改进意见，如有责令承包商返工的项目，应说明其规模、原因以及返工后的质量情况。

3）计量支付。示出本期支付、累计支付以及必要的分项工程的支付情况，形象地表达支付比例，实际支付与工程进度对照情况等；承包商是否因流动资金短缺而影响了工程进度，并分析造成资金短缺的原因（如是否未及时办理支付等）；有无延迟支票、价格调整等问题，说明其原因及由此而产生的增加费用。

4）质量事故。质量事故发生的时间、地点、项目、原因、损失估计（经济损失、时间、损失、人员伤亡情况）等。事故发生后采取了哪些补救措施，在今后工作中避免类似事故发生的有效措施。由于事故的发生，影响了单项或整体工程进度情况。

5）工程变更。对每次工程变更应说明：引起变更设计的原因，批准机关，变更项目的规模，工程量增减数量、投资增减的估计等；是否因此变更影响了工程进展，承包商是否就此已提出或准备提出延期和索赔。

6）民事纠纷。说明民事纠纷产生的原因，哪些项目因此被迫停工，停工的时间，造成窝工的机械、人力情况等。承包商是否就此已提出或准备提出延期和索赔。

7）合同纠纷。合同纠纷情况及产生的原因，监理人员进行调解的措施；监理人员在解决纠纷中的体会；项目法人或承包商有无要求进一步处理的意向。

8）监理工作动态。描述本月的主要监理活动，如工地会议、现场重大监理活动、延期和索赔的处理、上级布置的有关工作的进展情况和监理工作中的困难等。

（三）监理信息的贮存和传递

1. 监理信息的贮存

经过加工处理后的监理信息，按照一定的规定，记录在相应的信息载体上，并把这些记录信息的载体，按照一定特征和内容性质，组织成为系统的、有机体系的、供人们检索的集合体，这个过程，称为监理信息的贮存。

信息的贮存，可汇集信息，建立信息库，有利于进行检索，可以实现监理信息资源的共享，促进监理信息的重复利用，便于信息的更新和剔除。

监理信息贮存的主要载体是文件、报告报表、图纸、音像材料等。监理信息的贮存，主要就是将这些材料按不同的类别，进行详细的登录、存放，建立资料归档系统。该系统应简单和易于保存，但内容应足够详细，以便很快查出任何已归档的资料。

监理资料归档，一般按以下几类进行：

（1）一般函件。与项目法人、承包商和其他有关部门来往的函件按日期归档；监理工程师主持或出席的所有会议记录按日期归档。

（2）监理报告。各种监理报告按次序归档。

（3）计量与支付资料。每月计量与支付证书，连同其所附资料每月按编号归档；监理人员每月提供的计量与支付有关的资料应按月份归档；物价指数的来源等资料按编号归档。

（4）合同管理资料。承包商对延期、索赔和分包的申请、批准的延期、索赔和分包文件按编号归档；变更设计的有关资料按编号归档；现场监理人员为应急发出的书面指令及最终指令应按项目归档。

（5）图纸。按分类编号存放归档。

（6）技术资料。现场监理人员每月汇总上报的现场记录及检验报表按月归档，承包商提供的竣工资料分项归档。

（7）试验资料。监理人员所完成的试验资料分类归档；承包商所报试验资料分类归档。

（8）工程照片。反映工程实际进度的照片按日期归档；反映现场监理工作的照片按日期归档；反映工程质量事故及处理情况的照片按日期归档；其他照片，如工地会议和重要监理活动的照片按日期归档。

以上资料在归档的同时，要进行登录，建立详细的目录表，以便随时调用、查寻。

2. 监理信息的传递

监理信息的传递，是指监理信息借助于一定的载体（如纸张、软盘等）从信息源传递到使用者的过程。

监理信息在传递过程中，形成各种信息流。信息流常有以下几种：

（1）自上而下的信息流。是指由上级管理机构向下级管理机构流动的信息，上级管理机构是信息源，下级管理机构是信息的接受者。它主要是有关政策法规、合同、各种批文、各种计划信息。

（2）自下而上的信息流。是指由下一级管理机构向上一级管理机构流动的信息，它主要是有关工程项目总目标完成情况的信息，也即投资、进度、质量、合同完成情况的信息。其中有原始信息，如实际投资、实际进度、实际质量信息，也有经过加工、处理后的信息，如投资、进度、质量对比信息等。

（3）内部横向信息流。是指在同一级管理机构之间流动的信息。由于工程监理是以三大控制为目标，以合同管理为核心的动态控制系统，在监理过程中，三大控制和合同管理分别由不同的组织进行，由此产生各自的信息，并且相互之间又要为监理的目标进行协作、传递信息。

（4）外部环境信息流。是指在工程项目内部与外部环境之间流动的信息，外部环境指的是气象部门、环保部门等。

为了有效地传递信息，必须使上述各信息流畅通。

3. 信息流程设计

为了避免信息流通中的混乱、延误、中断或丢失而引起监理工作的失误，应在项目监理实施细则中明确信息流程。

图 9-1 为一种信息流程图的参考形式。图中遵循了信息统一流入、流出通道管理的原则，即信息的流入流出必须经过监理办公室记录、存档，对于需批复的文件，监理办公室应负责送审，规定批复期限、接收批文、发出批示，对于紧急情况未经监理办公室的信息，应有事后补报制度。为简明起见，图 9-1 中未反应信息分级管理情况。对于信息分级管理的流程图，可在遵循信息流入、流出的原则下，扩展图 9-1 所示的信息流程图。

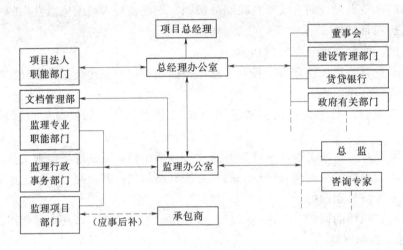

图 9-1　信息流程图

4. 信息分配计划

在执行计划前，必须制订参加工程项目管理的各级机构的信息分配计划。若大量的信息交织在一起；不分层次，不分部门，会使管理者淹没在所有出现的信息中，很难方便地找出他所关心的信息。下面以进度计划为例说明信息分配计划的编制。

（1）制定信息分配计划的原则。信息分配应按照组织管理机构形式进行。例如，最高层管理者宜根据关键路线、非关键工作的时差对进度计划进行分析。而对施工监督人员来说，有用的是他所监督的工作的最早开工时间与最早结束时间，因为他仅需要本身职责范围内的各种的信息。因此，信息分配首先按管理层次分类，然后按专业分类。另外，越是高层次的管理人员所收到的信息报告越应简要，而施工监督人员掌握的信息要详细具体。再有，在分配信息时，必须对信息概括、分类，否则，有些部门就会收到数量和质量上不合适的信息。

综上所述，制定信息分配计划原则和任务可归纳为以下三点：

1）根据不同层次，不同专业，对信息分类。

2）对信息进行概括。

3）识别选择参数。

（2）信息分配计划的表示。信息分配计划可用表 9-2 所示的形式。

表 9 - 2　　　　　　　　　　信 息 目 录 表

信息类型	时间	信息发出者	信息接受者							
			管理局	高级驻地监理工程师	进度控制部	质量控制部	投资控制部	合同管理部	信息管理部	承包商
周进度会备录	每周	进度控制部		×					×	
月协议会议备忘录	每月	监理办公室	×	×	×	×	×	×	×	×
附加会议备忘录	不定期	监理办公室	×	×	×	×	×	×	×	
现场情况报告	1次/周	各工作面监理员		×	×	×				×
进度月报	每月	进度控制部		×				×		
质量月报	每月	质量控制薛		×				×		
支付月报	每月	投资控制部		×				×		
合同执行月报	每月	合同管理部		×				×	×	
综合月报	每月	监理办公室	×	×	×	×	×		×	

三、工程监理信息系统

（一）工程监理信息系统的概念与作用

1. 工程监理信息系统的概念

信息系统，是根据详细的计划，为预先给定的定义十分明确的目标传递信息的系统。一个信息系统，通常要确定以下主要参数：

（1）传递信息的类型和数量，信息流是由上而下还是由下而上或是横向的等。

（2）信息汇总的形成，如何加工处理信息，使信息浓缩或详细化。

（3）传递信息的时间频率，什么时间传递，多长时间间隔传递一次。

（4）传递时间的路线，哪些信息通过哪些部门等。

（5）信息表达的方式，书面的、口头的还是技术的。

工程监理信息系统是以计算机为手段，以系统的思想为依据，收集、传递、处理、分发、存储工程监理各类数据，产生信息的一个住处系统。它的目标是实现信息的系统管理与提供必要的决策支持。

工程监理信息系统为监理工程师提供标准化的、合理的数据来源，提供一定要求的、结构化的数据；提供预测、决策所需的信息以及数学、物理模型；提供编制计划、个性计划、计划调控的必要科学手段及应变程序；保证对随机性问题处理时，为监理工程师提供多个可供选择的方案。

2. 监理信息系统的作用

（1）规范监理工作行为，提高监理工作标准化水平。监理工作标准化是提高监理工作质量的必由之路，监理信息系统通常是按标准监理工作程序建立的，它带来了信息的规范化、标准化，使信息的收集和处理更及时、更完整、更准确、更统一。通过系统的应用，促使监理人员行为更规范。

（2）提高监理工作效率、工作质量和决策水平。监理信息系统实现办公自动化，使监理人员从简单繁琐的事务性作业中解脱出来，有更多的时间用在提高监理质量和效益方面；系统为监理人员提供有关监理工作的各项法律法规、监理案例、监理常识的咨询功能，能自动处理各种信息快速生成各种文件和报表；系统为监理单位及外部有关单位的各层次收集、传递、存储、处理和分发各类数据和信息，使得下情上报，上情下达，左右信息交流及时、畅通，沟通了与外界的联系渠道。这些都有益于提高监理工作效率、监理质量和监理水平。系统还提供了必要的决策及预测手段，有益于提高监理工程师的决策水平。

（3）便于积累监理工作经验。监理成果通过监理资料反映出来，监理信息系统能规范地存贮大量监理信息，便于监理人员随时查看工程信息资料，积累监理工作经验。

（二）监理信息系统的一般构成和功能

监理信息系统一般由两部分构成，一部分是决策支持系统，它主要完成借助知识库及模型库帮助，在数据库大量数据的支持下，运用知识和专家的经验来进行推理，提出监理各层次，特别是高层次决策时所需的决策方案及参考意见。另一部分是管理信息系统，它主要完成数据的收集、处理、使用及存储，产生信息提供给监理各层次、各部门和各个阶段，起沟通作用。

1. 决策支持系统的构成和功能

（1）决策支持系统的构成。决策支持系统一般由人—机对话系统、模型库管理系统、数据库管理系统、知识库管理系统和问题处理系统组成。

人—机对话系统主要是人与计算机之间交互的系统，把人们的问题变成抽象的符号，描述所要解决的问题，并把处理的结果转变成人们能接受的语言输出。

模型库系统给决策者提供的是推理、分析、解答问题的能力。模型库需要一个存储模型的库及相应的管理系统。模型则有专用模型和通用模型，提供业务性、战术性、战略性决策所需要的各种模型，同时也能随实际情况变化、修改、更新已有模型。

决策支持系统要求数据库有多重的来源，并经过必要的分类、归并、改变精度、数据量及一定的处理以提高信息含量。

知识库包括工程建设领域所需的一切相关决策的知识。它是人工智能的产物，主要提供问题求解的能力，知识库中的知识是可以共享的、独立的、系统的、并可以通过学习、授予等方法扩充及更新。

问题处理系统实际完成知识、数据、模型、方法的综合，并输出决策所必需的意见及方案。

（2）决策支持系统的功能。决策支持系统的主要功能是：

1）识别问题：判断问题的合法性，发现问题及问题的含义。

2）建立模型：建立描述问题的模型，通过模型库找到相关的标准模型或使用者在该问题基础上输入的新建模型。

3）分析处理：根据数据库提供的数据或信息，根据模型库提供的模型及知识库提供的处理该类问题的相关知识及处理方法进行分析处理。

4）模拟及择优：通过过程模拟找到决策的预期结果及多方案中的优化方案。

5）人—机对话：提供人与计算机之间的交互式交流，一方面回答决策支持系统要求输入的补充信息及决策者主观要求，另一方面也输出决策方案及查询要求，以便作为最终决策时的参考。

6）根据决策者最终决策导致的结果修改、补充模型库及知识库。

2. 监理管理信息系统的构成和功能

监理工程师的主要工作是控制工程建设的投资、进度和质量，进行工程建设合同管理，协调有关单位间的工作关系。监理管理信息系统的构成应当与这些主要的工作相对应。另外，每个工程项目都有大量的公文信函，作为一个信息系统，也应对这些内容进行辅助管理。因此，监理管理信息系统一般由文档管理子系统、合同管理子系统、组织协调子系统、投资控制子系统、质量控制子系统和进度控制子系统构成。各子系统的功能如下：

（1）文档管理子系统。

1）公文编辑、排版与打印。

2）公文登录、查询与统计。

3）档案的登录、修改、删除、查询与统计。

（2）合同管理子系统。

1）合同结构模式的提供和选用。

2）合同文件的录入、修改、删除。

3）合同文件的分类查询和统计。

4）合同执行情况跟踪和处理过程的记录。

5）工程变更指令的录入、修改、查询、删除。

6）经济法规、规范标准、通用合同文本的查询。

（3）组织协调子系统。

1）工程建设相关单位查询。

2）协调记录。

（4）投资控制子系统。

1）原始数据的录入、修改、查询。

2）投资分配分析。

3）投资分配与项目概算及预算的对比分析。

4）合同价格与投资分配、概算、预算的对比分析。

5）实际投资支出的统计分析。

6）实际投资与计划投资（预算、合同价）的动态比较。

7）项目投资计划的调整。

8）项目结算与预算、合同价的对比分析。

9）各种投资报表。

（5）质量控制子系统。

1）质量标准的录入、修改、查询、删除。

2）已完工程质量与质量要求、标准的比较分析。

3）工程实际质量与质量要求、标准的比较分析。

4）已完工程质量验收记录的录入、查询、修改、删除。

5）质量安全事故记录的录入、查询、统计分析。

6）质量安全事故的预测分析。

7）各种工程质量报表。

（6）进度控制子系统。

1）原始数据的录入、修改、查询。

2）编制网络计划和多级网络计划。

3）各级网络间的协调分析。

4）绘制网络图及横道图。

5）工程实际进度的统计分析。

6）工程进度变化趋势预测。

7）计划进度的调整。

8）实际进度与计划进度的动态比较。

9）各种工程进度报表。

目前，国内外开发的各种计算机辅助项目管理软件系统，多以管理信息系统为主。

第三节 组 织 协 调

工程监理目标的实现，需要监理工程师有较强的专业知识和对监理程序的充分理解，还有一个重要方面，就是要有较强的组织协调能力。通过组织协调，使影响项目监理目标实现的各个方面处于统一体中，使项目系统结构均衡，使监理工作实施和运行过程顺利。

一、组织协调的概念

协调就是连接、联合、调和所有的活动及力量。协调的目的是力求得到各方面协助，促使各方协同一致，齐心协力，以实现自己的预定目标。协调作为一种管理方法贯穿于整个项目和项目管理过程中。

项目系统是由若干相互联系而又相互制约的要素有组织、有秩序地组成的具有特定功能和目标的一体。组织系统的各要素是该系统的子系统，项目系统就是一个由人员、物质、信息等构成的人为组织系统。用系统方法分析项目协调的一般原理有三大类：一是"人员/人员界面"；二是"系统/系统界面"；三是"系统/环境界面"。

项目组织是由各类人员组成的工作班子。由于每个人的性格、习惯、能力、岗位、任务、作用的不同，即使只有两个人在一起工作，也有潜在的人员矛盾或危机。这种人和人之间的间隔，就是所谓的"人员/人员界面"。

项目系统是由若干个项目组组成的完整体系，项目组即子系统。由于子系统的功能不同，目标不同，容易产生各自为政的趋势和相互推诿的现象。这种子系统和子系统之间的间隔，就是所谓的"系统/系统界面"。

项目系统是一个典型的开放系统。它具有环境适应性，能主动地向外部世界取得必要的能量、物质和信息。在"取"的过程中，不可能没有障碍和阻力。这种系统与环境之间的间隔，就是所谓的"系统/环境界面"。

工程项目建设协调管理就是在"人员/人员界面"、"系统/系统界面"、"系统/环境界面"之间，对所有的活动及力量进行连接、联合、调和的工作。系统方法强调，要把系统作为一个整体来研究和处理，因为总体的作用规模要比各子系统的作用规模之和大。为了顺利实现工程项目建设系统目标，必须重视协调管理，发挥系统整体功能。在工程项目监理中，要保证项目的参与各方面围绕项目开展工作，使项目目标顺利实现，组织协调最为重要、最为困难，也是监理工作是否成功的关键，只有通过积极的组织协调才能实现整个系统全面协调的目的。

二、组织协调工作内容

（一）监理组织内部的协调

1. 监理组织内部人际关系的协调

工程项目监理组织系统是由人组成的工作体系。工作效率很大程度上取决于人际关系的协调程度，总监理工程师应首先抓好人际关系的协调，激励监理组织成员。

（1）在人员安排上要量才录用。对监理组各种人员，要根据每个人的专长进行安排，做到人尽其才。人员的搭配应注意能力互补和性格互补，人员配置应尽可能少而精干，防止不能胜任和忙闲不均现象。

（2）在工作委任上要职责分明。对组织内的每一个岗位，都应订立明确的目标和岗位责任制，应通过职能清理，使管理职能不重不漏，做到事事有人管，人人有专责，同时明确岗位职权。

（3）在成绩评价上要实事求是。谁都希望自己的工作做出成绩，并得到组织肯定。但工作成绩的取得，不仅需要主观努力，而且需要一定工作条件和相互配合。要发扬民主作风，实事求是评价，以免于人员无功自傲或有功受屈，使每个人热爱自己的工作，并对工作充满信心和希望。

（4）在矛盾调解上要恰到好处。人员之间的矛盾总是存在的，一旦出现矛盾就应进行调解，要多听取项目组成员的意见和建议，及时沟通，使人员始终处于团结、和谐、热情高涨的工作气氛之中。

2. 项目监理系统内部组织关系的协调

项目监理系统是由若干子系统（专业组）组成的工作体系。每个专业组都有自己的目标和任务。如果每个子系统都从项目的整体利益出发，理解和履行自己的职责，则整个系统就会处于有序的良性状态，否则，整个系统便处于无序的紊乱状态，导致功能失调，效率下降。

组织关系的协调从以下几方面进行：

（1）要在职能划分的基础上设置组织机构，根据工程对象及监理合同所规定的工作内容，确定职能划分，并相应设置配套的组织机构。

（2）要明确规定每个机构的目标、职责和权限，最好以规章制度的形式作出明文规定。

（3）要事先约定各个机构在工作中的相互关系。在工程项目建设中许多工作不是一个项目组可以完成的，其中有主办、牵头和协作、配合之分，事先约定，才不至于出现误事、脱节等延误工作的现象。

（4）要建立信息沟通制度，如采用工作例会、业务碰头会、发会议纪要、采用工作流程图或信息传递卡等方式来沟通信息，这样可使局部了解全局，服从并适应全局需要。

（5）及时消除工作中的矛盾或冲突。总监理工程师应采用民主的作风，注意从心理学、行为科学的角度激励各个成员的工作积极性；采用公开的信息政策，让大家了解项目实施情况、遇到的问题或危机；经常性地指导工作，和成员一起商讨遇到的问题，多倾听他们的意见、建议，鼓励大家同舟共济。

3. 项目系统内部需求关系的协调

工程项目监理实施中有人员需求、材料需求、试验设备需求等，而资源是有限的，因此，内部需求平衡至关重要。

需求关系的协调可从以下环节进行：

（1）抓计划环节，平衡人、材、物的需求。项目监理开始时，要做好监理规划和监理实施细则的编写工作，提出合理的监理资源配置，要注意抓住期限上的及时性，规格上的明确性，数量上的准确性，质量上的规定性，这样才能体现计划的严肃性，发挥计划的指导作用。

（2）对监理力量的平衡，要注意各专业监理工程师的配合，要抓住调度环节。一个工程包括多个分部工程和分项工程，复杂性和技术要求各不一样，监理工程师就存在人员配备、衔接和调度问题。如土建工程的主体阶段，主要是钢筋混凝土工程和砌筑工程；装饰阶段，工种较多，新材料、新工艺和测试手段就不一样；还有设备安装工程等。监理力量的安排必须考虑到工程进展情况，作出合理的安排，以保证工程监理的质量和目标的实现。

（二）与项目法人的协调

工程监理是受项目法人的委托而独立、公正进行的工程项目监理工作。监理实践证明，监理目标的顺利实现和与项目法人协调的好坏有很大的关系。

我国实行工程监理制度时间不长，工程建设各方对监理制度的认识还不够，还存在不少问题，尤其是一些项目法人的行为不规范。我国长期的计划经济体制使得项目法人合同意识较差，随意性大，主要体现在：一是沿袭计划经济时期的基建管理模式，搞"大统筹，小监理"，一个项目，往往是项目法人的管理人员要比监理人员多或管理层次多，对监理工作干涉多，并插手监理人员应做的具体工作；二是不把合同中规定的权力交给监理单位，致使总监理工程师有职无权，发挥不了作用；三是不讲究科学，项目科学管理意识差，在项目目标确定上压工期、压造价，在项目进行过程中变更多或时效不按要求，给监理工作的质量、进度、投资控制带来困难。因此，与项目法人的协调是监理工作的重点和难点。监理工程师应从以下几方面加强与项目法人的协调：

（1）监理工程师首先要理解项目总目标、理解项目法人的意图。对于未能参加项目决策过程的监理工程师，必须了解项目构思的基础、起因、出发点，了解决策背景，否则可能对监理目标及完成任务有不完整的理解，会给他的工作造成很大的困难，所以，必须花大力气来研究项目法人，研究项目目标。

（2）利用工作之便做好监理宣传工作，增进项目法人对监理工作的理解，特别是对项目管理各方职责及监理程序的理解；主动帮助项目法人处理项目中的事务性工作，以自己规范化、标准化、制度化的工作去影响和促进双方工作的协调一致。

（3）尊重项目法人，尊重项目法人代表，让项目法人一起投入项目全过程。尽管有预定的目标，但项目实施需要遵循项目法人的指令，使项目法人满意，对项目法人提出的某些不适当的要求，只要不属于原则问题，都可先行进行，然后利用适当时机，采取适当方式加以说明或解释；对于原则性问题，可采取书面报告等方式说明原委，尽量避免发生误解，以使项目进行顺利。

（三）与承包商的协调

监理目标的实现与承包商的工作密切相关。监理工程师对质量、进度和投资的控制都是通过承包商的工作来实现的。做好与承包商的协调工作是监理工程师组织协调工作的重要内容。监理工程师要依据工程监理合同对工程项目实施工程监理，对承包商的工程行为进行监督管理。

（1）坚持原则，实事求是，严格按规范、规程办事，讲究科学态度。监理工程师在观念上应该认为自己是提供监理服务，尽量少地对承包商行使处罚权，应强调各方面利益的一致性和项目总目标；监理工程师应鼓励承包商将项目实施状况、实施结果和遇到的困难和意见向他汇报，以寻找对目标控制可能的干扰，双方了解得越多越深刻，监理中的对抗和争执就越少。

（2）协调不仅是方法问题、技术问题，更多的是语言艺术、感情交流和用权适度问题。尽管协调意见是正确的，但由于方式或表达不妥，会激化矛盾。而高超的协调能力则往往起到事半功倍的效果，令各方面都满意。

（3）协调的形式可采取口头交流会议制度和监理书面通知等。监理内容包括旁站监理、事后监理验收工作，监理工程师应树立寓监于帮的观念，努力树立良好的监理形象，加强对施工方案的预先审核，对可能发生的问题和处罚可事前口头提醒，督促改进。工地会议是施工阶段组织协调工作的一种重要形式，监理工程师通过工地会议对工作进行协调检查，并落实下阶段的任务。因此，要充分利用工地会议形式。工地会议分第一次工地会议、常规的工地会议（或例会）、现场协调会三种形式。工地会议应由监理工程师主持，会议后应及时整理成纪要或备忘录。

（4）施工阶段的协调工作内容。施工阶段的协调工作，包括解决进度、质量、中间计量与支付的签证、合同纠纷等一系列问题。

1）与承包商项目经理关系的协调。从承包商项目经理及其工地工程师的角度来说，他们最希望监理工程师是公正的、通情达理并容易理解别人的。他们希望从监理工程师处得到明确而不是含糊的指示，并且能够对他们所询问的问题给予及时的答复。他们希望监理工程师的指示能够在他们工作之前发出，而不是在他们工作之后。这些心理现象，作为监理工程师来说，应该非常清楚。项目经理和他的工程师可能最为反感本本主义者以及工作方法僵硬的监理工程师。一个懂得坚持原则，又善于理解承包商项目经理的意见，工作方法灵活，随时可能提出或愿意接受变通办法的监理工程师肯定是受到欢迎的。

2）进度问题的协调。对于进度问题的协调，应考虑到影响进度因素错综复杂，协调工作也十分复杂。实践证明，有两项协调工作很有效：一是项目法人和承包商双方共同商定一级网络计划，并由双方主要负责人签字，作为工程承包合同的附件；二是设立提前竣工奖，由监理工程师按一级网络计划节点考核，分期预付工程工期奖，如果整个工程最终不能保证工期，由项目法人从工程款中将预付工期奖扣回并按合同规定予以罚款。

3）质量问题的协调。质量控制是监理合同中最主要的工作内容，应实行监理工程师质量签字认可制度。对没有出厂证明、不符合使用要求的原材料、设备和构件，不准使用；对工序交接实行报验签证；对不合格的工程部位不予验收签字，也不予计算工程量，不予支付进度款。在工程项目进行过程中，设计变更或工程项目的增减是经常出现的，有些是合同签定时无法预料的和明确规定的。对于这种变更，监理工程师要仔细认真研究，合理计算价格，与有关部门充分协商，达成一致意见，并实行监理工程师签证制度。

4）关于对承包商的处罚。在施工现场，监理工程师对承包商的某些违约行为进行处罚是一件很慎重而又难免的事情。每当发现承包商采用一种不适当的方法进行施工，或是用了不符合合同规定的材料时，监理工程师除了立即给予制止外，可能还要采取相应的处理措施。遇到这种情况，监理工程师应该考虑的是自己的处罚意见是否是本身权限以内的，根据合同要求，自己应该怎么做等。对于施工承包合同中的处罚条款，监理工程师应该十分熟悉，这样当他签署一份指令时，便不会出现失误，给自己的工作造成被动。在发现缺陷并需要采取措施时，监理工程师必须立即通知承包商，监理工程师要有时间期限的概念，否则承包商有权认为监理工程师是满意或认可的。

监理工程师最担心的可能是工程总进度和质量要受到影响。有时，监理工程师会发现，承包商的项目经理或某个工地工程师是不称职的。可能由于他们的失职，监理工程师看着承包商耗费资金和时间，工程却没什么进展，而自己的建议并未得到采纳，此时明智的做法是继续观察一段时间，待掌握足够的证据时，总监理工程师可以正式向承包商发出警告。万不得已时，总监理工程师有权要求撤换项目经理或工地工程师。

5）合同争议的协调。对于工程中的合同纠纷，监理工程师应首先协商解决，协商不成时才向合同管理机关申请调解，只有当对方严重违约而使自己的利益受到重大损失而不能得到补偿时才采用仲裁或诉讼手段。如果遇到非常棘手的合同纠纷问题，不妨暂时搁置等待时机，另谋良策。

6）处理好人际关系。在监理过程中，监理工程师处于一种十分特殊的位置。一方面，项目法人希望得到真实、独立、专业的高质量服务；另一方面，承包商则希望监理单位能对合同条件有一个公正的解释。因此，监理工程师及其他工作人员必须善于处理各种人际关系，既要严格遵守职业道德，礼貌而坚决地拒收任何礼物、免费服务、减价物品等，以保证行为的公正性，也要利用各种机会增进与各方面人员的友谊与合作，以利于工程的进展。否则，稍有疏忽，便有可能引起项目法人或承包商对其可信赖程度的怀疑和动摇。

（四）与设计单位的协调

设计单位为工程项目建设提供图纸，作出工程概算，以及修改设计等工作，是工程项目主要相关单位之一。监理单位必须协调设计单位的工作，以加快工程进度，确保质量，降低消耗。

（1）真诚尊重设计单位的意见，例如组织设计单位向承包商介绍工程概况、设计意图、技术要求、施工难点等；在图纸会审时请设计单位交底，明确技术要求，把标准过高、设计遗漏、图纸差错等问题解决在施工之前；施工阶段，严格按图施工；结构工程验收、专业工程验收、竣工验收等工作，约请设计代表参加。若发生质量事故，认真听取设计单位的处理意见。

（2）主动向设计单位介绍工程进展情况，以便促使他们按合同规定或提前出图。施工中，发现设计问题，应及时主动向设计单位提出，以免造成大的直接损失；若监理单位掌握比原设计更先进的新技术、新工艺、新材料、新结构、新设备时，可主动向设计单位推荐；支持设计单位技术革新等。为使设计单位有修改设计的余地而不影响施工进度，可与设计单位达成协议，限定一个期限，争取设计单位、承包商的理解和配合，如果逾期，设计单位要负责由此而造成的经济损失。

（3）协调的结果要注意信息传递的及时性和程序性，通过监理工程师联系单、设计单位申报表或设计变更通知单传递，要按设计单位（经项目法人同意）→监理单位→承包商之间的方式进行。

这里要注意的是，监理单位与设计单位都是由项目法人委托进行工作的，两者间并没有合同关系，所以监理单位主要是和设计单位做好交流工作，协调要靠项目法人的支持。工程监理的核心任务之一是使工程的质量、安全得到保障，而设计单位应就其设计质量对项目法人负责，因此《中华人民共和国建筑法》中指出：工程监理人员发现工程设计不符合建筑工程质量标准或者合同约定的质量要求的，应当报告项目法人要求设计单位改正。

（五）与政府部门及其他单位的协调

一个工程项目的开展还存在政府部门及其他单位的影响，如政府部门、金融组织、社会团体、服务单位、新闻媒介等，对工程项目起着一定的或决定性的控制、监督、支持、帮助作用，这层关系若协调不好，工程项目实施也可能严重受阻。

1. 与政府部门的协调

（1）工程质量监督站是由政府授权的工程质量监督的实施机构，对委托监理的工程，质量监督站主要是核查勘察设计、施工单位的资质和核定工程质量等级。监理单位在进行工程质量控制和质量问题处理时，要做好与工程质量监督站的交流和协调，工程质量等级认证应请工程质量监督站确认。

（2）重大质量、安全事故，在配合承包商采取急救、补救措施的同时，应敦促承包商立即向政府有关部门报告情况，接受检查和处理。

（3）工程合同直接送公证机关公证，并报政府建设管理部门备案；征地、拆迁、移民要争取政府有关部门支持和协调；现场消防设施的配置，宜请消防部门检查认可；施工中还要注意防止环境污染，特别是防止噪声污染，坚持做到文明施工，要敦促承包商和周围单位搞好协调。

2. 协调与社会团体的关系

一些大中型工程项目建成后，不仅会给项目法人带来效益，还会给该地区的经济发展带来好处，同时给当地人民生活带来方便，因此必然会引起社会各界关注。项目法人和监理单位应把握机会，争取社会各界对工程建设的关心和支持。这是一种争取良好社会环境的协调。

对本部分的协调工作，从组织协调的范围看是属于远外层的管理，监理单位有组织协调的主持权，但重要协调事项应当事先向项目法人报告。根据目前的工程监理实践，对外部环境协调，项目法人负责主持，监理单位主要是针对一些技术性工作协调。如项目法人和监理单位对此有分歧，可在监理委托合同中详细注明。

三、组织协调的方法

组织协调工作涉及面广，受主观和客观因素影响较大。所以监理工程师知识面要宽，要有较强的工作能力，能够因地制宜、因时制宜处理问题，这样才能保证监理工作顺利进行。组织协调的方法主要有以下内容：

（一）第一次工地会议

第一次工地会议由项目总监理工程师主持，项目法人、承包商的授权代表必须参加出席会议，各方将在工程项目中担任主要职务的负责人及高级人员也应参加。第一次工地会议很重要，是项目开展前的宣传通报会，总监理工程师阐述的要点有监理规划、监理程序、人员分工及项目法人、承包商和监理单位三方的关系等。具体任务如下。

1. 介绍各方人员及组织机构

（1）各方通报自己的单位正式名称、地址、通信方式。

（2）项目法人或项目法人代表介绍项目法人的办事机构、职责，主要人员名单，并就有关办公事项做出说明。

（3）总监理工程师宣布其授权的代表的职权，并将授权的有关文件交承包商与项目法人。并宣布监理机构、主要人员及职责范围，组织机构框图、职责范围及全体人员名单，并交项目法人与承包商。

（4）承包商应书面提出现场代表授权书、主要人员名单、职能机构框图、职责范围及有关人员的资质材料以获得监理工程师的批准。

2. 宣布承包商的进度计划

承包商的进度计划应在中标后，合同规定的时限提交监理工程师，监理工程师可于第一次工地会议对进度计划作出说明：

（1）进度计划将于何时批准，或哪些分项工程已获批准。

（2）根据批准或将要批准的进度计划，承包商何时可以开始进行哪些工程施工。

（3）有哪些重要或复杂的分项工程还应补充详细的进度计划。

3. 检查承包商的开工准备

（1）主要人员是否进场，并提交进场人员名单。

（2）用于工程的材料、机械、仪器和其他设施是否进场或何时进场，并提交清单。

（3）施工场地、临时工程建设进展情况。

（4）工地实验室及设备是否安装就绪，并提交试验人员及设备清单。

（5）施工测量的基础资料是否复核。

（6）履约保证金及各种保险是否已办理，并应提交已办手续的副本。

（7）为监理工程师提供的各种设施是否具备，并应提交清单。

（8）检查其他与开工条件有关的内容及事项。

4. 检查开工条件

检查项目法人负责的开工条件，监理工程师应根据进度安排，提出建议和要求。

5. 明确监理工作的例行程序

明确监理工作的例行程序，并提出有关表格和说明；确定工地例会的时间、地点及程序。

6. 其他

检查讨论其他与开工条件有关事项。

（二）工地例会

项目实施期间应定期举行工地例会，会议由监理工程师主持，参加者有监理工程师代表及有关监理人员、承包商的授权代表及有关人员、项目法人或项目法人代表及其有关人员。工地例会召开的时间根据工程进展情况安排，一般有旬、半月和月度例会等几种。工程监理中的许多信息和决定是在工地会议上产生和决定的，协调工作大部分也是在此进行的，因此开好工地例会是工程监理的一项重要工作。

工地会议决定同其他发出的各种指令性文件一样，具有等效作用。因此，工地例会的会议纪要是一个很重要的文件。会议纪要是监理工作指令文件的一种，要求记录应真实、准确；当会议上对有关问题有不同意见时，监理工程师应站在公正的立场上作出决定；但对一些比较复杂的技术问题或难度较大的问题，不宜在工地例会上详细研究讨论，可以由监理工程师作出决定，另行安排专题会议研究。

由于工地例会定期召开，一般均按照一个标准的会议议程进行，主要是：对进度、质量、投资的执行情况进行全面检查，交流信息，并提出对有关问题的处理意见以及今后工作中应采取的措施。此外，还要讨论延期、索赔及其他事项。工地例会的具体议题可以有以下内容。

1. 对上次会议记录的确认

（1）主持人请所有出席者提出对上次会议记录不准确或不清楚的问题。

（2）对所有的修改意见均应讨论，如果意见合理，便应采纳并修改记录。

（3）这类修改应列入本次会议记录。

（4）未列入本次会议记录，则上次会议记录就被视为已经获取所有各方的同意与无误。

2. 工程进展情况

（1）审核所有主要工程部分的进展情况。

（2）影响工程进度的主要问题。

（3）对采取的措施进行分析。

3. 对下一个报告期的进度预测

（1）对进度计划进行预测。

（2）完成进度的主要措施。

4. 承包商投入的人力情况

（1）工地人员是否与计划相符。

（2）出勤情况分析，有无缺员而影响进度。

（3）各专业技术人员的配备是否充足。

（4）如果人员不足，承包商采取什么措施，这些措施能否满足要求。

5. 承包商投入的设备情况

（1）施工设备与承包商提供的技术方案或操作工艺方案要求是否相符。

（2）施工机械运转状态是否良好。

（3）设备维修设施能否适应需要。

（4）备用的配件是否充分，能否满足需要。

（5）设备能否满足工程进度要求。

（6）设备利用情况是否令人满意。

（7）如发现设备方面的问题，承包商采取什么措施，这些措施能否满足要求。

6. 材料质量与供应情况

（1）必需用材的质量与输送供应情况。

（2）材料质量令人满意的证据。

（3）材料的分类堆放与保管情况。

7. 技术事宜

（1）工程质量能否达到设计要求。

（2）工程测量问题。

（3）承包商所需的增补图纸。

（4）放线问题。

（5）是否同意所用的工程计量方法。

（6）额外工程的规范。

（7）预防天气变化的措施。

（8）施工中对公用设施干扰的处理措施。

（9）混凝土的拌和、试验。

（10）对承包商所遇到的技术性问题，如何采取补救方案。

8. 财务事宜

（1）月付款证书。

（2）工地材料预付款。

（3）价格调整的处理。

（4）工程计量记录与核实。

（5）工程变更令。

（6）计日工支付记录。

（7）现金周转问题。

（8）违约罚金。

9. 行政管理事项

（1）工地移交状况。

（2）与工地其他承包商的协调。

（3）监理工程师与承包商在各层次的沟通，如要求检验、交工申请等。

（4）承包商的保险。

（5）与公共交通、公共设施部门的关系。

（6）安全状况。

（7）天气记录。

10. 索赔

（1）工期索赔的要求。

（2）费用索赔的要求。

（3）会议记录应记载：承包商是否打算提出索赔要求，已经提出哪些索赔要求，监理工程师答复了哪些等。

11. 对承包商的通知和指令

12. 其他事项

工地例会举行次数较多，要防止流于形式。监理工程师可根据工程进展情况确定分阶段的例会协调要点，保证监理目标控制的需要。对例会要点进行预先筹划，使会议内容丰富，针对性强，可以真正发挥协调的作用。

（三）专题现场协调会

对于一些工程中的重大问题，以及不宜在工地例会上解决的问题，根据工程施工需要，可召开有相关人员参加的现场协调会，如设计交底、施工方案或施工组织设计审查、材料供应、复杂技术问题的研讨、重大工程质量事故的分析和处理、工程延期、费用索赔等进行协调，提出解决办法，并要求各方及时落实。

专题会议一般由总监理工程师提出，或由承包商提出后，由总监理工程师确定。

参加专题会议的人员应根据会议的内容确定，除项目法人、承包商和监理单位的有关人员外，还可以邀请设计人员和有关部门人员参加。

由于专题会议研究的问题重大，又较复杂，因此会前应与有关单位一起，作好充分的准备，如进行调查、收集资料，以便介绍情况。有时为了使协调会达到更好的共识，避免在会议上形成冲突或僵局，或为了更快地达成一致，可以先将议程打印发给各位参加者，并可以就议程与一些主要人员进行预先磋商，这样才能在有限的时间内，让有关人员充分地研究并得出结论。会议过程中，主持人应能驾驭会议局势，防止不正常的干扰影响会议的正常秩序。应善于发现和抓住有价值的问题，集思广益，补充解决方案。应通过沟通和协调，使大家意见一致，使会议富有成效。会议的目的是使大家取得协调一致，同时要争取各方面心悦诚服地接受协调，并以积极的态度完成工作。对于专题会议，应有会议记录和会议纪要，并作为监理工程师发出的相关指令文件的附件或存档备查的文件。

（四）监理文件

监理工程师组织协调的方法除上述会议制度外，还可以通过一系列书面文件进行，监理书面文件形式可根据工程情况和监理要求制定。SL288—2003《水利工程建设项目施工监理规范》为规范监理工程现场的工作行为，使监理工作逐步实行规范化、标准化、制度化的科学管理，制定了施工阶段监理现场用表示范表式。该表式分为两大类。一类表是承包单位就现场工作报请监理工程师核验的申报用表或告知监理工程师有关事项的报告用表。申报内容涉及到的各方人员需在规定或商定的时间内予以处理。另一类表是监理组织的自身工作用表，它包括对外用表和内部用表两大部分。

对以上监理表式，监理单位可结合工程实际进行适当补充或调整，使之满足监理组织协调和监理工作的需要。

思 考 题

1. 何谓合同，合同的内容包括哪几个方面？

2. 工程建设中有哪些主要合同关系？

3. 施工合同文件的内容有哪些？

4. 使用 GF—2000—0208《水利水电工程施工合同和招标文件示范文本》时，怎样进行施工合同的质量、进度和费用控制？

5. 工程变更与施工索赔管理的内容有哪些？

6. FIDIC 条款有哪两部分组成，它们之间是什么关系？

7. 常见的监理信息的表现形式及内容是什么？

8. 监理信息收集的基本方法有哪些？

9. 监理信息管理系统的一般构成和功能如何？

10. 何谓组织协调的概念？其范围及层次分别是什么？

11. 监理组织内部协调包括哪些内容？

12. 与项目法人的协调有哪些内容？如何进行？

13. 与承包商的协调有哪些内容？如何进行？

14. 与设计方的协调有哪些内容？如何进行？

15. 协调的方法有哪些？

第十章 工程验收与移交阶段的监理

第一节 工 程 验 收 概 述

工程验收是在工程质量评定的基础上,依据一个既定的验收标准,采取一定的手段来检验工程产品的特性是否满足验收标准的过程。

工程施工完成后都要经过验收。工程验收工作分为分部工程验收、阶段验收、单位工程验收和合同项目完工验收,以及竣工验收(包括初步验收)。

验收工作的主要内容:

(1)检查工程是否按照批准的设计进行建设。

(2)检查已完工程在设计、施工、设备制造安装等方面的质量,并对验收遗留问题提出处理要求。

(3)检查工程是否具备运行或进行下一阶段建设的条件。

(4)总结工程建设中的经验教训,并对工程作出评价。

(5)及时移交工程,尽早发挥投资效益。

工程验收的依据是工程承建合同文件(包括其技术规范等);经发包人或监理机构审核签发的设计文件(包括施工图纸、设计说明书、技术要求和设计变更文件等);国家或行业的现行设计、施工和验收规程、规范、工程质量检验和工程质量等级评定标准,以及工程建设管理法律等有关文件。

分部工程验收、阶段验收、单位工程验收和合同项目完工验收、竣工验收一般均以前阶段签证为基础、相互衔接、不重复进行。对已签证部分,除有特殊要求抽样复查外,一般也不再复验。

工程进行验收时必须要有质量评定意见:

(1)按照水利行业现行标准 SL176—1996《水利水电工程施工质量评定规程》进行质量评定。

(2)阶段验收和单位工程验收应有水利水电工程质量监督单位的工程质量评价意见。

(3)竣工验收必须有水利水电工程质量监督单位的工程质量评定报告;竣工验收委员会在其基础上鉴定工程质量等级。

验收工作由验收委员会(组)负责,验收结论必须经 2/3 以上验收委员会成员同意。

验收过程中发现的问题,其处理原则由验收委员会(组)协商确定。主任委员(组长)对争议问题有裁决权。若有 1/2 以上的委员(组员)不同意裁决意见时,应报请验收主持单位或其上级主管部门决定。

验收委员会(组)成员必须在验收成果文件上签字。验收委员(组员)的保留意见应在验收鉴定书或签证中明确记载。

工程验收的遗留问题,各有关单位应按验收委员会(组)所提要求,负责按期处理完毕。

工程项目中的建设征地补偿及移民安置可按国家有关规定单独组织验收，并由验收主持单位提前向该工程验收委员会提交建设征地补偿和移民安置验收工作报告。没有提交建设征地补偿和移民安置验收工作报告的，不予竣工验收。

资料制备由项目法人负责统一组织，有关单位应按项目法人的要求及时完成。验收所需提供资料见表10-1，所需备查资料见表10-2。

一、分部工程验收

分部工程是指在一个建筑物内组合发挥一种功能的建筑安装工程，是组成单位工程的各个部分。单元工程是指分部工程中由几个工种施工的最小综合体，是日常质量考核的基本单位。

分部工程划分原则：

（1）枢纽工程的土建工程按设计的主要组成部分划分分部工程；渠道工程和堤防工程依据设计及施工部署划分分部工程；金属结构、启闭机及机电设备安装工程根据SDJ249.2—88《水利水电基本建设工程单元工程质量评定标准》（以下简称《评定标准》）划分分部工程。

（2）同一单位工程中，同类型的各个分部工程的工程量不宜相差太大，不同类型的各个分部工程投资不宜相差太大（相差不超过50%）。

（3）每个单位工程的分部工程数目，不宜少于5个。

分部工程验收应具备的条件是该分部工程的所有单元工程已经完建且质量全部合格。

分部工程验收由验收工作组负责，分部工程验收工作组由项目法人或监理主持，设计、施工、运行管理单位有关专业技术人员参加，每个单位以不超过2人为宜。

分部工程验收的主要工作是：鉴定工程是否达到设计标准；按现行国家或行业技术标准，评定工程质量等级；对验收遗留问题提出处理意见。

分部工程验收的图纸、资料和成果是竣工验收资料的组成部分，必须按竣工验收标准制备。

分部工程验收的成果是"分部工程验收签证"，签证原件不少于4份，暂由项目法人保存，待竣工验收后，分送有关单位。

二、阶段验收

根据工程建设需要，当工程建设达到一定关键阶段时（如基础处理完毕、截流、水库蓄水、机组启动、输水工程通水等），组织阶段验收是由水利工程的特殊性所决定的。

阶段验收由竣工验收主持单位或其委托单位主持。阶段验收委员会由项目法人、设计、施工、监理、质量监督、运行管理、有关上级主管等单位组成，必要时应邀请地方政府及有关部门参加。

阶段验收的主要工作是：检查已完工程的质量和形象面貌。检查在建工程建设情况。检查待建工程的计划安排和主要技术措施落实情况，以及是否具备施工条件。检查拟投入使用工程是否具备运用条件，对验收遗留问题提出处理要求。

阶段验收的成果是"阶段验收鉴定书"，自鉴定书通过之日起14天内，由验收主持单位行文发送有关单位。

"阶段验收鉴定书"原件不少于5份，除验收主持单位留存1份外，其余暂由项目法人保存，待竣工验收后，分送有关单位。

三、单位工程验收

单位工程是指具有独立发挥作用或独立施工条件的建筑物。单位工程按设计及施工部署划分：

枢纽工程，以每座独立的建筑物为一个单位工程。工程规模大时，也可将一个建筑物中具有独立施工条件的一部分划分为一个单位工程。

渠道工程，按渠道级别（干、支渠）或工程建设期、段划分，以一条干（支）渠或同一建设期、段的渠道工程为一个单位工程。大型渠道建筑物也可以每座独立的建筑物为一个单位工程。

堤防工程，依据设计及施工部署，以堤身、堤岸防护、交叉连接建筑物分别列为单位工程。

单位工程验收分投入使用验收和完工验收。

（一）单位工程投入使用验收

在竣工验收前已经建成并能够发挥效益，需要提前投入使用的单位工程，在投入使用前应进行投入使用验收。

投入使用验收应具备以下条件：

（1）已按批准设计文件规定的内容全部建成。

（2）工程投入使用后，不影响其他工程正常施工，且其他工程施工不影响该单位工程安全运行（或防护措施已落实）。

（3）运行管理条件已初步具备。

（4）少量尾工已妥善安排。

（5）需移交运行管理单位时，项目法人与运行管理单位已签订单位工程提前启用协议书。

投入使用验收主要工作：

（1）检查工程是否已按批准设计完建。

（2）进行工程质量鉴定并对工程缺陷提出处理要求。

（3）检查工程是否已具备安全运行条件。

（4）对验收遗留问题提出处理要求。

（5）主持单位工程移交。

投入使用验收由竣工验收主持单位或其委托单位主持，验收委员会由项目法人、设计、施工、监理、质量监督、运行管理以及有关上级主管等单位组成，每个单位以2～3人为宜。必要时应邀请地方政府及有关部门参加验收委员会。

按照SL176—1996《水利水电工程施工质量评定规程》，工程项目可划分为数个单位工程。在竣工验收前，当其中某个单位工程已经完成并需要投入使用时，对该单位工程来说相当于竣工验收，但对工程项目整体而言为部分验收。因而，单位工程投入使用验收，由竣工主持单位或其委托单位主持，验收组织和验收程序均参照竣工验收有关规定执行。一般来说，占工程概算投资主要部分或产生主要工程效益的单位工程验收由竣工验收主持单位主持，其他单位工程可以委托其他单位主持验收。

投入使用验收的成果是"单位工程验收鉴定书"。自鉴定书通过之日起28天内，由验收主持单位行文发送有关单位。

"单位工程验收鉴定书"原件不少于5份，除竣工验收主持单位和运行管理单位及施工单位各1份外，其余暂由项目法人保存，待竣工验收后，分送有关单位。

（二）单位工程完工验收

单位工程完工验收是按项目划分所划定的单位工程，不需要提前投入使用，在工程完成后进行的完工验收。完工验收应具备的条件是所有分部工程已经完建并验收合格。

完工验收由项目法人主持，验收委员会由监理、设计、施工、运行管理等单位专业技术人员组成，每个单位一般以2～3人为宜。完工验收的成果是"单位工程验收鉴定书"。鉴定书原件不少于5份，暂由项目法人保存，待竣工验收后，分送有关单位。

完工验收主要工作：

（1）检查工程是否按批准设计完成。

（2）检查工程质量，评定质量等级，对工程缺陷提出处理要求。

（3）对验收遗留问题提出处理要求。

（4）按照合同规定，施工单位向项目法人移交工程。

四、合同项目完工验收

当承包人按施工合同约定或监理指示完成所有施工工作，并具备完工验收条件后，由发包人主持，监理、设计、施工、运行管理、监督等有关单位的专业技术人员组成验收委员会，组织合同项目完工验收。并在通过工程完工验收后限期向项目法人办理工程项目移交手续。

合同工程完工验收应具备的条件包括：

（1）工程已按合同规定和设计文件要求完建。

（2）单位工程及阶段验收合格，以前验收中的遗留问题已基本处理完毕并符合合同文件规定和设计文件的要求。

（3）各项独立运行或运用的工程已具备运行或运用条件，能正常运行或运用，并已通过设计条件的检验。

（4）完工验收要求的报告、资料已经整理就绪，并经监理机构预审预验通过。

完工验收委员会的工作主要包括：

（1）听取承建单位、设计、监理及其他有关单位的工作报告。

（2）对工程是否满足工程承建合同文件规定和设计要求作出全面的评价。

（3）对合同工程质量等级作出评定。

（4）确定工程能否正式移交、投产、运用和运行。

（5）确定尾工项目清单、合同完工期限和缺陷责任期。

（6）讨论并通过合同工程完工验收鉴定书。

工程通过完工验收后，监理机构还应督促承建单位根据工程承建合同文件及国家、部门工程建设管理法规和验收规程的规定，及时整理其他各项必须报送的工程文件等以及应保留或拆除的临建工程项目清单等资料，并按项目法人或监理机构的要求，及时一并向项目法人移交。

五、竣工验收

工程项目竣工验收是工程建设的一个主要阶段，是工程建设的最后一个程序，是全面检验工程建设是否符合设计要求和施工质量的重要环节；也是检查承包合同执行情况，促进建设项目及时投产和交付使用，发挥投资效果；同时，通过竣工验收，总结建设经验，全面考核建设成果，为今后的建设工作积累经验。它是建设投资效果转入生产和使用的标志。也是监理工程师的一项重要工作。

（一）初步验收

根据国家计委《建设项目（工程）竣工验收办法》（计建〔1990〕1215 号）（以下简称《竣工验收办法》）的规定，结合大中型水利水电工程的特点，在项目竣工验收前应进行初步验收，这样可以减少竣工验收工作时间，防止因时间仓促造成竣工验收时对有些问题查验不清、不透。初步验收一般是技术性的验收，验收人员主要是有关技术专家，验收的主要内容也是以技术方面为主。考虑到一些工程相对简单，重要问题已在历次验收中解决，为提高效率，竣工验收主持单位可根据具体情况决定是否进行初步验收。

1. 初步验收应具备以下条件

（1）工程主要建设内容已按批准设计全部完成。

（2）工程投资已基本到位，并具备财务决算条件。

（3）有关验收报告已准备就绪。

初步验收由初步验收工作组负责。初步验收工作组由项目法人主持，由设计、施工、监理、质量监督、运行管理、有关上级主管单位代表以及有关专家组成。

项目法人应在初步验收会 14 天前将表 10-1 所列资料送达验收工作组成员单位各 1 套。

2. 初步验收的主要工作

（1）审查有关单位的工作报告。

（2）检查工程建设情况，鉴定工程质量。

（3）检查历次验收中的遗留问题和已投入使用单位工程在运行中所发现问题的处理情况。

（4）确定尾工内容清单、完成期限和责任单位等。

（5）对重大技术问题作出评价。

（6）检查工程档案资料的准备情况。

（7）根据专业技术组的要求，对工程质量做必要的抽检。

（8）提出竣工验收的建议日期。

（9）起草"竣工验收鉴定书"初稿。

3. 初步验收会工作程序

（1）召开预备会，确定初步验收工作组成员，成立初步验收各专业技术组。

专业技术组的工作是初步验收最基础和最重要的工作。所以应根据工程特点成立必要的各专业技术组，人员主要是各专业技术人员；另外要给专业技术组以充足的时间来检查工程和研究问题的处理。

（2）召开大会。

1）宣布验收会议程。

2）宣布初步验收工作组和各专业技术组成员名单。

3）听取项目法人、设计、施工、监理、建设征地补偿及移民安置、质量监督等单位的工作报告。

4）看工程声像、文字资料。

（3）分专业技术组检查工程，讨论并形成各专业技术组工作报告。

（4）召开初步验收工作组会议，听取各专业技术组工作报告。讨论并形成"初步验收工作报告"，讨论并修改"竣工验收鉴定书"初稿。

（5）召开大会。

1）宣读"初步验收工作报告"。

2）验收工作组成员在"初步验收工作报告"上签字。

初步验收的成果是"初步验收工作报告"，自报告通过之日起 14 天内，由项目法人行文发送有关单位。

"初步验收工作报告"原件的份数，应满足项目法人、设计、施工、运行管理、监理等单位各 1 份的需要，暂由项目法人保存，待竣工验收后，分送各有关单位。

（二）竣工验收

工程在投入使用前必须通过竣工验收。竣工验收应在全部工程完建后 3 个月内进行。进行验收确有困难的，经工程验收主持单位同意，可以适当延长期限。

1. 竣工验收应具备以下条件

（1）工程已按批准设计规定的内容全部建成。

（2）各单位工程能正常运行。

（3）历次验收所发现的问题已基本处理完毕。

（4）归档资料符合工程档案资料管理的有关规定。

（5）工程建设征地补偿及移民安置等问题已基本处理完毕，工程主要建筑物安全保护范围内的迁建和工程管理土地征用已经完成。

（6）工程投资已经全部到位。

（7）竣工决算已经完成并通过竣工审计。

虽然以上规定的条件尚未完全具备，但属下列情况者仍可进行竣工验收：

（1）个别单位工程尚未建成，但不影响主体工程正常运行和效益发挥。验收时应给该单位工程留足投资，并作出完建的安排。

（2）由于特殊原因致使少量尾工不能完成，但不影响工程正常安全运用。验收时应对尾工进行审核，责成有关单位限期完成。

2. 竣工验收主持单位确定的原则

竣工验收主持单位，应按以下原则确定：

（1）中央投资和管理的项目，由水利部或水利部授权流域机构主持。

（2）中央投资、地方管理的项目，由水利部或流域机构与地方政府或省一级水行政主管部门共同主持，原则上由水利部或流域机构代表担任验收委员会主任委员。

（3）中央和地方合资建设的项目，由水利部或流域机构主持。

（4）地方投资和管理的项目由地方政府或水行政主管部门主持。

（5）地方与地方合资建设的项目，由合资各方共同主持，原则上由主要投资方代表担任验收委员会主任委员。

（6）多种渠道集资兴建的甲类项目由当地水行政主管部门主持；乙类项目由主要出资方主持，水行政主管部门派员参加。大型项目的验收主持单位要报省级水行政主管部门批准。

（7）国家重点工程按国家有关规定执行。

竣工验收工作由竣工验收委员会负责。竣工验收委员会设主任委员1名（由主持单位代表担任），副主任委员若干名。竣工验收委员会由主持单位、地方政府、水行政主管部门、银行（贷款项目）、环境保护、质量监督、投资方等单位代表和有关专家组成。

工程项目法人、设计、施工、监理、运行管理单位作为被验收单位不参加验收委员会，但应列席验收委员会会议，负责解答验收委员的质疑。

项目法人应提前28天将"竣工验收申请报告"送达验收主持单位，并应在竣工验收会14天前将表10-1所列资料送达验收委员会成员单位各1套。

验收主持单位在接到项目法人"竣工验收申请报告"后，应同有关单位进行协商，拟定验收时间、地点及验收委员会组成单位等有关事宜，批复验收申请报告。

3. 竣工验收的主要工作

（1）审查项目法人"工程建设管理工作报告"和初步验收工作组"初步验收工作报告"。

（2）检查工程建设和运行情况。

（3）协调处理有关问题。

（4）讨论并通过"竣工验收鉴定书"。

4. 竣工验收会一般工作程序

（1）召开预备会，听取项目法人有关验收会准备情况汇报，确定竣工验收委员会成员名单。

（2）召开大会。

1）宣布验收会议程。

2）宣布竣工验收委员会委员名单。

3）听取项目法人"工程建设管理工作报告"。

4）听取初步验收工作组"初步验收工作报告"。

5）看工程声像、文字资料。

（3）检查工程。

（4）召开验收委员会会议，协调处理有关问题，讨论并通过"竣工验收鉴定书"。

（5）召开大会。

1）宣读"竣工验收鉴定书"。

2）竣工验收委员会委员在"竣工验收鉴定书"上签字。

3）被验收单位代表在"竣工验收鉴定书"上签字。

经验收主持单位同意未进行初步验收的建设项目，竣工验收应结合初步验收工作的有关规定同时进行。

如果在验收过程中发现重大问题，验收委员会可采取停止验收移交或部分验收等措施，并及时报上级主管部门。

竣工验收的成果是"竣工验收鉴定书"。"竣工验收鉴定书"是工程移交的依据。自鉴定书通过之日起28天内，由验收主持单位行文发送有关单位。

"竣工验收鉴定书"原件的份数，应满足验收主持单位以及项目法人、设计、施工、运行管理、监理等单位各1份的需要。

竣工验收遗留问题，由竣工验收委员会责成有关单位妥善处理。项目法人应负责督促和检查遗留问题的处理，及时将处理结果报告竣工验收主持单位。

第二节　工程验收阶段的监理工作

一、工程验收阶段监理工作的主要职责

监理机构应按照国家和水利部的有关规定做好各时段工程验收的监理工作，其主要职责如下：

（1）协助发包人制定各时段验收工作计划。

（2）编写各时段工程验收的监理工作报告，整理监理机构应提交和提供的验收资料。

（3）参加或受发包人委托主持分部工程验收，参加阶段验收、单位工程验收、竣工验收。

（4）督促承包人提交验收报告和相关资料并协助发包人进行审核。

（5）督促承包人按照验收鉴定书中对遗留问题提出的处理意见完成处理工作。

（6）验收通过后及时签发工程移交证书。

二、工程验收各阶段监理机构的主要工作

（一）分部工程验收

（1）在承包人提出验收申请后，监理机构应组织检查分部工程的完成情况并审核承包人提交的分部工程验收资料。监理机构应指示承包人对提供的资料中存在的问题进行补充、修正。

（2）监理机构应在分部工程的所有单元工程已经完建且质量全部合格、资料齐全时，提请发包人及时进行分部工程验收。

（3）监理机构应参加或受发包人委托主持分部工程验收工作，并在验收前准备应由其提交的验收资料和提供的验收备查资料。

（4）分部工程验收通过后，监理机构应签署或协助发包人签署《分部工程验收签证》，并督促承包人按照《分部工程验收签证》中提出的遗留问题及时进行完善和处理。

（二）阶段验收

（1）监理机构应在工程建设进展到基础处理完毕、截流、水库蓄水、机组起动、输水工程通水以及堤防工程汛前，以及除险加固工程过水等关键阶段之前，提请发包人进行阶段验收的准备工作。

（2）如需进行技术性初步验收，监理机构应参加并在验收时提交和提供阶段验收监理工作报告和相关资料。

（3）在初步验收前，监理机构应督促承包人按时提交阶段验收施工管理工作报告和相关资料，并进行审核，指示承包人对报告和资料中存在的问题进行补充、修正。

（4）根据初步验收中提出的遗留问题处理意见，监理机构应督促承包人及时进行处理，以满足验收的要求。

（三）单位工程验收

（1）监理机构应参加单位工程验收工作，并在验收前按规定提交和提供单位工程验收监理工作报告和相关资料。

（2）在单位工程验收前，监理机构应督促承包人提交单位工程验收施工管理工作报告和相关资料，并进行审核，指示承包人对报告和资料中存在的问题进行补充、修正。

（3）在单位工程验收前，监理机构应协助发包人检查单位工程验收应具备的条件，检验分部工程验收中提出的遗留问题的处理情况，并参加单位工程质量评定。

（4）对于投入使用的单位工程，在验收前，监理机构应审核承包人因验收前无法完成、但不影响工程投入使用而编制的尾工项目清单，以及已完工程存在的质量缺陷项目清单及其延期完工、修复期限和相应施工措施计划。

（5）督促承包人提交针对验收中提出的遗留问题的处理方案和实施计划，并进行审批。

（6）投入使用的单位工程验收通过后，监理机构应签发工程移交证书。

（四）合同项目完工验收

（1）当承包人按施工合同约定或监理指示完成所有施工工作时，监理机构应及时提请发包人组织合同项目完工验收。

（2）监理机构应在合同项目完工验收前，按规定整编资料，提交合同项目完工验收监理工作报告。

（3）监理机构应在合同项目完工验收前，检验前述验收后尾工项目的实施和质量缺陷的修补情况；审核拟在保修期实施的尾工项目清单；督促承包人按有关规定和施工合同约定汇总、整编全部合同项目的归档资料，并进行审核。

（4）督促承包人提交针对已完工程中存在质量缺陷和遗留问题的处理方案和实施计划，并进行审批。

（5）验收通过后，监理机构应按合同约定签发合同项目工程移交证书。

（五）竣工验收

（1）监理机构应参加工程项目竣工验收前的初步验收工作。

（2）作为被验收单位参加工程项目竣工验收，对验收委员会提出的问题做出解释。

第三节　保修期的监理工作

一、保修期的起算、延长和终止

（1）监理机构应按有关规定和施工合同约定，在工程移交证书中注明保修期的起算日期。

（2）若保修期满后仍存在施工期的施工质量缺陷未修复或有施工合同约定的其他事项时，监理机构应在征得发包人同意后，做出相关的工程项目保修期延长的决定。

（3）保修期或保修期延长期满，承包人提出保修期终止申请后，监理机构在检查承包人已经按照施工合同约定完成全部工作，且经检验合格后，应及时办理工程项目保修期终止事宜。

二、保修期监理主要工作

（1）建筑物完建后未通过完工验收正式移交发包人以前，监理机构应督促承包人负责管理和维护。对通过单位工程和阶段验收的工程项目，承包人仍然具有维护、照管、保修等合同责任，直至完工验收，在合同工程项目通过工程完工验收后，及时通知、办理并签发工程项目移交证书。工程项目移交证书颁发之后，管理工程的责任由发包人承担。

（2）保修期监理主要工作内容

1）对尾工项目实施监理，并为此办理支付签证。

2）监督承包人对已完建设工程项目中所存在的施工质量缺陷进行处理。若该质量缺陷是由发包人的使用或管理不周造成，监理机构应受理承包人提出的追加费用支付申请。在承包人未能执行监理工程师的指示或未能在合理时间内完成工作时，监理机构可建议发包人雇佣他人完成质量缺陷修复工作，并协助发包人处理由此所发生的费用。

3）协助发包人检查验收尾工项目，督促承包人按施工合同约定的时间和内容向发包人移交整编好的工程资料。

4）签发工程款最终支付凭证。

5）签发工程项目保修期终止证书。

6）若保修期满后仍存在施工期施工质量缺陷未修复，监理机构应继续指示承包人完成修复工作，并待修复工作完成且经检验合格后，再颁发项目工程保修期终止证书。

7）保修期间监理机构应适时予以调整，除保留必要的人员和设施外，其他人员和设施可撤离，或将设施移交发包人。

第四节　验收资料归档及监理档案资料管理

一、建立档案资料管理制度

监理机构应在合同工程项目开工前，建立档案资料管理制度（包括归档范围、要求以及档案资料的收集、整编、查阅、复制、利用、移交和保密等各项内容）。指定专人随工程施工和监理工作进展，及时做好监理资料的收集、整理和管理工作。

总监理工程师应定期对监理档案资料管理工作进行检查，督促承包人按合同规定做好工程档案资料管理工作。

监理机构应按国家、省或有关部门颁布的关于工程档案管理的规定、发包人要求和监理合同文件规定，做好包括合同文本文件、发包人指示文件、施工文件、设计文件和监理文件等必须归档的档案资料的分类建档和管理。监理工程师在验收承包人的档案时，应重点检查承包人的自检表格和报告的格式、签章、代码是否规范。

1. 验收应提供的资料

验收应提供的资料，见表 10-1。

表 10-1　　　　　　　　　　　　　验 收 应 提 供 的 资 料

序号	资料名称	分部工程验收	阶段验收	单位工程完工验收	投入使用验收	竣工验收 初步验收	竣工验收 竣工验收	提供单位
1	工程建设管理工作报告		√	√	√	√	√	项目法人
2	工程建设大事记			√	√	√	√	项目法人
3	拟验工程清单、未完工程清单，未完工程的建设安排及完成工期存在的问题及解决建议		√	√	√	√	√	项目法人
4	初步验收工作报告						√	项目法人
5	验收鉴定书（草稿）						√	项目法人
6	工程运用和度汛方案		√	√	√	√	√	项目法人和设计、施工单位共同研究后，项目法人汇总提供
7	工程监理工作报告		√	√	√	√	√	监理单位
8	工程设计工作报告		√	√	√	√	√	设计单位
9	水利水电工程质量评定报告		*	*	*	*	√	质量监督部门
10	工程施工管理工作报告		√	√	√	√	√	施工单位
11	重大技术问题专题报告		√	√	√	√	√	项目法人
12	工程运行管理准备工作报告				√	√	√	管理单位、施工单位
13	工程建设征地补偿及移民安置工作报告		√	√	√	√	√	承担工作的地方政府或其指定的单位
14	工程档案资料自检报告					√	√	项目法人

注　符号"√"表示"应提供"；符号"*"表示"宜提供"。

2. 验收应准备的备查资料

验收应准备的备查资料，见表 10-2。

表 10-2　　　　　　　　　　　　　验 收 应 准 备 的 备 查 资 料 目 录

序号	资料名称	分部工程验收	阶段验收	单位工程完工验收	投入使用验收	竣工验收 初步验收	竣工验收 竣工验收	提供单位
1	可研报告及有关单位批文		√	√	√	√	√	项目法人
2	地质、勘察、水文、气象等设计基础资料		√	√	√	√		设计单位
3	初步设计及批复，其他设计文件		√	√	√	√	√	设计单位

序号	资料名称	分部工程验收	阶段验收	单位工程完工验收	投入使用验收	竣工验收		提供单位
						初步验收	竣工验收	
4	工程建设中的咨询报告		√	√	√	√	√	项目法人
5	工程招标文件		√	√	√	√	√	项目法人
6	工程承发包合同及协议书（包括设计、施工、监理等）		√	√	√	√	√	项目法人
7	征用土地批文及附件			√	√	√	√	项目法人
8	单元工程质量评定资料	√	√	√	√	√	√	施工单位
9	分部工程质量评定资料		√	√	√	√	√	项目法人
10	单位工程质量评定资料				√	√	√	项目法人
11	工程建设有关会议记录，记载重大事件的声像资料及文字说明	√	√	√	√	√	√	项目法人
12	工程监理资料	√	√	√	√	√	√	监理单位
13	工程运用及调度方案		√	√	√	√		设计单位
14	施工图纸，设计变更，施工技术说明	√	√	√	√	√		设计单位
15	竣工图纸		√	√	√	√		施工单位
16	重大事故处理记录	√	√	√	√	√		施工单位
17	设备产品出厂资料、图纸说明书，测绘验收，安装调试、性能鉴定及试运行等资料	√	√	√	√	√	√	施工单位
18	各种原材料、构件质量鉴定、检查检测试验资料	√	√	√	√	√	√	施工单位
19	征地补偿和移民安置资料		√	√	√	√	√	承担工作的地方政府或指定的单位
20	竣工决算报告及有关资料						√	项目法人
21	竣工审计资料					√	√	项目法人
22	其他有关资料（项目划分、监理规划、监督协议书）	√	√	√	√	√	√	有关单位

二、工程监理资料主要归档内容

（1）监理规划及监理实施细则。

（2）分包单位资格报审表。

（3）进场通知。

（4）合同项目开工申请单。

（5）合同项目开工令。

（6）施工进度计划申报表。

（7）施工进场设备报验单。

（8）施工组织及人员计划。

（9）工程项目负责人申报表。

（10）施工质检员资质认证申报表。

（11）施工测量成果报审单。

（12）工程变更通知。

（13）监理通知。

（14）质量事故处理资料。

（15）会议纪要。

（16）监理日志、监理大事记。

（17）监理月报。

（18）施工设计图纸核查意见单。

（19）资金流计划申报表。

（20）相关其他表单。

三、工程监理工作报告的主要内容

在进行监理范围内各类工程验收时，监理机构应按规定提交相应的监理工作报告。监理工作报告应在验收工作开始前完成。

（1）验收工程概况。包括工程特性、合同目标、工程项目组成等。

（2）监理规划。包括监理制度的建立、组织机构的设置与主要工作人员、检测采用的方法和主要设备等。

（3）监理过程。包括包括监理合同履行情况和监理过程情况。

（4）监理效果。

1）质量控制监理工作成效及综合评价。

2）投资控制监理工作成效及综合评价。

3）进度控制监理工作成效及综合评价。

4）施工安全与环境保护监理工作成效及综合评价。

（5）经验与建议。

（6）其他需要说明或报告事项等。

（7）其他应提交的资料和说明事项等。

（8）附件。

1）监理机构的设置与主要工作人员情况表。

2）工程监理大事记。

四、工程监理工作总结报告的主要内容

监理工作结束后，监理机构应在以前各类监理报告的基础上编制全面反映所监理项目情况的监理工作总结报告。监理工作总结报告应在结清监理费用后56天内发出。

（1）监理工程项目概况。包括工程特性、合同目标、工程项目组成等。

（2）监理工作综述。包括监理机构设置与主要工作人员，监理工作内容、程序、方法，监理设备情况等。

（3）监理规划执行、修订情况的总结评价。

（4）监理合同履行情况和监理过程情况简述。

（5）对质量控制的监理工作成效进行综合评价。

（6）对投资控制的监理工作成效进行综合评价。

（7）对进度控制的监理工作成效进行综合评价。

（8）对施工安全与环境保护监理工作成效进行综合评价。

（9）经验与建议。

（10）工程监理大事记。

（11）其他需要说明或报告事项。

（12）其他应提交的资料和说明事项等。

五、监理档案的验收、移交和管理

（1）由监理部总监负责组织监理资料的归档整理工作，并负责审核、签字验收。

（2）由总监理工程师负责将监理档案资料按发包人要求规定，在委托监理的合同工程项目完成或监理服务期满后向发包人移交。

六、向监理公司上交的主要档案内容

（1）监理合同。

（2）监理规划及实施细则。

（3）监理月报及考勤表。

（4）工程监理工作报告。

（5）监理业务考核手册。

（6）监理相关的其他内容。

七、监理公司档案卷组的方法

（1）以单位工程，按归档的内容进行组卷。

（2）卷组文件应按专业和形成资料的时间排序编写卷内目录。

（3）档案的规格、图纸的折叠与装订执行国家或地方标准（详见第五节）。

（4）送交监理公司总工程师审阅，并与档案管理员办理交接手续。

第五节　水利工程建设档案资料的整编

一、单位工程资料整编内容（共五卷）

（一）工程开工建设卷

工程开工建设主要资料有：

（1）可研报告及有关单位批文。

（2）地质、勘察、水文、气象等设计基础资料。

（3）初步设计及批复，其他设计文件。

（4）工程计划批准文件。

（5）征用土地批准文件及附件。

（6）征地补偿和移民安置资料。

（7）工程招标文件（招投标书单附）。

（8）工程承发包合同及协议书。

1）设计合同。

2）施工合同。

3）监理合同。

4）监督书。

（9）开工报告批准文件。

（10）项目法人质量检查体系及施工单位质量保证体系登记文件。

（11）项目划分及批准文件。

（12）其他有关资料（由项目法人负责协调处理的相关事宜的材料）。

（二）工程管理及施工技术卷

工程管理及施工技术主要资料有：

（13）工程建设有关会议记录，记载重大事件的声像资料及文字说明。

（14）工程监理资料（监理指示、监理文件等）。

（15）施工图纸、设计变更、施工技术说明及要求、图纸会审记录或纪要、工程更改洽商单、通知单，材料、零部件、设备代用审批单（页数较多施工图可单附）。

（16）施工组织设计，施工计划、方案、工艺、措施。

（17）工程建设大事记。

（18）工程施工大事记。

（19）工程施工日记。

（20）重大事故处理记录。

（21）质量监督部门的检查处理记录。

（22）施工过程中的来往函件。

（23）其他有关资料（施工中涉及的技术资料）。

（24）工程运用和度汛方案。

（25）工程运用及调度方案。

（三）工程鉴定检测卷

工程鉴定检测主要资料有：

（26）设备产品出厂资料、图纸说明书、测绘验收、安装调试、性能鉴定及试运行等资料。

（27）施工定位测量、水工建筑物测试及沉陷、位移、变形等观测记录。

（28）各种原材料、构件质量鉴定、检查检测试验资料。

（29）各种试验报告单（含发包人试验单，抽检报告单）。

（30）其他相关检测资料。

（四）工程验收报告单卷

工程验收报告单主要有以下资料：

（31）拟验工程清单、未完工程清单、未完成工程建设安排及完成工期、存在的问题及解决建议。

（32）工程建设管理工作报告。

（33）工程监理工作报告。

（34）工程设计工作报告。

（35）工程施工管理工作报告。

（36）重大技术问题专题报告。

（37）工程运行管理准备工作报告。

（38）工程建设征地补偿及移民安置工作报告。

（39）工程竣工决算报告。

（40）工程竣工审计资料。

（41）竣工档案资料自查报告。

（42）其他有关资料（验收中涉及的各类报告资料）。

（43）竣工图纸（页数较多可单附）。

（44）工程照片（发包人自存、验收主持单位两套资料必备，按照片档案要求整理、成册，单附）。

（五）工程验收质量评定卷

工程验收质量评定主要有以下资料：

（45）隐蔽工程验收记录。

（46）单元工程质量评定资料（含各种单元资料）。

（47）分部工程质量评定资料。

（48）单位工程质量核定资料。

（六）其他有关资料（验收涉及的相关资料）

二、工程资料整编要求

1. 卷内资料印制要求

（1）资料由发包人存档的必须是原件，复印无效。

（2）分发有关单位的资料第五卷的（45）、（46）、（47）、（48）必须是原件，复印无效。

（3）资料较多时可分卷装订，但需用代号注明。

2. 卷内资料签字盖章要求

（1）卷内资料签字及记录必须用碳素墨水、蓝黑墨水或油墨印刷，如用铅笔、圆珠笔、纯蓝墨水填写无效。

（2）卷内资料由责任人签字部位必须由责任人签字或个人名章如有空缺无效。

（3）卷内资料由责任单位签字盖章部位必须由责任单位责任人签字并加盖单位公章，缺一无效。

（4）卷内资料的填写必须全面真实，并注明日期。

3. 卷皮书写及装订要求

（1）卷皮一律采取档案部门统一规格的牛皮纸卷皮，用线绳装订。

（2）卷皮书写一律采用微机打字，字体及型号应符合有关规定。

（3）各卷装订完毕后，统一装入纸壳档案盒。档案盒封面名称用微机白纸打字后粘贴，其书写字体及型号符合统一要求。

（4）归卷整理完整、干净、整齐。

4. 各种资料用纸规格要求统一为 A4 纸

（1）各卷内必须设全套（一～五卷）总目录。

（2）资料归档必须统一编排页码，用打号机打印。

5. 其他要求

（1）各种验收资料编写必须按照 SL223—1999《水利水电建设工程验收规程》要求执行。

（2）单位工程完工验收前，除单位工程质量核定意见，工程质量评定报告、单位工程验收鉴定书、竣工决算报告及审计报告、工程档案资料自查报告外，其他资料必须齐全，否则不能进行质量等级核定及完成验收。

（3）除单位工程质量评定报告、单位工程验收鉴定书外，其他相关资料，必须在工程竣工前准备完毕以备验收检查，其资料不完备的，不予进行工程质量评定及竣工验收。

（4）整个工程项目完成后，对各阶段完成的单位工程资料，按照项目划分的构架或先后完成的时间，进行统一排序归档，工程项目归档设一总卷。总卷内目录要清晰、有条理，工程资料整编及归档要求，参照规定的各项要求。

6. 档案填写规则

（1）数字：用阿拉伯数字（1、2、3、…、9、0），单位使用国家法定计量单位，并以规定之符号表示（MPa、m、m^3、t 等）。

（2）合格率：用百分数表示，小数点后保留一位，如恰为整数，则小数点后以 0 表示。例如：95.0%。

（3）改错：将错误用斜线划掉，在其右上方填写正确文字（或数字），禁止用改正液、贴纸重写、橡皮擦、刀片刮或用墨水涂黑等方法。

（4）表头填写：

1）单位工程、分部工程名称按项目划分确定名称填写。

2）单元工程名称、部位：填写该单元名称（中文名称或编号）、部位可用桩号、高程等表示。

3）承包人：填写与发包人签订承建合同的承包人全称。

4）单元工程量：填本单元主要工程量。

5）检验（评定）日期：年，填写 4 位数；月，填定实际月份（1～12 月）；日，填定实际日期（1～31 日）。

（5）质量标准中，凡有"符合设计要求"者，应注明设计具体要求（如内容较多，可附页说明）、凡有"符合规范要求"者，应标出所执行规范的名称及编号。

（6）检验记录：文字记录应真实、准确、简练。数字记录应准确、可靠、小数点后保留位数应符合有关规定。

（7）设计值按施工图填写，实测填写实际检测数据，而不是偏差值。当实测数据多时，可填写实测组数、实测值范围（最小值～最大值）、合格数。

（8）如实际工程无该项内容应在相应检验栏内用斜线"/"表示。

（9）单元（工序）工程表尾填写：

1）承包人由负责终检的人员签字。如果该工程由分包单位施工，则单元（工序）工程表尾由分包施工单位的终检人员签名。重要隐蔽工程、关键部位的单元工程，当分包单位自检合格后，总包单位应参加联合小组核定其质量等级。

2）建设、监理单位：由负责该项目的监理人员复核质量等级并签字。

3）表尾所有签字人员，必须同本人按照身份证上的姓名签字，不得使用化名，也不得由旁人代签名。

思 考 题

1. 水利水电工程验收一般分几个阶段？

2. 单位工程投入使用验收应具备的条件？

3. 竣工验收的作用是什么？

4. 竣工验收的主要工作及程序是什么？

5. 试述合同项目完工验收阶段监理工作的主要内容。

6. 试述工程验收阶段监理工作的主要职责。

7. 包修期监理主要工作内容是什么？

8. 试述工程监理资料的主要归档内容。

第十一章 案 例 分 析

案 例 一

【背景】

某堤防工程，项目法人委托监理单位进行施工阶段监理。该工程在施工过程中，陆续发生了如下索赔事件（假设索赔工期与索赔费用数据均符合实际）：

（1）电力部门通知，施工用电变压器在开工4天后才能安装完毕。承包人提出工期延期4天。

（2）由铁路部门运输的4台属于施工单位自有的施工主要机械，在开工后7天才能运到施工现场。承包人提出工期延期7天。

（3）施工期间，承包人发现施工图纸有误，需设计单位进行修改，由于图纸修改造成停工10天。承包人提出工期延期10天与费用补偿1万元的要求。

（4）施工期间因下雨，为保证土堤填筑质量，总监理工程师下达了暂停施工指令，共停工10天，其中连续4天出现低于工程所在地雨季平均降雨量的雨天气候和连续6天出现50年一遇特大暴雨。承包人提出工程延期10天与费用补偿2万元的要求。

（5）由于项目法人的要求，把原设计中的一排水闸加宽0.5m，监理工程师向承包人下达了变更指令，承包人收到变更指令后及时向该排水闸的分包人发出了变更通知。分包人及时向承包人提出了索赔申请报告，报告内容包括：

1）由于排水闸宽度增加，需增加费用8万元和分包合同工期延期15天的索赔。

2）此设计变更前因承包人未按分包合同约定提供施工场地，导致工程材料到场二次倒运增加费用1万元和分包合同工期延期10天的索赔。

承包人以已向分包人支付索赔款9万元的凭证为索赔证据，向监理工程师提出要求补偿该笔费用9万元和延长工期25天的要求。

（6）由于某段土堤基底是淤泥，根据设计文件要求需挖除，但开挖后发现地基情况与地质报告不符，需加大开挖深度。为此承包人提出工程延期10天与费用补偿6万元的要求。

【问题】

针对承包人提出的上述索赔要求，监理工程师应如何签署意见？

【答案】

（1）外网电力供应属于项目法人负责，工期延期4天应予认可。

（2）施工单位自有机械延误属于施工单位负责，工期延期不予认可。

（3）这是非承包人原因造成的，监理工程师应批准工期补偿和费用补偿。

（4）由于异常恶劣气候造成的6天停工是承包人不可预见的，应签证给予工期补偿6天，而不应给予费用补偿。

对于低于雨季正常雨量造成的4天停工是承包人应该预见的，故不应该签证给予工期补偿和费用补偿。

（5）监理工程师应批准由于设计变更导致的费用补偿 8 万元和工期补偿 15 天，因其属于项目法人责任；不应批准材料倒运增加的费用补偿 1 万元和工期补偿 10 天，因其属于承包人责任。

（6）施工条件变化属于项目法人承担风险，应签证给予工期补偿 10 天和费用补偿 6 万元。

案 例 二

【背景】

某工程项目法人委托一监理单位进行施工阶段监理。监理单位在执行合同中遇到一些问题需要处理，若你作为监理工程师，对遇到的下列问题，请提出处理意见。

【问题】

（1）在施工招标文件中，按工期定额计算，工期为 550 天。但在施工合同中，开工日期为 1997 年 12 月 15 日，竣工日期为 1999 年 7 月 20 日，日历天数为 582 天，请问监理工程师的工期目标怎样确定？

（2）施工合同中规定，发包人向承包人提供图纸 7 套，承包人在施工中要求发包人再提供 3 套图纸，则施工图纸的费用应由谁来支付？

（3）在基础回填过程中，承包人已按规定取土样，试验合格。监理人对填土质量表示异议，责成总包单位再次取样复验，结果合格。承包人要求监理工程师支付试验费，对否？为什么？

【答案】

（1）按照合同文件的解释顺序，协议书与招标文件在内容上有矛盾时，应以专用合同条款的规定为准。

（2）合同规定发包人供应图纸 7 套，承包人再要 3 套图纸，超出合同规定，故增加的图纸费用应由承包人支付。

（3）不对。按规定，此项费用应由发包人支付。

案 例 三

【背景】

项目法人将某给水工程建设项目委托某监理单位进行施工阶段监理。在委托工程监理合同中，对项目法人和监理单位的权利、义务和违约责任所作的某些规定如下：

（1）在施工期间，任何工程设计变更均须经过监理方审查、认可，并发布变更指令方为有效，实施变更。

（2）监理方应在项目法人的授权范围内对委托的工程建设项目实施施工监理。

（3）监理方发现工程设计中的错误或不符合建筑工程质量标准的要求时，有权要求设计单位改正。

（4）监理方仅对本工程的施工质量实施监督控制，项目法人则实施进度控制和投资控制任务。

（5）监理方在监理工作中应维护项目法人的利益。

（6）监理方有审核批准索赔权。

（7）监理方对工程进度款支付有审核签认权；项目法人方有独立于监理方之上的自主支付权。

（8）在合同责任期内，监理方未按合同要求的职责履行约定的义务，或委托人违背对监理方（合同约定）的义务，双方均应向对方赔偿造成的经济损失。

（9）当事人一方要求变更或解除合同时，应当在42日前通知对方，因解除合同使一方遭受损失的，除依法免除责任的外，应由责任方负责赔偿。

（10）当委托人认为监理方无正当理由而又未履行监理业务时，可向监理方发出指明其未履行义务的通知。若委托人发出通知后21天内没有收到答复，可在第一个通知发出后35天内发出终止委托监理合同的通知，合同即告终止。监理方承担违约责任。

（11）在施工期间，因监理单位的过失发生重大质量事故，监理单位应付给项目法人相当于质量事故损失的20%的罚款。

（12）监理单位有发布开工令、停工令、复工令等指令的权利。

【问题】

以上各条中有无不妥之处？怎样才是正确的？

【答案】

（1）第（1）条不妥。正确的应是：设计变更的审批权在项目法人，任何设计变更须经监理单位审查后，报项目法人审查、批准、同意后，再由监理单位发布变更指令，实施变更。

（2）第（2）条正确。

（3）第（3）条不妥。正确的应是：工程监理人员发现工程设计不符合建筑工程质量标准或者合同约定的质量要求时，应当报告项目法人要求设计单位改正。

（4）第（4）条不妥。正确的应是：监理单位有实施工程项目质量、进度和投资三方面的监督控制权。

（5）第（5）条不妥。正确的应是：在监理工作中，监理单位应当公正地维护有关方面的合法权益。

（6）第（6）条不妥。正确的应是：监理单位有审核索赔权，除非有专门约定外，索赔的批准、确认应通过项目法人。

（7）第（7）条不妥。正确的应是：在工程承包合同议定的工程价格范围内，监理单位对工程进度款的支付有审核签认权；未经监理单位签字确认，项目法人不支付工程进度款。

（8）第（8）条正确。

（9）第（9）条正确。

（10）第（10）条正确。

（11）第（11）条不妥。正确的应是：因监理单位过失而造成了项目法人的经济损失，应当向项目法人赔偿。累计赔偿总额不应超过监理报酬总额（除去税金）。

（12）第（12）条不妥。正确的应是：监理单位在征得项目法人同意后，有权发布开工令、停工令、复工令。

案例四

【背景】

某水库进场公路工程建设项目，其中包括桥梁（2座）、路基和路面工程（80km）。项目法人将桥梁工程和路基路面工程分别发包给了两家施工单位，并签订了建设工程施工合同。

某一监理单位受项目法人委托承担了该公路工程的施工阶段监理任务，并签订了建设工程委托监理合同。监理合同中部分内容如下：

(1) 监理单位为本工程项目的最高管理者。

(2) 监理单位应维护项目法人的权益。

(3) 项目法人参与监理的人员同时作为项目法人代表，负责与监理单位联系。

(4) 上述项目法人代表可以向承包商下达指令。

(5) 监理单位仅进行质量控制，而由项目法人来行使进度与投资控制任务。

(6) 由于监理单位的努力，使合同工期提前的，监理单位与项目法人分享利益。

【问题】

(1) 监理合同中有何不妥之处，为什么？

(2) 项目总监理工程师建立何种监理组织结构形式合适？为什么？请画出组织结构示意图。

【答案】

1. 问题（1）

1) 监理单位虽然受项目法人委托就工程的施工对施工单位进行全面的监督、管理，但对某些重大决策问题还必须由项目法人作出决定。因此，监理单位不是也不可能是工程项目建设唯一的最高管理者。

2) 监理单位应作为公正的第三方，以批准的项目建设文件，有关的法律、法规以及监理合同和工程建设合同为依据进行监理。因此，监理单位应站在公正立场上行使自己的监理权，既要维护项目法人的合法权益，也要维护被监理方的合法权益。

3) 项目法人参与监理的人，工作时不能作为项目法人的代表，只能以监理单位名义和人员进行活动。

4) 项目法人代表不可以直接向承包商下达指令，必须通过监理工程师下达。

5) 监理的三大控制目标是相互联系的，让监理单位只控制一个目标是不切实际的。

6) 监理单位经努力使规定的建设工期提前，项目法人应按约定给予奖励，但不是利润分成。

2. 问题（2）

宜采用直线制的监理组织结构形式。因为，该公路工程建设项目由两家施工单位分别承包，而直线制的组织结构适用于监理项目能划分为若干个相对独立子项的大、中型建设项目。

直线制的监理组织结构示意图如图 11-1 所示。

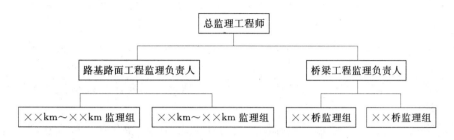

图 11-1　直线制监理组织结构示意图

案例五

【背景】

　　某水利工程建设项目，合同价为 3856 万元人民币，工期为 2 年。项目法人通过招标选择了某施工单位进行该项目的施工。在签订工程施工承包合同前，项目法人即委托了一家工程工程监理公司协助项目法人完善和签订工程施工承包合同，并承担该工程建设项目施工阶段的监理任务。

　　监理工程师看过了项目法人（甲方）和施工单位（乙方）草拟的工程施工合同条件后，对下列一些条款提出其不妥之处：

　　（1）乙方按监理工程师批准的施工组织设计（或施工方案）组织施工，乙方不应承担因此引起的工程延期和费用增加的责任。

　　（2）监理工程师应对乙方提交的施工组织设计进行审批或提出修改意见。

　　（3）甲方向乙方提供施工场地的工程地质和水文气象资料，供乙方参考使用。

　　（4）乙方不能将工程转包，但允许分包，也允许分包单位将分包的工程再次分包给其他施工单位。

　　（5）无论监理工程师是否进行验收，当其要求对已经隐蔽的工程重新检验时，承包人应按要求进行剥离或开孔，并在检验后重新覆盖或修复。检验合格，发包人承担由此发生的全部追加合同价款，赔偿承包人损失，并相应顺延工期。检验不合格，承包人承担发生的全部费用，工期应予顺延。

　　（6）乙方按协议条款约定的时间应向监理工程师提交实际完成工程量的报告。监理工程师接到报告 3 天内按乙方提供的实际完成的工程量报告核实工程量（计量），并在计量前 24h 通知乙方。

【问题】

　　请逐条指出上述合同条款中不妥之处，并提出如何改正。

【答案】

　　（1）第（1）条中"乙方不应承担因此引起的工程延期和费用增加的责任"不妥。应改正为：乙方按监理工程师批准的施工组织设计（或施工方案）组织施工，不应承担非自身原因引起的工程延期和费用增加的责任。

　　（2）第（2）条不妥。应改正为：乙方应向监理工程师提交施工组织设计，供其审批或提出修改意见（或监理工程师职责不应出现在施工合同中）。

（3）第（3）条中，"供乙方参考使用"不妥。应改正为：保证资料（数据）真实、准确，（或作为乙方现场施工的依据）。

（4）第（4）条中，"也允许将分包的工程再次分包"不妥。应改正为：不允许分包单位再分包。

（5）第（5）条中"检验不合格"、"工期应予顺延"不妥。应改正为：检验不合格工期不予顺延。

（6）第（6）条中，"监理工程师接到报告3天内按乙方提供的实际完成的工程量报告核实工程量（计算），并在计量24h前通知乙方"不妥。应改正为：监理工程师接到报告后7天内按设计图纸核实已完工程量（计量），并在计量前24h通知承包人。

案例六

【背景】

某施工单位承包了一项水闸工程建设项目。施工单位进场后进行施工准备工作，开工前向监理方提交了该工程的施工组织设计和基础施工方案。监理工程师审核后，分析了基础施工方案可能出现的问题及其后果，提出了修改建议，然后以书面形式回复施工单位并报项目法人。

【问题】

（1）施工单位认为监理方所提建议合理，同意修改原施工方案，提交了新的施工方案。同时，施工单位申请开工。你认为监理方按程序应如何办理？

（2）开工后，监理工程师发现施工单位并未按新施工方案组织施工，现场组织不力。对此，监理工程师应如何处理？

（3）施工单位坚持按原施工方案进行施工，施工质量明显不符合规范要求，现场出现不安全现象。此时，监理工程师应如何行使权利和处理问题？

【答案】

1. 问题（1）

1）监理工程师检查施工单位的施工准备情况，是否已具备开工条件。

2）若已具备开工条件，报项目法人同意后，总监理工程师发布开工令。

2. 问题（2）

1）监理工程师发监理通知，要求施工单位按新施工方案施工，避免出现施工质量问题。

2）向项目法人报告，召开现场协调会，要求施工单位整改，发备忘录。

3. 问题（3）

1）报经项目法人同意，总监理工程师签发停工令，要求施工单位进行整改。

2）监督、检查施工单位的整改情况。

3）整改完成后，由施工单位提交复工申请，经监理工程师核查确认后，由总监理工程师签发复工令。

4）对拒不整改者，监理工程师可向项目法人提出报告，指令施工单位调换有关人员。

【背景】

某监理公司承担了一个工程项目全过程的监理工作。在讨论制定监理规划的会议上，监理单位人员对编制监理规划提出了构思。以下是其部分内容：

1. 监理规划的主要编制原则和依据

(1) 工程监理规划必须符合监理大纲的内容。

(2) 工程监理规划必须符合监理合同的要求。

(3) 工程监理规划必须结合项目的具体实际情况。

(4) 工程监理规划的作用应为监理单位的经营目标服务。

(5) 监理规划的依据包括政府部门的批文，国家和地方的法律、法规、规范、标准等。

(6) 工程监理规划应对影响目标实现的多种风险进行分析，并考虑采取相应的措施。

2. 项目的组织结构及合同结构

(1) 在整个项目实施过程中，项目的组织结构如图 11-2 所示。

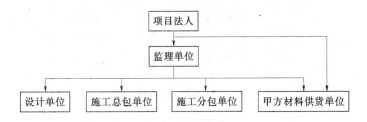

图 11-2　项目组织结构图

(2) 在项目实施过程中，项目的合同关系如图 11-3 所示。

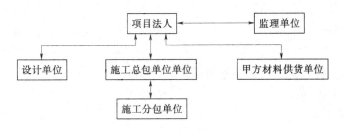

图 11-3　项目合同关系图

【问题】

1. 判断以下说法是否正确。

(1) 工程监理规划应在监理合同签订以后编制。（　　）

(2) 在项目的设计、施工等实施过程中，监理规划作为指导整个监理工作的纲领性文件，不能修改和调整。（　　）

(3) 工程监理规划应由项目总监主持编制，是项目监理组织有序地开展监理工作的依据和基础。（　　）

（4）工程监理规划中必须对项目的三大目标进行分析论证，并提出保证的措施。（　　）

2．在背景材料中监理规划的主要编制原则和依据，你认为哪一项是错误的？

3．以上项目的组织结构及合同结构示意图，你认为是否正确，如不正确，请用图将正确的表示出来。

【答案】

1．问题1

正确的说法有（1）、（3）、（4）。

2．问题2

在监理规划的主要编写原则和依据的叙述中，第（4）条的说法错误。

3．问题3

原组织结构错误，正确组织结构如图11-4所示。

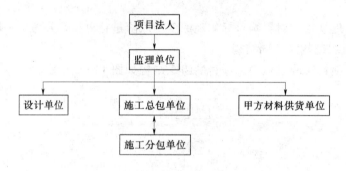

图11-4　项目组织结构图

案 例 八

【背景】

某监理公司在某工程项目监理过程中，监理人员提出了按事前、事中、事后分段进行控制，其内容包括：

1．事前控制

（1）人、机、料、法、环、测的策划准备。

（2）审核开工报告。

2．事中控制

（1）施工图纸审查。

（2）施工工序控制及检查。

（3）中间产品控制。

3．事后控制

（1）竣工质量检验。

（2）工程质量鉴定文件控制。

【问题】

（1）事前控制质量的首要工作是什么？

（2）如果施工单位没有一套质量管理的制度，怎么办？

（3）监理应按什么行使质量监督权？

（4）对于施工现场的测量标桩、定位放线，监理应做什么工作？

（5）事中控制中有无监理要进行亲自复核和取样的工作？举例说明。

（6）完成施工过程后监理应审核哪些质量文件？

【答案】

1．问题（1）

审查承包单位的技术资质。

2．问题（2）

协助承包单位建立与完善现场质量管理制度。

3．问题（3）（按合同）

4．问题（4）

应亲自检查，重要工程亲自复核。

5．问题（5）

有。主要对重要工程部位或专业工程（如在工作面测定混凝土坍落度）做试件亲自取样，复核现场实验的重要材料性能等。

6．问题（6）

承包单位的质量检验报告及有关技术文件、竣工图。

案 例 九

【背景】

某工程监理单位在工程项目的监理工作中，出现了如下情况：

（1）由于第三方原因，使监理工作受阻并延误了工期，增加了监理工作量。监理方采取以下措施是否妥当，为什么？

1）总监理工程师及时通报项目法人。

2）总监理工程师及时指出可能产生的影响。

3）由此增加的工作量应视为附加工作量。

4）完成监理的业务时间应延长。

5）按照增加的工作量和业务时间索取额外酬金。

6）项目法人承担监理单位相关的其他经济损失。

（2）由于第三方原因违反原合同中规定的质量要求和进度期限，监理单位应承担如下哪些责任？

1）监理单位应履行原合同中约定的义务和责任。

2）对违反合同规定的质量要求和进度期限不承担责任。

3）如违约中，属不可抗力导致的质量要求和完工期限改变，应部分地承担责任。

4）属第三方违约，则第三方支付违约金，如造成损失还应支付赔偿金。

（3）由于项目法人原因违反合同中的某些条款，使得工期项目实际情况发生变化，监理单位不能全部或部分执行监理业务时，下面采取的措施，哪些是恰当的？哪些是不当的？为什么？

1）一旦发生合同条款变化，立即正式通知项目法人。

2）监理业务时间应予延长。

3）按双方约定支付监理酬金。

4）项目法人认为监理单位无正当理由不能履行义务时，项目法人可以终止合同。

5）遇到不可抗力因素不能履行监理业务时，项目法人可终止合同。

【答案】

1. 问题（1）

第1）、2）、3）、4）、5）条是恰当的，第6）条不恰当，因为监理单位相关的其他经济损失没有约定。

2. 问题（2）

监理单位应承担1）、2）、4）条。

3. 问题（3）

监理方可采取1）、2）、3）、5）措施，第4）条措施是不妥的，因为项目法人认为监理单位无正当理由，应以合同法规条件为准，不能主观臆定。

案例十

【背景】

某监理单位，资质等级为丙级，有正式在职工程技术和管理人员6人，其中3人有中级职称，其余为初级职称和无职称者。该监理单位通过熟人关系取得一大Ⅱ型水利枢纽工程建设项目施工阶段监理任务。该工程建设项目预算造价为2亿元人民币。双方所签监理合同中规定，项目法人支付监理人报酬为80万元人民币。此外，项目法人还以本单位工程部人员参加监理进行合作监理为由，使监理单位又给项目法人回扣人民币10万元。在监理过程中，由于监理单位给被监理方提供方便，监理单位接受被监理方生活补贴费6万元人民币。

【问题】

该监理单位本身及其行为有哪些违反国家规定？上述违反国家规定的监理应受到什么处罚？

【答案】

（1）该监理单位的存在本身就不符合《水利工程建设监理单位管理办法》中第六条的规定。因为：

1）该监理单位无高级职称人员作单位负责人或技术负责人。

2）该单位的工程技术人员与管理人员总数不足10人。

（2）该监理单位为越级承接监理业务，违反《水利工程建设监理单位管理办法》中第八条的规定。

该监理单位按丙级资质标准只能承接中小型水利工程监理业务。

（3）监理收费违反《关于发布工程建设监理费有关规定的通知》中的收费标准。通知中规定，工程预算2亿元应收预算额的0.8%～1.2%。按规定下限计，应是160万元人民币，但该监理单位只收 80 万元人民币，仅占 0.5％。这属于一种不正当的竞争行为，它将扰乱监理市场，应予以制止。

（4）以合作监理为由，给项目法人回扣亦属不正当经营行为，违反国家规定。并且，所谓合作监理是指监理单位之间的合作。

（5）给被监理方提供方便，又接受其生活补贴费，这属于徇私舞弊行为。因此，有可能损害委托人的利益，也是违反国家规定的。

案 例 十 一

【背景】

某项目法人计划将拟建的工程项目在实施阶段委托光明监理公司进行监理，项目法人在合同草案中提出以下内容：

（1）除因项目法人原因发生时间延误外，任何时间延误监理单位应付相当于施工单位罚款的 20％给项目法人；如工期提前，监理单位可得到相当于施工单位工期提前奖励 20％的奖金。

（2）工程图纸出现设计质量问题，监理单位应付给项目法人相当于设计单位设计费的 5％的赔偿。

（3）施工期间每发生 1 起施工人员重伤事故，监理单位应受罚款 1.5 万元；发生一起死亡事故，监理单位受罚款 3 万元。

（4）凡由于监理工程师发生差错、失误而造成重大的经济损失，监理单位应付给项目法人一定比例（取费费率）的赔偿费，如不发生差错、失误，则监理单位可得到全部监理费。

监理单位认为以上条款有不妥之处，经过双方的商讨，对合同内容进行了调整与完善，最后确定了工程监理合同的主要条款，包括：监理的范围和内容、双方的权利和义务、监理费的计取与支付、违约责任和双方约定的其他事项等。

监理合同签订以后，总监理工程师组织监理人员对制订监理规划问题进行了讨论，有人提出了以下看法。

1. 监理规划的作用与编制原则

（1）监理规划是开展监理工作的技术组织文件。

（2）监理规划的基本作用是指导施工阶段的监理工作。

（3）监理规划的编制应符合《工程建设监理规定》的要求。

（4）监理规划应一气呵成，不应分段编写。

（5）监理规划应符合监理大纲的有关内容。

（6）监理规划应为监理细则的编制提出明确的目标要求。

2. 监理规划的基本内容

（1）工程概况。

（2）监理单位的权利和义务。

（3）监理单位的经营目标。

（4）工程项目实施的组织。

（5）监理范围内的工程项目总目标。

（6）项目监理组织机构。

（7）质量、投资、进度控制。

（8）合同管理。

（9）信息管理。

（10）组织协调。

3. 监理规划文件分阶段制定

监理规划文件分为三个阶段制定，各阶段的监理规划提交给项目法人的时间安排如下：

（1）设计阶段监理规划应在设计单位开始设计前的规定时间内提交给项目法人。

（2）施工招标阶段监理规划应在招标书发出后提交给项目法人。

（3）施工阶段监理规划应在承包单位正式施工后提交给项目法人。

施工阶段光明监理公司的施工监理规划编制后，提交给了项目法人，其部分内容如下：

1. 施工阶段的质量控制

质量的事前控制：

（1）掌握和熟悉质量控制的技术依据。

（2）审查施工单位的资质。

1）审查总包单位的资质。

2）审查分包单位的资质。

（3）行使质量监督权，下达停工指令：

为了保证工程质量，出现下述情况之一者，监理工程师报请总监理工程师批准，有权责令施工单位立即停工整改：

1）工序完成后未经检验即进行下道工序者。

2）工程质量下降，经指出后未采取有效措施整改，或采取措施不力、效果不好，继续作业者。

3）擅自使用未经监理工程师认可或批准的工程材料。

4）擅自变更设计图纸。

5）擅自将工程分包。

6）擅自让未经同意的分包单位进场作业。

7）没有可靠的质量保证措施而贸然施工，已出现质量下降征兆。

8）其他对质量有重大影响的情况。

2. 施工阶段的投资控制

（1）建立健全监理组织，完善职责分工及有关制度，落实投资控制责任。

（2）审核施工组织设计和施工方案，合理审核签证施工措施费，按合理工期组织施工。

（3）及时进行计划费用与支出费用的分析比较。

（4）准确测量实际完工工程量，并按实际完工工程量签证工程款付款凭证。

在工程施工过程中，由于项目法人"未能给出承包商施工场地占有权"使承包商土方工程（K 工作）施工延误工期 20 天（图 11-5），承包商在规定的期限内向监理工程师提出如下费用索赔计算单，见表 11-1。

表 11-1　　　　　　　　　　　　　　费用索赔计算表

序号	内　　容	数　　量	费用计算（元）	备　　　注
1	土方施工工人	80（工日/天）	80×20×25=40000	人工费 25 元/工日
2	挖土机	8（台班/天）	8×20×500=80000	租赁设备费 500 元/（天·台）
3	推土机	5（台班/天）	5×20×650=65000	台班费 650 元/台班
4	自卸汽车	24（台班/天）	24×20×350=168000	台班费 350 元/台班
5	机械司机	37（工日/天）	37×20×25=25900	人工费 35 元/工日
合计			37.89 万元	

承包商在规定的期限内向监理工程师提出工期索赔 20 天的要求。

【问题】

（1）该监理合同是否已包括了主要的条款内容？

（2）在该监理合同草案中拟订的几个条款中是否有不妥之处？为什么？

（3）如果该合同是一个有效的经济合同，它应具备什么条件？

（4）你是否同意他们对监理规划的作用和编制原则的看法？为什么？

（5）监理单位讨论中提出的监理规划基本内容，你认为哪些项目不应编入监理规划？

（6）给项目法人提交监理规划文件的时间安排中，你认为哪些是合适的，哪些是不合适或不明确的？如何提出才合适？

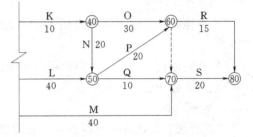

图 11-5　工程计划网络图

（7）监理工程师在施工阶段应掌握和熟悉哪些质量控制的技术依据？

（8）监理规划中规定了对施工队伍的资质进行审查，请问总包单位和分包单位的资质应安排在什么时间审查？

（9）如果在施工中发现总包单位未经监理单位同意，擅自将工程分包，监理工程师应如何处置？

（10）你认为投资控制措施中第几项不完善？为什么？

（11）施工单位提出的费用索赔计算是否合理？为什么？

（12）施工单位提出的工期索赔要求是否合理？为什么？

【答案】

1. 问题（1）

在背景材料中给出，双方对合同内容商讨后，包括了监理的范围和内容、双方的权利和义务、监理费的计取与支付，违约责任和双方约定的其他事项等内容，根据《工程建设监理规定》中对监理合同内容的要求，该合同包含了所有的主要条款。

2. 问题（2）

合同草稿中拟定的几条均不妥：

1）监理工作的性质是服务性的，监理单位"将不是，也不能成为任何承包商的工程的承保人或保证人"，将设计、施工出现的问题与监理单位直接挂钩，与监理工作的性质不适宜。

2）监理单位应是与项目法人的承包商相互独立的、平等的第三方，为了保证其独立性与公平性，我国工程监理法规明文规定监理单位不得与施工、设备制造、材料供应等单位有隶属关系或经济利益关系，在合同中若写入工程背景中的条款，势必将监理单位的经济利益与承包商的利益联系起来，不利于监理工作的公正性。

3）第（3）条中对于施工期间施工单位施工人员的伤亡，项目法人并不承担任何责任，监理单位的责、权、利主要来源于项目法人的委托与授权，项目法人并不承担的责任在合同中要求监理单位承担，也是不妥的。

4）在《工程建设监理规定》中规定"监理单位在监理过程中因过错造成重大经济损失的，应承担一定的经济责任和法律责任"。但在合同中应明确写明责任界定，如"重大经济损失"的内涵、监理单位赔偿比例等。

3. 问题（3）

1）主体资格合法。即项目法人和监理单位作为合同双方当事人，应当具有合法的资格。

2）合同的内容合法。内容应符合国家法律、法规，真实表达双方当事人的意思。

3）订立程序合法、形式合法。

4. 问题（4）

这些看法有些正确，有些不妥，监理规划作为监理组织机构开展监理工作的纲领性文件，是开展监理工作的重要的技术组织文件。

第（2）条的基本作用是不正确的，因为在背景材料中给出的条件是项目法人委托监理单位进行"实施阶段的监理"，所以监理规划就不应仅限于"是指导施工阶段的监理工作"这一作用。

监理规划的编制不但应符合监理合同、项目特征、项目法人要求等内容，还应符合国家制定的各项法律、法规，技术标准和规范等要求。

由于工程项目建设中，往往工期较长，所以在设计阶段不可能将施工招标、施工阶段的监理规划"一气呵成"，而应分阶段进行"滚动式"编制，故这一条款不妥。

其他两条原则正确，因监理大纲、监理规划、监理细则是监理单位针对工程项目编制的系列文件，具有体系上的一致性、相关性与系统性，宜由粗到细形成系列文件，监理规划应符合监理大纲的有关内容，也应为监理细则的编制提出明确的目标要求。

5. 问题（5）

所讨论的监理规划内容中，第（2）条监理单位的权利和义务，第（3）条监理单位的经营目标和第（4）条工程项目实施的组织等内容一般不宜编入监理规划。

6. 问题（6）

1）设计阶段监理规划提交的时间是合适的，但施工招标和施工阶段的监理规划提交时间不妥。

2）施工招标阶段，应在招标开始前一定的时间内（如合同约定时间）提交项目法人施工招标阶段的监理规划。

3）施工阶段宜在施工开始前一定的时间内向项目法人提交施工阶段监理规划。

7. 问题（7）

1）设计图纸及设计说明书。

2）工程质量评定标准及施工验收规范。

3）监理合同及工程承包合同。

4）工程施工规范及有关技术规程。

5）项目法人对工程有特殊要求时，熟悉有关控制标准及技术指标。

8. 问题（8）

监理规划中确定了对施工单位的资质进行审查，对总包单位的资质审查应安排在施工招标阶段对投标单位的资格预审时审查，并在评标时也对其综合能力进行一定的评审。对分包单位的资质审查应安排在分包合同签订前，由总承包单位与之签订工程分包合同。

9. 问题（9）

如果监理工程师发现施工单位未经监理单位批准而擅自将工程分包，根据监理规划中质量控制的措施，监理工程师应报告总监理工程师，经总监理工程师批准或经总监理工程师授权可责令施工单位停工处理，而不能由监理工程师随意责令施工单位停工。

10. 问题（10）

在监理规划的投资控制四项措施中，第（4）条不够严谨，首先施工单位"实际完工工程量"不一定是施工图纸或合同内规定的内容或监理工程师指定的工程量，即监理工程师只对图纸或合同或工程师指定的工程量给予计量。其次"按实际完工工程量签证工程款付款凭证"应改为"按实际完工的经监理工程师检查合格的工程量签证工程款付款凭证"。只有合格的工程才能办理签证。

11. 问题（11）

在施工单位提出的费用索赔计算单中，以下几项计算不正确：

1）由于停工，施工单位可将土方施工工人另行安排其他工作，所以费用补偿应按双方事先合同中约定的补偿工资计算。

2）推土机与自卸汽车闲置补偿不应按台班费全额计算，应按双方合同中约定的闲置补偿费（如机械台班费的百分比或折旧费）计算。

3）机械司机的工日费应包括在机械台班中，不应另外计列。

12. 问题（12）

施工单位提出的工期索赔要求不合理。根据工程进度计划，由于工作 K 的开始时间被推迟 20 天，使原计划的完成时间由 80 天增加到 90 天，所以监理工程师应该批准的工期延长为 10 天。

计算如下：原计划完成时间，见图 11-6；K 工作推迟 20 天开始的计算完成时间，见图 11-7。

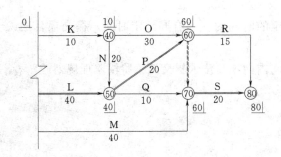

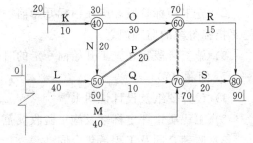

图 11-6 原计划完成时间   图 11-7 K 工作推迟 20 天完成时间

案例十二

【背景】

某工程建设项目，项目法人确定采用邀请招标方式选择施工单位。招标前经监理单位测算，该工程建设项目标底为 4000 万元人民币，定额工期为 30 个月。经过考察和研究确定，邀请 4 家具备承包工程相应资质等级的施工单位参加投标。

招标小组研究确定，采用综合评分法进行评标，其评标原则为：

(1) 评价的项目中各项评分的权重分别是：报价占 40%，工期为 20%，施工组织设计占 20%，企业信誉占 10%，施工经验占 10%。

(2) 各单位评分时，满分均按 100 分计，计算分值时取小数点后一位数。

(3) 报价项的评分原则为：在标底值的 ±5% 范围内为合理报价，超过此范围则认为是不合理报价。计分为标底标价为 100 分，标价每偏差 −1% 扣 10 分，偏差 +1% 扣 15 分。

(4) 工期项的评分原则为：以定额工期为准，提前 15% 为满分 100 分，依此每延后 5% 扣 10 分，超过定额工期者淘汰。

(5) 企业信誉项的评分原则为：以企业近 3 年工程优良率为标准，优良率 100% 为满分 100 分，依此类推。

(6) 施工经验项的评分原则为：按企业近 3 年承建类似工程占全部工程项目的百分比计，100% 为满分 100 分。

(7) 施工组织设计由专家评分决定。

经审查，四家投标的施工单位的上述各项指标汇总如表 11-2 所示。

表 11-2   指 标 汇 总 表

投标单位	报价（万元）	工期（月）	近 3 年工程优良率（%）	近 3 年承建类似工程（%）	施工组织设计专家打分
A	3960	36	50	30	95
B	4040	37	40	30	87
C	3920	34	55	40	93
D	4080	38	40	50	85

【问题】

（1）根据上述评分原则和各投标单位情况，对各投标单位的各评价项目推算出各项指标的应得分是多少？

（2）按综合评分法确定各投标单位的综合分数值。

（3）优选出综合条件最好的投标单位作为中标单位。

【答案】

1. 问题（1）

根据评分原则，确定各投标单位各项评价指标应得分。

1）报价得分：

A 施工单位：偏离标底值　$\Delta 1 = (3960 - 4000)/4000 = -1\%$，应得分为 $100 - 10 = 90$

B 施工单位：偏离标底值　$\Delta 1 = (4040 - 4000)/4000 = +1\%$，应得分为 $100 - 15 = 85$

C 施工单位：偏离标底值　$\Delta 1 = (3920 - 4000)/4000 = -2\%$，应得分为 $100 - 20 = 80$

D 施工单位：偏离标底值　$\Delta 1 = (4080 - 4000)/4000 = +2\%$，应得分为 $100 - 30 = 70$

2）工期得分：

A 施工单位：偏离定额工期　$\Delta 2 = (40 - 36)/40 = 10\%$，比 15% 延后 5%，得分 $100 - 10 = 90$

B 施工单位：偏离定额工期　$\Delta 2 = (40 - 37)/40 = 7.5\%$，比 15% 延后 7.5%，得分 $100 - 15 = 85$

C 施工单位：偏离定额工期　$\Delta 2 = (40 - 34)/40 = 15\%$，与满分标准相同，得分 $100 - 0 = 100$

D 施工单位：偏离定额工期　$\Delta 2 = (40 - 38)/40 = 5\%$，比 15% 延后 10%，得分 $100 - 20 = 80$

3）企业信誉得分：若施工单位近 3 年的工程优良率为 $N\%$，则其信誉得分以 N 计。据此，各投标单位的信誉得分如表 11 - 3 所示。

表 11 - 3　　　　　　　　　投标单位信誉得分表

投标单位名称	A	B	C	D
企业信誉得分	50	40	55	40

4）施工经验得分：若施工单位近 3 年承建与工程项目类似的工程占全部工程总数的比例为 $M\%$，则其施工经验得分为 M 分。据此，各投标单位的施工经验得分如表 11 - 4 所示。

表 11 - 4　　　　　　　　　施 工 经 验 得 分 表

投标单位名称	A	B	C	D
施工经验	30	30	40	50

2. 问题（2）

加权综合得分，见表 11 - 5。

表 11 – 5　　　　　　　　　　　　　**加 权 综 合 得 分 表**

序号	各项加权得分计算式	A 投标单位	B 投标单位	C 投标单位	D 投标单位
1	标价得分×权重（40%）	90×0.4＝36	85×0.4＝36	80×0.4＝32	70×0.4＝28
2	工期得分×权重（20%）	90×0.2＝18	85×0.2＝17	100×0.2＝20	80×0.2＝16
3	信誉得分×权重（10%）	50×0.1＝5	40×0.1＝4	55×0.1＝5.5	40×0.1＝4
4	施工经验得分×权重（10%）	30×0.1＝3	30×0.1＝3	40×0.1＝4	50×0.1＝5
5	施工组织设计得分×权重（20%）	95×0.2＝19	87×0.2＝17.4	93×0.2＝18.6	85×0.2＝19
6	评标综合得分∑	81	75.4	80.1	70

3. 选中标单位

根据上表中的计算结果，综合分值最高的 A 施工单位被选为中标单位。

案 例 十 三

【背景】

某工程的招标人于 2000 年 10 月 11 日向具备承担该项目能力的 A、B、C、D、E 5 家承包商发出投标邀请书，其中说明，10 月 17～18 日 9～16 时在该招标人总工程师室领取招标文件，11 月 8 日 14 时为投标截止时间。该 5 家承包商均接受邀请，并按规定时间提交了投标文件。但承包商 A 在送出投标文件后发现报价估算有较严重的失误，遂赶在投标截止时间前 10min 递交了一份书面声明，撤回已提交的投标文件。

开标时，由招标人委托的市公证处人员检查投标文件的密封情况，确认无误后，由工作人员当众拆封。由于承包商 A 已撤回投标文件，故招标人宣布有 B、C、D、E 4 家承包商投标，并宣读该 4 家承包商的投标价格、工期和其他主要内容。

评标委员会委员由招标人直接确定，共由 7 人组成，其中招标人代表 2 个，本系统技术专家 2 人，经济专家 1 人，外系统技术专家 1 人，经济专家 1 人。

在评标过程中，评标委员会要求 B、D 两投标人分别对其施工方案作详细说明，并对若干技术要点和难点提出问题，要求其提出具体、可靠的实施措施。作为评标委员的招标人代表，希望承包商 B 再适当考虑一下降低报价的可能性。

按照招标文件中确定的综合评标标准，4 个投标人综合得分从高到低的依次顺序为 B、D、C、E，故评标委员会确定承包商 B 为中标人。由于承包商 B 为外地企业，招标人于 11 月 10 日将中标通知书以挂号方式寄出，承包商 B 于 11 月 14 日收到中标通知书。

由于从报价情况来看，4 个投标人的报价从低到高的依次顺序为 D、C、B、E，因此，从 11 月 16 日至 12 月 11 日招标人又与承包商 B 就合同价格进行了多次谈判，结果承包商 B 将价格降到略低于承包商 C 的报价水平，最终双方于 12 月 12 日签订了书面合同。

【问题】

（1）从招标投标的性质看，本案例中的要约邀请、要约和承诺的具体表现是什么？

（2）从所介绍的背景资料来看，在该项目的招标投标程序中哪些方面不符合《中华人民共和国招标投标法》的有关规定？请逐一说明。

【答案】

1. 问题（1）

在本案例中，要约邀请是指招标人的投标邀请书，要约是投标人的投标文件，承诺是招标人发出的中标通知书。

2. 问题（2）

1）招标人不应仅宣布 4 家承包商参加投标，《中华人民共和国招标投标法》规定：招标人在招标文件要求提交投标文件的截止时间前收到的所有投标文件，开标时都应当当众拆封、宣读。这一规定是比较模糊的，仅按字面理解，已撤回的投标文件也应当宣读，但这显然与有关撤回投标文件的规定的初衷不符。按国际惯例，虽然承包商 A 在投标截止时间前已撤回投标文件，但仍应作为投标人宣读其名称，但不宣读其投标文件的其他内容。

2）评标委员会委员不应全部由招标人直接确定。按规定，评标委员会中的技术、经济专家，一般招标项目应采取（从专家库中）随机抽取方式，特殊招标项目可以由招标人直接确定。本项目显然属于一般招标项目。

3）评标过程中不应要求承包商考虑降价问题。按规定，评标委员会可以要求投标人对投标文件中含义不明确的内容作必要的澄清或者说明，但是澄清或者说明不得超出投标文件的范围或者改变其投标文件的实质性内容；在确定中标人前，招标人不得与投标人就投标价格、投标方案的实质性内容进行谈判。

4）中标通知书发出后，招标人不应与中标人就价格进行谈判。按规定，招标人和中标人应按照招标文件和投标文件订立书面合同，不得再行订立背离合同实质性内容的其他协议。

5）订立书面合同的时间过迟。按规定，招标人和中标人应当自中标通知书发出之日（不是中标人收到中标通知书之日）起 30 天内订立书面合同，而本案例为 32 天。

案例十四

【背景】

某水闸工程中，在合同标明有松软石的地方承包商施工时没有遇到松软石，因此工期提前 1 个月。但在合同中另一未标明有坚硬岩石的地方遇到更多的坚硬岩石，开挖工作变得更加困难，由此造成了实际生产率比原计划低得多，经测算影响工期 3 个月。由于施工速度减慢，使得部分施工任务拖到雨季进行，按一般公认标准推算，又影响工期 2 个月。为此承包商准备提出索赔。

【问题】

（1）该项施工索赔能否成立？为什么？

（2）在该索赔事件中，应提出的索赔内容包括哪两个方面？

（3）在工程施工中，通常可以提供的索赔证据有哪些？

（4）承包商应提供的索赔文件有哪些？请协助承包商拟定一份索赔通知。

【答案】

1. 问题（1）

该项施工索赔能成立。施工中在合同未标明有坚硬岩石的地方遇到更多的坚硬岩石，由于施工现场的施工条件与原来的勘察有很大差异，属于甲方的责任范围。

2. 问题（2）

本事件使承包商由于意外地质条件造成施工困难，导致工期延长，相应产生额外工程费用，因此，应包括费用索赔和工期索赔。

3. 问题（3）

可以提供的索赔证据有：

1）招标文件、工程合同及附件、项目法人认可的施工组织设计、工程图纸、技术规范等。

2）工程各项有关设计交底记录，变更图纸、变更施工指令等。

3）工程各项经项目法人或监理工程师签认的签证。

4）工程各项往来信件、指令、信函、通知、答复等。

5）工程各项会议纪要。

6）施工计划及现场实施情况记录。

7）施工日报及工长工作日志、备忘录。

8）工程送电、送水、道路开通、封闭的日期及数量记录。

9）工程停水、停电和干扰事件影响的日期及恢复的日期。

10）工程预付款、进度款拨付的数额及日期记录。

11）工程图纸、图纸变更、交底记录的送达份数及日期记录。

12）工程有关施工部位的照片及录像等。

13）工程现场气候记录，有关天气的温度、风力、降雨雪量等。

14）工程验收报告及各项技术鉴定报告等。

15）工程材料采购、订货、运输、进场、验收、使用等方面的凭据。

16）工程会计核算资料。

17）国家、省、市有关影响工程造价、工期的文件、规定等。

4. 问题（4）

承包商应提供的索赔文件有：

1）索赔信。

2）索赔报告。

3）索赔证据与详细计算书等附件。

索赔通知的参考形式如下。

索 赔 通 知

致甲方代表（或监理工程师）：

我方希望你方对工程地质条件变化问题引起重视。

（1）在合同文件标明有松软石地方未遇到松软石。

（2）在合同文件未标明有坚硬岩石的地方遇到了坚硬岩石。

由于第（1）条，我方实际施工进度提前。

由于第（2）条，我方实际生产率降低，而且引起进度拖延，并不得不在雨季施工。

上述施工条件变化，造成我方施工现场设计与原设计有很大不同，为此向你方提出工期索赔及费用索赔要求，具体工期索赔及费用索赔依据与计算书在随后的索赔报告中。

承包商：×××

××××年××月××日

案例十五

【背景】

某工程项目施工采用了包工包全部材料的固定价格合同。工程招标文件参考资料中提供的用砂地点距工地 4km。但是开工后，检查该砂质量不符合要求，承包商只得从另一距工地 20km 的供砂地点采购。而在一个关键工作面上又发生了几种原因造成的临时停工；5月20日至5月26日承包商的施工设备出现了从未出现过的故障；应于5月24日交给承包商的后续图纸直到6月10日才交给承包商；6月7日至6月12日施工现场下了罕见的特大暴雨，造成了6月11日到6月14日的该地区的供电全面中断。

【问题】

（1）承包商的索赔要求成立的条件是什么？

（2）由于供砂距离的增大，必然引起费用的增加，承包商经过仔细认真计算后，在项目法人指令下达的第3天，向项目法人的造价工程师提交了将原用砂单价每吨提高5元人民币的索赔要求。作为一名造价工程师你批准该索赔要求吗？为什么？

（3）若承包商对因项目法人原因造成窝工损失进行索赔时，要求设备窝工损失按台班计算，人工的窝工损失按日工资标准计算是否合理？如不合理应怎样计算？

（4）由于几种情况的暂时停工，承包商在6月25日向项目法人的造价工程师提出延长工期26天，成本损失费人民币2万元/天（此费率已经造价工程师核准）和利润损失费人民币2000元/天的索赔要求，共计索赔款57.2万元。作为一名造价工程师你批准延长工期多少天？索赔款额多少万元？

（5）你认为应该在项目法人支付给承包商的工程进度款中扣除因设备故障引起的竣工拖期违约损失赔偿金吗？为什么？

【答案】

1. 问题（1）

承包商的索赔要求成立必须同时具备如下四个条件：

1）与合同相比较，已造成了实际的额外费用或工期损失。

2）造成费用增加或工期损失的原因不是由于承包商的过失。

3）造成的费用增加或工期损失不是应由承包商承担的风险。

4）承包商在事件发生后的规定时间内提出了索赔的书面意向通知和索赔报告。

2. 问题（2）

因砂场地点的变化提出的索赔不能被批准，原因是：

1）承包商应对自己就招标文件的解释负责。

2）承包商应对自己报价的正确性与完备性负责。

3）作为一个有经验的承包商可以通过现场踏勘确认招标文件参考资料中提供的用砂质量是否合格，若承包商没有通过现场踏勘发现用砂质量问题，其相关风险应由承包商承担。

3. 问题（3）

不合理。因窝工闲置的设备应按折旧费或租赁费计算，不包括运转费部分；人工费损失应考虑这部分工作的工人调做其他工作时工效降低的损失费用；一般用工日单价乘以一个测算的降效系数计算这一部分损失，而且只按成本费用计算，不包括利润。

4. 问题（4）

可以批准的延长工期为 19 天，费用索赔额为 32 万元人民币。原因是：

1）5 月 20 日至 5 月 26 日出现的设备故障，属于承包商应承担的风险，不应考虑承包商的延长工期和费用索赔要求。

2）5 月 24 日至 6 月 10 日是由于项目法人迟交图纸引起的，为项目法人应承担的风险，应延长工期为 14 天。成本损失索赔额为 14 天×2 万元/天＝28（万元），但不应考虑承包商的利润要求。

3）6 月 10 日至 6 月 12 日的特大暴雨属于双方共同的风险，应延长工期为 3 天。但不应考虑承包商的费用索赔要求。

4）6 月 13 日至 6 月 14 日的停电属于有经验的承包商无法预见的自然条件变化，为项目法人应承担的风险，应延长工期为 2 天，索赔额为 2 天×2 万元/天＝4（万元）。但不应考虑承包商的利润要求。

5. 问题（5）

项目法人不应在支付给承包商的工程进度款中扣除竣工拖期违约损失赔偿金。因为设备故障引起的工程进度拖延不等于竣工工期的延误。如果承包商能够通过施工方案的调整将延误的工期补回，不会造成工期延误。如果承包商不能通过施工方案的调整将延误的工期补回，将会造成工期延误。所以，工期提前奖励或拖期罚款应在竣工时处理。

案例十六

【背景】

某项工程项目项目法人与承包商签订了工程承包合同。合同中估算工程量为 5300m³，单价为 180 元/m³。合同工期为 6 个月。有关付款条款如下：

（1）开工前项目法人应向承包商支付估算合同总价 20%的工程预付款。

（2）项目法人自第一个月起，从承包商的工程款中，按 5%的比例扣留保修金。

（3）当累计实际完成的工程量超过（或低于）估算工程量的 10%时，可进行调价，调价系数为 0.9（或 1.1）。

（4）每月签发最低金额为 15 万元。

（5）工程预付款从乙方获得累计工程款超过估算合同价的 30%以后的下一个月起，至第 5 个月均匀扣除。

承包商每月完成并经签证确认的工程量见表 11－6。

表 11-6			每月实际完成工程			
月 份	1	2	3	4	5	6
完成工程量（m³）	800	1000	1200	1200	1200	500
累计完成工程量（m³）	800	1800	3000	4000	5400	5900

【问题】

（1）估算合同总价为多少？

（2）工程预付款为多少？工程预付款从哪个月起扣留？每月应扣工程预付款为多少？

（3）每月工程量价款为多少？应签证的工程款为多少？应签发的付款凭证金额为多少？

【答案】

1. 问题（1）

估算合同总价

$$5300 \times 180 = 95.4（万元）$$

2. 问题（2）

1）工程预付款金额为

$$95.4 \times 20\% = 19.08（万元）$$

2）工程预付款应从第 3 个月起扣留，因为第 1、2 两个月累计工程款为

$$1800 \times 180 = 32.4（万元）> 95.4 \times 30\% = 28.62（万元）$$

3）每月应扣工程预付款为

$$19.08 \div 3 = 6.36（万元）$$

3. 问题（3）

1）第 1 个月工程量价款为

$$800 \times 180 = 14.40（万元）$$

应签证的工程款为

$$14.40 \times 0.95 = 13.68（万元）< 15（万元）$$

第 1 个月不予付款。

2）第 2 个月工程量价款为

$$1000 \times 180 = 18.00（万元）$$

应签证的工程款为

$$18.00 \times 0.95 = 17.10（万元）$$
$$13.68 + 17.1 = 30.78（万元）$$

应签发的付款凭证金额为 30.78 万元。

3）第 3 个月工程量价款为

$$1200 \times 180 = 21.60（万元）$$

应签证的工程款为

$$21.60 \times 0.95 = 20.52（万元）$$

应扣工程预付款为：6.36 万元。

$$20.52-6.36=14.16（万元）<15（万元）$$

第 3 个月不予签发付款凭证。

4）第 4 个月工程量价款为

$$1200×180=21.60（万元）$$

应签证的工程款为：20.52 万元。

应扣工程预付款为：6.36 万元。

应签发的付款凭证金额为

$$14.16+20.52-6.36=28.32（万元）。$$

5）第 5 个月累计完成工程量为 5400m³，比原估算工程量超出 100m³，但未超出估算工程量的 10%，所以仍按原单价结算。

第 5 个月工程量价款为

$$1200×180=21.60（万元）$$

应签证的工程款为：20.52 万元。

应扣工程预付款为：6.36 万元。

$$20.52-6.36=14.16（万元）<15（万元）$$

第 5 个月不予签发付款凭证。

6）第 6 个月累计完成工程量为 5900m³，比原估算工程量超出 600m³，已超出估算工程量的 10%，对超出的部分应调整单价。

应按调整后的单价结算的工程量为

$$5900-5300×（1+10\%）=70（m³）$$

第 6 个月工程量价款为

$$70×180×0.9+（500-70）×180=8.874（万元）$$

应签证的工程款为

$$8.874×0.95=8.43（万元）$$

应签发的付款凭证金额为

$$14.16+8.43=22.59（万元）$$

附录 A 监理工作程序图

监理工作程序，参见图 A—1～图 A—7。

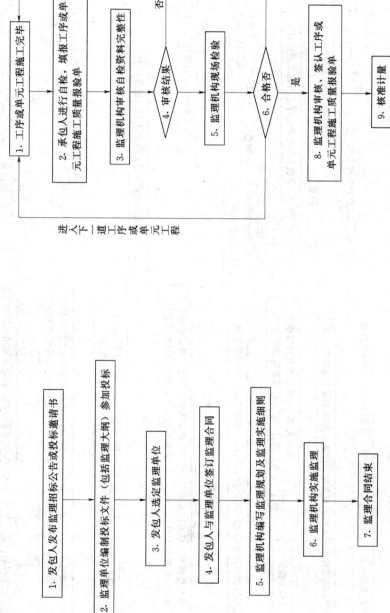

图 A—1 监理单位工作程序图

1. 发包人发布监理招标公告或投标邀请书 → 2. 监理单位编制投标文件（包括监理大纲）参加投标 → 3. 发包人选定监理单位 → 4. 发包人与监理单位签订监理合同 → 5. 监理机构编写监理规划及监理实施细则 → 6. 监理机构实施监理 → 7. 监理合同结束

图 A—2 工序或单元工程质量控制监理工作程序图

1. 工序或单元工程施工完毕 → 2. 承包人进行自检，填报工序或单元工程施工质量报验单 → 3. 监理机构审核自检资料完整性 → 4. 审核结果 → 5. 监理机构现场检验 → 6. 合格否 → 8. 监理机构审核、签认工序或单元工程施工质量报验单 → 9. 核准计量

7. 返工

进入下一道工序或单元工程

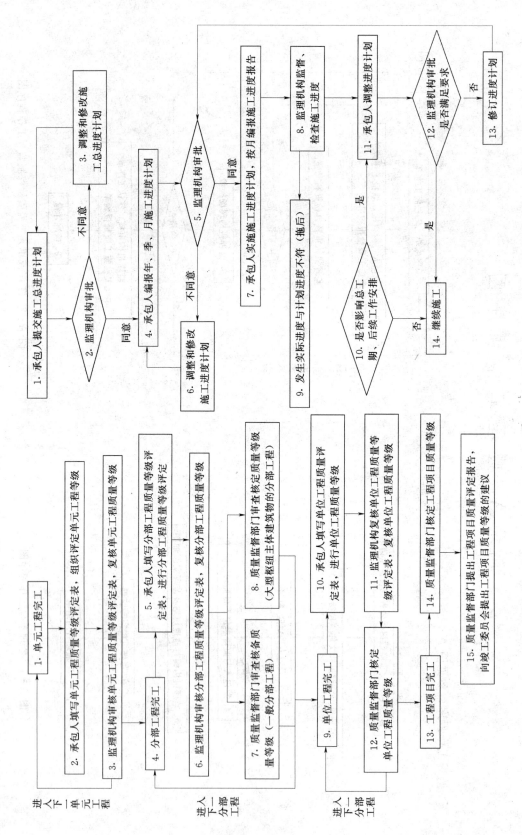

图 A-4 进度控制监理工作程序图

图 A-3 质量评定监理工作程序图

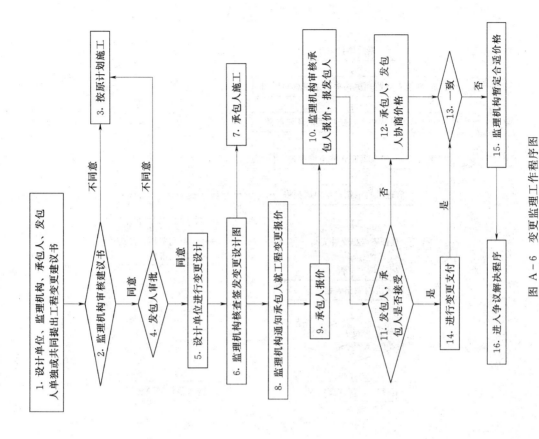

图 A－6　变更监理工作程序图

1. 设计单位、监理机构、承包人、发包人单独或共同提出工程变更建议书

2. 监理机构审核建议书

　不同意 → 3. 按原计划施工
　同意

4. 发包人审批

　不同意
　同意

5. 设计单位进行变更设计

6. 监理机构审核鉴发变更设计图

7. 承包人施工

8. 监理机构通知承包人就工程变更报价

9. 承包人报价

10. 监理机构审核承包人报价、报发包人

11. 发包人、承包人是否接受

　否 → 12. 承包人、发包人协商价格

13. 一致

　否 → 15. 监理机构暂定合适价格

　是 → 14. 进行变更支付

16. 进入争议解决程序

图 A－5　工程款支付监理工作程序图

1. 单元工程验收合格

2. 承包人申请工程计量

3. 监理机构进行工程计量、复核

4. 承包人编制并提交工程份款月支付申请

5. 监理机构审核

6. 是否通过

　否
　是

7. 监理机构签发工程价款月支付证书

8. 报发包人审批

9. 发包人支付

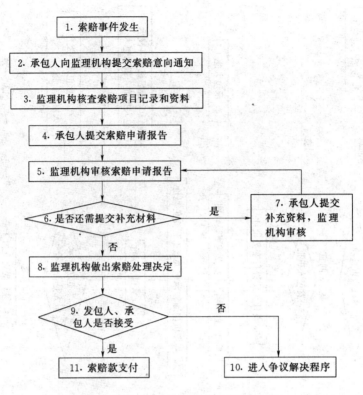

图 A-7 索赔处理监理工作程序图

附录 B 监理工作常用表格

监理工作常用表格式，参见以下各表。

监理机构用表目录

序号	表格名称	表格类型	表格	编号
1	进场通知	JL01	监理 [ ] 进场	号
2	合同项目开工令	JL02	监理 [ ] 合开工	号
3	分部工程开工通知	JL03	监理 [ ] 分开工	号
4	工程预付工款证书	JL04	监理 [ ] 工预付	号
5	批复表	JL05	监理 [ ] 批复	号
6	监理通知	JL06	监理 [ ] 通知	号
7	监理报告	JL07	监理 [ ] 报告	号
8	计日工工作通知	JL08	监理 [ ] 计通	号
9	工程现场书面指示	JL09	监理 [ ] 现指	号
10	警告通知	JL10	监理 [ ] 警告	号
11	整改通知	JL11	监理 [ ] 整改	号
12	新增或紧急工程通知	JL12	监理 [ ] 新通	号
13	变更指示	JL13	监理 [ ] 变更	号
14	变更项目价格审核表	JL14	监理 [ ] 变价审	号
15	变更项目价格签认表	JL15	监理 [ ] 变价签	号
16	变更施工通知	JL16	监理 [ ] 变通	号
17	暂停施工通知	JL17	监理 [ ] 停工	号
18	复工通知	JL18	监理 [ ] 复工	号
19	费用索赔审核表	JL19	监理 [ ] 索赔审	号
20	费用索赔签认单	JL20	监理 [ ] 索赔签	号
21	工程价预付款证书	JL21	监理 [ ] 月付	号
22	月支付审核汇总表	JL21附表1	监理 [ ] 月总	号
23	合同解除后付款证书	JL22	监理 [ ] 解付	号
24	完工/最终付款证书	JL23	监理 [ ] 付证	号

续表

序号	表格名称	表格类型	表格	编号
25	工程移交通知	JL24	监理 [ ] 移交	号
26	工程移交证书	JL25	监理 [ ] 移证	号
27	保修金付款证书	JL26	监理 [ ] 保付	号
28	保修责任终止证书	JL27	监理 [ ] 责终	号
29	设计文件签收表	JL28	监理 [ ] 设收	号
30	施工设计图纸核查意见单	JL29	监理 [ ] 图核	号
31	施工设计图纸签发表	JL30	监理 [ ] 图发	号
32	工程项目划分报审表	JL31	监理 [ ] 项分	号
33	监理月报	JL32	监理 [ ] 月报	号
34	完成工程量月统计表	JL32附表1	监理 [ ] 量统月	号
35	监理抽检情况月汇总表	JL32附表2	监理 [ ] 抽检月	号
36	工程变更月报表	JL32附表3	监理 [ ] 变更月	号
37	监理抽检取样样品月登记表	JL33	监理 [ ] 样品	号
38	监理抽检试验登记表	JL34	监理 [ ] 试记	号
39	旁站监理值班记录	JL35	监理 [ ] 旁站	号
40	监理巡视记录	JL36	监理 [ ] 巡视	号
41	监理日记	JL37	监理 [ ] 日记	号
42	监理日志	JL38	监理 [ ] 日志	号
43	监理机构内部会签单	JL39	监理 [ ] 内签	号
44	监理发文登记表	JL40	监理 [ ] 监发	号
45	监理收文登记表	JL41	监理 [ ] 监收	号
46	会议纪要	JL42	监理 [ ] 纪要	号
47	监理机构联系单	JL43	监理 [ ] 联系	号
48	监理机构备忘录	JL44	监理 [ ] 备忘	号

JL02

合同项目开工令

（监理 [ ] 合开工　　号）

合同编号：

合同名称：

致：（承包人）

你方　　年　　月　　日报送的工程项目开工申请（承包 [ ] 合开工　　号）已经通过审核。你方可从即日起，按施工计划安排开工。

本开工令确定此合同项目的实际开工日期为　　年　　月　　日。

监理机构：（全称及盖章）
总监理工程师：（签名）
日期：　　年　　月　　日

今已收到合同项目的开工令。

承包人：（全称及盖章）
项目经理：（签名）
日期：　　年　　月　　日

说明：本表一式　　份，由监理机构填写，承包人签收后承包人、监理机构各1份。

JL01

进 场 通 知

（监理 [ ] 进场　　号）

合同编号：

合同名称：

致：（承包人）

根据施工合同约定，现签发　　工程进场通知。你方在接到该通知后，应及时调遣人员和施工设备，材料进场，完成各项施工准备工作。之后，尽快提交《合同项目开工申请表》。

该工程项目的开工日期为　　年　　月　　日。

视施工合同双方的施工准备情况，监理机构另行签发合同项目开工令。

监理机构：（全称及盖章）
总监理工程师：（签名）
日期：　　年　　月　　日

今已收到　　　　（监理机构全称）　签发的进场通知。

承包人：（全称及盖章）
签收人：（签名）
日期：　　年　　月　　日

说明：本表一式　　份，由监理机构填写，承包人签收后，承包人、监理机构、发包人、设代机构各1份。

工程预付款付款证书

（监理 [ ] 工预付 号）

合同名称：

合同编号：

致：（发包人）

经审核，承包人提供的预付款担保符合合同约定，并已获得你方认可，具备预付款支付条件。根据施工合同，你方应向承包人支付第 ___ 次工程预付款，金额为：

大写： _____

小写： _____

监理机构：（全称及盖章）

总监理工程师：（签名）

日期： 年 月 日

说明：本证书一式 ___ 份，由监理机构填写，承包人 2 份，监理机构、发包人各 1 份。

分 部 工 程 开 工 通 知

（监理 [ ] 分开工 号）

合同名称：

合同编号：

致：（承包人）

你方 ___ 年 ___ 月 ___ 日报送的 _____ 分部工程（编码为： _____ 号）开工申请表（承包 [ ] 分开工 ___ 号）已经通过审核。此开工通知确定该分部工程的开工日期为 ___ 年 ___ 月 ___ 日。

附注：

监理机构：（全称及盖章）

总监理工程师：（签名）

日期： 年 月 日

今已收到分部工程的开工通知。

承包人：（全称及盖章）

项目经理：（签名）

日期： 年 月 日

说明：本表一式 ___ 份，由监理机构填写，承包人、监理机构、发包人、设代机构各 1 份。

JL06

监 理 通 知

（监理[ ]通知 号）

合同名称： 合同编号：

致：（承包人）

事由：

通知内容：

附件：

监理机构：（全称及盖章）
总监理工程师
/监理工程师：（签名）
日期： 年 月 日

承包人：（全称及盖章）
签收人：（签名）
日期： 年 月 日

说明：1. 本通知一式___份，由监理机构填写，发包人各1份。监理机构、承包人，监理机构，发包人各1份。
2. 一般通知、由监理工程师签发，重要通知由总监理工程师签发。
3. 本通知单可用于对承包人的指示。

JL05

批 复 表

（监理[ ]批复 号）

合同名称： 合同编号：

致：（承包人）

你方于 年 月 日报送的
（文号： ），经监理机构审核，批复意见如下：

附件：

监理机构：（全称及盖章）
总监理工程师
/监理工程师：（签名）
日期： 年 月 日

承包人：（全称及盖章）
签收人：（签名）
日期： 年 月 日

说明：1. 本表一式___份，由监理机构填写。承包人签字后，承包人，监理机构，发包人各1份。
2. 一般批复由监理工程师签发，重要批复由总监理工程师签发。
3. 本批复表可用于对承包人的申请、报告的批复。

JL08

计 日 工 工 作 通 知

（监理 [ ] 计日通 号）

合同名称： 合同编号：

致：（承包人）

现决定对下列工作按计日工子以安排，请据以执行。

序号	工作项目或内容	计划工作时间	计价及付款方式	备注

附件：

监理机构：（全称及盖章）
总监理工程师：（签名）
日期： 年 月 日

我方将按通知执行。

承包人：（全称及盖章）
签收人：（签名）
日期： 年 月 日

说明：1. 本表一式____份，由监理机构填写、承包人签发后、承包人2份、监理机构、监理人各1份。
2. 计价及付款方式依据合同约定或双方协商，包括：按合同计日工单价支付；另行报价，经监理机构审核并报请发包人核准后执行；按总监理通知支付或其他方式。

JL07

监 理 报 告

（监理 [ ] 报告 号）

合同名称： 合同编号：

致：（发包人）

报告内容：

监理机构：（全称及盖章）
总监理工程师：（签名）
日期： 年 月 日

致：（监理机构）

本报告内容经我方研究后，答复如下：

发包人：（全称及盖章）
负责人：（签名）
日期： 年 月 日

说明：1. 本表一式____份，由监理机构填写，发包人批复后留1份，退回监理机构2份。
2. 本表可用于监理机构认为需报请发包人批示的各项事宜。

JL09

工程现场书面指示

（监理[ ]现指 号）

合同名称： 合同编号：

致：（承包人）

请你方执行本指示内容。本指示单你方签名后即时生效。

指示内容与要求：

发布指示依据：

我方将：

□按指示执行

□按指示执行，并提出我方意见（另行报请审核）

监理机构：（全称及盖章）

监理工程师：（签名）

日期： 年 月 日

承包人：（全称及盖章）

现场负责人：（签名）

日期： 年 月 日

说明：本表一式___份，由监理机构填写，承包人签署意见后，承包人、监理机构各1份。

JL10

警 告 通 知

（监理[ ]警告 号）

合同名称： 合同编号：

致：（承包人）

___年___月___日___时，你方在工作时，存在下列所述的违规（章）作业情况。为确保施工合同顺利实施，要求你方立即进行纠正，并避免类似情况的再次发生。

违规情况描述：

法规或合同条款的相关规定：

监理机构：（全称及盖章）

监理工程师：（签名）

日期： 年 月 日

承包人：（全称及盖章）

签收人：（签名）

日期： 年 月 日

说明：本表一式___份，由监理机构填写，承包人签收后，承包人、监理机构、发包人各1份。

新增或紧急工程通知

JL12

（监理 [ ] 工通　　　号）

合同名称：　　　　　　　　　　　　合同编号：

致：（承包人）

今委托你方进行下列不包括在施工合同内新增/紧急工程的施工，并于____年____月____日前提交该工程的施工进度计划和施工技术方案。正式变更指示另行签发。

工程内容简介：

工期要求：

费用及支付方式：

现已收到新增/紧急工程通知，我方将按要求提交该工程的施工计划和施工技术方案。费用及工期要求将□同时提交/□另行提交。

监理机构：（全称及盖章）

总监理工程师：（签名）

日期：　　年　　月　　日

承包人：（全称及盖章）

项目经理：（签名）

日期：　　年　　月　　日

说明：本表一式____份，由监理机构填写，发包人、承包人、监理机构各1份。

整　改　通　知

JL11

（监理 [ ] 整改　　　号）

合同名称：　　　　　　　　　　　　合同编号：

致：（承包人）

由于本通知所述原因，通知你对____工程项目应按下述要求进行整改，并于____年____月____日前提交整改措施报告，确保整改的结果达到要求。

| 整改原因： | □施工质量经检验不合格
□材料、设备不符合要求
□未按设计文件要求施工
□工程变更 |
| 整改要求： | □返工　□修补缺陷
□拆除
□更换、增加材料、设备
□调整施工人员 |

□整改所发生费用由承包人承担

□整改所发生费用可另行申报

监理机构：（全称及盖章）

总监理工程师：（签名）

日期：　　年　　月　　日

现已收到整改通知，我方将根据通知要求进行整改，并按要求提交整改措施报告。

承包人：（全称及盖章）

项目经理：（签名）

日期：　　年　　月　　日

说明：本表一式____份，由监理机构填写，承包人签收后，承包人、监理机构各1份。

JL13

变 更 指 示

（监理〔 〕变指 号）

合同名称： 合同编号：

致：（承包人）

现决定对本合同项目作如下变更或调整，你方应根据本指示于___
年___月___日前提交相应的和施工技术方案、进度计划。

变更项目名称	
变更内容简述	
变更工程量	
变更技术要求	
其他内容	

附件：变更文件、施工图纸

　

接受变更指示，并按要求提交施工技术方案、进度计划。

监理机构：（全称及盖章）
总监理工程师：（签名）
日期： 年 月 日

承包人：（全称及盖章）
项目经理：（签名）
日期： 年 月 日

说明：本表一式___份，由监理机构填写，承包人签发后，承包人、监理机构、发包人、设代机构各1份。

292

JL14

变更项目价格审核表

（监理〔 〕变价审 号）

合同名称： 合同编号：

致：（承包人）

根据有关规定和施工合同约定，你方提出的变更项目价格申报表
（承包〔 〕变价___号），经我方审核，变更项目价格如下。

序号	项目名称	单位	监理审核单价	备注

附录：

　

监理机构：（全称及盖章）
总监理工程师：（签名）
日期： 年 月 日

说明：本表一式___份，由监理机构填写、承包人、监理机构、发包人
各1份。

JL16

变 更 通 知

（监理〔　　　〕变通　　号）

合同名称：
合同编号：

致：（承包人）

根据□变更项目价格签认（监理〔　　〕变价签　　号）/□批复
表（监理〔　　〕变批复　　号），你方按本通知调整款价和工期。

项目号	变更项目内容	单位	数量（增＋或减－）	单价	增加金额（元）	减少金额（元）
合　计						

合同工期日数的增加：

(1) 原合同工期（日历天）　　　　　　　（天）。
(2) 本变更指令延长工期日数　　　　　　（天）。
(3) 现合同工期（日历天）　　　　　　　（天）。

监理机构：（全称及盖章）
总监理工程师：（签名）
日期：　　　年　　月　　日

承包人：（全称及盖章）
项目经理：（签名）
日期：　　　年　　月　　日

说明：本表一式　　份，由监理机构填写，承包人签字后，承包人2份，监理机构、发包人各1份。

JL15

变更项目价格签认单

（监理〔　　　〕变价签　　号）

合同名称：
合同编号：

根据有关规定和施工合同约定，经友好协商，发包人、承包人原则同意监理机构签发的变更项目价格审核表（监理〔　　〕变价审号），最终确定变更项目价格如下。

序号	项目名称	单位	核定单价	备注

承包人：（全称及盖章）
项目经理：（签名）
日期：　　　年　　月　　日

发包人：（全称及盖章）
负责人：（签名）
日期：　　　年　　月　　日

监理机构：（全称及盖章）
总监理工程师：（签名）
日期：　　　年　　月　　日

说明：本表一式　　份，由监理机构填写，各方签字后，监理机构、发包人各1份，承包人2份，办理结算时使用。

293

JL18

复 工 通 知
（□停工　□复工）

（监理　[　]　号）

合同名称：　　　　　　合同编号：

致：（承包人）

鉴于暂停施工通知（监理　[　]　停工　号）所述原因已经消除，你方可于　　年　　月　　日　　时起对　　工程（编码）项目恢复施工。

附注：

监理机构：（全称及盖章）
总监理工程师：（签名）
日期：　　年　　月　　日

承包人：（全称及盖章）
项目经理：（签名）
日期：　　年　　月　　日

说明：本表一式　　份，由监理机构填写，承包人签字后，承包人、监理机构、发包人、设代机构各1份。

JL17

暂 停 施 工 通 知
（监理　[　]　号）

合同名称：　　　　　　合同编号：

致：（承包人）

由于本通知所述原因，现通知你方于　　年　　月　　日　　时对　　工程（编码）项目暂停施工。

工程暂停施工原因	
引用合同条款或法规依据	
停工期间要求	
合同责任	

监理机构：（全称及盖章）
总监理工程师：（签名）
日期：　　年　　月　　日

承包人：（全称及盖章）
项目经理：（签名）
日期：　　年　　月　　日

说明：本表一式　　份，由监理机构填写，承包人签字后，承包人、监理机构、发包人、设代机构各1份。

JL20

费用索赔签认单

（监理［　］索赔签　号）

合同名称：

合同编号：

根据有关规定和施工合同约定，经友好协商，发包人、承包人原则同意监理机构签发的费用索赔审核表（监理［　］索赔审　号），最终核定索赔金额确定为：（大写　　　　　　　　）。

（小写　　　　　）。

承包人：（全称及盖章）

项目经理：（签名）

日期：　　年　月　日

发包人：（全称及盖章）

负责人：（签名）

日期：　　年　月　日

监理机构：（全称及盖章）

总监理工程师：（签名）

日期：　　年　月　日

说明：本表一式　　份，由监理机构填写，各方签字后，监理机构、发包人各1份，承包人2份，办理结算时使用。

JL19

费用索赔审核表

（监理［　］索赔审　号）

合同名称：

合同编号：

致：（承包人）

根据有关规定和施工合同约定，你方提出的索赔申请报告（承包［　］赔报　号），索赔金额（大写　　　　　），（小写　　　　　），经我方审核：

□不同意此项索赔。

□同意此项索赔，核准索赔金额为（大写　　　　　）。

（小写　　　　　）。

附件：索赔分析、审核文件。

监理机构：（全称及盖章）

总监理工程师：（签名）

日期：　　年　月　日

说明：本表一式　　份，由监理机构填写、承包人、监理机构、发包人各1份。

JL21 附表1　月支付审核汇总表

合同名称：　　　　　　　　　　　合同编号：

工程或费用名称		本月前累计完成额（元）	本月承包人申请金额（元）	本月监理机构审核金额（元）	监理审核意见	备注
应支付金额	合同单价项目					
	合同合价项目					
	合同新增项目					
	计日工项目					
	材料预付款					
	索赔项目					
	价格调整					
	延期付款利息					
	其他					
应支付金额合计						
扣除金额	工程预付款					
	材料预付款					
	保留金					
	违约赔偿					
	其他					
扣除金额合计						
月应支付款总金额：		佰	拾	万	千	佰　拾　元　角　分

经审核，　　　年　　　月承包人应得到的支付金额共计为（大写）　　　　　　　　　　
　　　　　　（小写　　　　　　　　）。

监理机构：（全称及盖章）
总监理工程师：（签名）
日期：　　年　　月　　日

JL21　工程价款月付款证书

合同名称：　　　　　　　　　　　合同编号：

致：（发包人）

经审核承包人的工程价款月支付申请书（承包 [　] 月付 　号），本月应支付给承包人的工程价款金额共计为（大写）　　　　　　　　
（小写　　　　　　　　）。

根据施工合同约定，请贵方在收到此证书后的　　　天之内完成审批，将上述工程价款支付给承包人。

附件：1. 月支付审核汇总表。

监理机构：（全称及盖章）
总监理工程师：（签名）
日期：　　年　　月　　日

完工/最终付款证书

JL23

（监理 [　]　付证　号）

合同名称：

合同编号：

致：（发包人）

经审核承包人的□完工付款申请/□最终付款申请（承包 [　] 付申_____号），应支付给承包人的金额共计为（大写_____）（小写_____）。

根据施工合同约定，请贵方在收到□完工付款证书/□最终付款证书后的_____天之内完成审批，将上述工程款额支付给承包人。

附件：1. 完工/最终资料。

2. 计算资料。

3. 证明文件。

监理机构：（全称及盖章）

总监理工程师：（签名）

日期：　　年　　月　　日

合同解除后付款证书

JL22

（监理 [　]　解付　号）

合同名称：

合同编号：

致：（发包人）

根据施工合同约定，经审核，合同解除后，承包人共应获得工程价款总价为（大写_____）（小写_____），已得到各项付款总价为（大写_____）（小写_____），现应支付剩余工程价款总价为（大写_____）（小写_____）。根据施工合同的约定，请贵方在收到此证书后的_____天之内完成审批，将上述工程价款支付给承包人。

附件：1. 合同解除相关文件。

2. 计算资料、证明文件。

监理机构：（全称及盖章）

总监理工程师：（签名）

日期：　　年　　月　　日

297

JL25

工程移交证书

（监理 [　] 移证　号）

合同名称：

合同编号：

致：（承包人）

　　　　　　工程已按施工合同和监理机构的指示完成（该证书中注明的工程缺陷和未完工程除外），并于　　年　　月　　日经过 □完工验收/□单位工程验收。根据有关规定和合同约定，工程正式移交给发包人，鉴发此移交证书。从本移交证书颁发之日开始，工程正式移交给发包人。本工程的实际完工之日为　　年　　月　　日，并从此日开始，该工程进入保修期。

附件：工程缺陷及未完工程内容清单。

监理机构：（全称及盖章）

总监理工程师：（签名）

日期：　　年　　月　　日

说明：本证书一式　　份，由监理机构填写，监理机构及发包人各 1 份，承包人 2 份。

JL24

工程移交通知

（监理 [　] 移交　号）

合同名称：

合同编号：

致：（承包人）

鉴于　　　　　　工程已于　　年　　月　　日通过

□单位工程验收

□完工验收

根据有关规定和施工合同约定，可按本通知的要求，办理移交手续。

特此通知。

工程移交日期	□请于　　年　　月　　日妥办移交手续。 □
保修期起算日期	□本工程保修期，自该工程的移交证书中写明的实际完工之日起算，保修期为　　个月。

办理移交手续前应完成的工作项目：

1.

2.

3.

4.

监理机构：（全称并盖章）

总监理工程师：（签名）

日期：　　年　　月　　日

承包人：（全称并盖章）

项目经理：（签名）

日期：　　年　　月　　日

说明：本通知一式　　份，由监理机构填写、承包人签字后，承包人、监理机构、发包人各 1 份。

JL27

保修责任终止证书

（监理〔 〕责终 号）

合同名称：
合同编号：

致：（承包人）

鉴于 工程移交证书（监理〔 〕移 号）中列出的工程缺陷及未完工程和保修期内因施工质量造成的缺陷，已经于 年 月 日以前完工和处理完毕，并由监理机构确认符合相关规定和约定。

依据施工合同和上述工程移交证书规定，本工程保修期已于 年 月 日期满。特此通知。

监理机构：（全称及盖章）
总监理工程师：（签名）
日期： 年 月 日

说明：本证书一式 份，由监理机构填写，承包人2份，监理机构及发包人各1份。

JL26

保留金付款证书

（监理〔 〕保付 号）

合同名称：
合同编号：

致：（发包人）

经审核，现应支付给承包人的保留金金额共计为（大写） （小写 ）。

根据合同约定，请贵方在收到该保留金付款证书后的 天之内完成审批，将上述工程金额支付给承包人。

支付保留金已具备的条件	□于 年 月 日签发工程移交证书
	□于 年 月 日签发保修责任终止证书
保留金支付金额	保留总金额	佰 拾 万 仟 佰 拾 元 角 分
	已支付金额	佰 拾 万 仟 佰 拾 元 角 分
	尚应扣留的金额	佰 拾 万 仟 佰 拾 元 角 分
	扣留的原因：□施工合同约定 □未完工程或缺陷	
	应支付金额	佰 拾 万 仟 佰 拾 元 角 分

监理机构：（全称及盖章）
总监理工程师：（签名）
日期： 年 月 日

说明：本证书一式 份，由监理机构填写，监理机构及发包人各1份，承包人2份，办理结算时使用。

JL29 施工设计图图纸核查意见单
(监理[ ]图核 号)

合同名称:　　　　　　　　合同编号:

施工图纸名称		图号	
预核意见		监理工程师:(签名) 日期:　年　月　日	
核查意见		监理机构:(全称及盖章) 总监理工程师:(签名) 日期:　年　月　日	

说明:1.本表一式___份,由监理机构填写,发包人、监理机构、图纸设计单位各1份。

2.各图号可以是单张号或连续号或区间号。

JL28 设计文件签收表
监理[ ]设收 号

合同名称:　　　　　　　　合同编号:

致:(监理机构)

本批报送图纸___件,文字报告和说明___件,见下表。

序号	设计文件名称	文图号	报送份数	备注
1				
2				
3				
4				
5				
6				
7				
8				

报送单位:(全称及盖章)
负责人:(签名)
日期:　年　月　日

监理机构:(全称及盖章)
签收人:(签名)
日期:　年　月　日

说明:一式___份,由报送单位填写,监理机构签收后,监理机构、发包人、报送单位各1份。

JL31

工程项目划分报审表

（监理［　］项分　　号）

合同名称：　　　　　　　　合同编号：

致：（发包人）

根据工程设计图纸和＿＿＿规定，经与相关单位研究，建议该工程项目划分为＿＿＿个单位工程，＿＿＿个分部工程，＿＿＿个单元工程。请审定。

附件：工程项目划分及编码一览表。

監理机构：（全称及盖章）

总监理工程师：（签名）

日期：　　年　　月　　日

说明：本表一式＿＿＿份，由监理机构填写、监理机构、承包人各1份，发包人2份。

JL30

施工设计图纸签发表

（监理［　］图发　　号）

合同名称：　　　　　　　　合同编号：

致：（承包人）

本批签发图纸＿＿＿张，文字报告和说明＿＿＿张，见下表。

序号	施工设计图纸名称	文图号	发送份数	备注
1				
2				
3				
4				
5				
6				
7				
8				

監理机构：（全称及盖章）

总监理工程师：（签名）

日期：　　年　　月　　日

今已收到监理签发图纸＿＿＿张，文字报告和说明＿＿＿张

承包人：（全称及盖章）

签收人：（签名）

日期：　　年　　月　　日

说明：本表一式＿＿＿份，由监理机构填写，承包人签字后，承包人、监理机构、发包人、设计单位各1份。

301

监 理 月 报

（监理 [ ] 月报 第 号 期）

_____ 年 ___ 月 ___ 日至 _____ 年 ___ 月 ___ 日

JL32

工 程 名 称：_____

发 包 人：_____

监 理 机 构：（全称及盖章）_____

总监理工程师：（签名）_____

日 期： _____ 年 ___ 月 ___ 日

JL32

监理月报（ 年 月）

（监理 [ ] 月报 号）

合同名称：

合同编号：

致：（发包人）

现呈报我方编写的 _____ 年 ___ 月监理月报，请贵方审阅。

随本监理月报一同上报以下附表：

1. 完成工程量月统计表。

2. 监理抽样情况月汇总表。

3. 工程变更月报表。

4. 其他。

监理机构：（全称及盖章）

总监理工程师：（签名）

日 期： 年 月 日

今已收到 _____ （监理机构全称）所报 _____ 年 ___ 月的监理月报及附

件共 _____ 份。

发包人：（全称及盖章）

签收人：（签名）

日 期： 年 月 日

说明：监理月报一式 _____ 份，由监理机构填写，每月 5 日前报发包人。

发包人签收后，监理机构、发包人，各 1 份。

JL32 附表 2

监理抽检情况月汇总表

（监理 [ ] 抽检月 号）

合同名称：　　　　　　　　　　　　　　　　　　　合同编号：

序号	单位工程名称	单位工程编码	抽检日期	抽检内容及方法	抽检结果	抽检人

监理机构（全称及盖章）	总监理工程师	（签名）
	日期	年　月　日

说明：本表一式　　份，由监理机构填写，作为监理机构存档和月报时使用。

JL32 附表 1

完成工程量月统计表

（监理 [ ] 量统月 号）

合同名称：　　　　　　　　　　　　　　　　　　　合同编号：

序号	分部工程名称	项目内容	单位	工程量	本月完成工程量	至本月已累计完成工程量

监理机构：（全称及盖章）

总监理工程师：（签名）

日期：　　年　月　日

说明：本表一式　　份，由监理机构填写，作为监理存档及月报时使用。

JL33　监理抽检取样样品月登记表（　年　月　）

（监理〔　〕样品　号）

合同名称：
合同编号：

样品编号	来源	地点	部位	说明	样品编号	取样日期	试验地点	备注
1								
2								
3								
4								
5								
6								
7								
8								
9								
10								

监理工程师	（签名）	填报日期	年　月　日

说明：本表供监理试验室取样鉴证使用。

JL32附表3　工程变更月报表

（监理〔　〕变更月　号）

合同名称：
合同编号：

序号	变更工程名称（编号）	变更文件文号、图号	工程变更内容	备注
1				
2				
3				
4				
5				
6				
7				
8				
9				

监理机构	（全称及盖章）	总监理工程师	（签名）	日期	年　月　日

说明：本表一式___份，由监理机构填写，作为监理机构存档和月报时使用。

旁站监理值班记录

JL35

（监理 [ ] 旁站 [ ] 劳务站）

合同名称：　　　　　　　　　　　　　　合同编号：

日期		单元工程名称		单元工程编码	
班次		天气		温度	
现场施工负责人单位：　　　　　　　　姓名：					
人员情况	现场人员数量及分类人员数量				
	人员__个	人员__个	人员__个		
	人员__个	人员__个	其他人员__个	人员__个	
	人员__个	合计 ·__个	__个		
主要施工机械名称及运转情况					
主要材料进场与使用情况					
承包人提出的问题					
施工过程情况					
曾对承包人下达的指令或答复					
值班监理员：（签名）　　　　　　　现场承包人代表：（签名）					

说明：本表按月装订成册。

监理抽检试验登记表

JL34

（监理 [ ] 试记 [ ] 号）

合同名称：　　　　　　　　　　　　　　合同编号：

序号	样品编号	样品所在单元工程名称	试验记录编号	试验完成日期	实验负责人	备注
1						
2						
3						
4						
5						
6						
7						
8						
9						
10						
监理工程师（签名）			填报日期		年　月　日	

说明：监理机构试验实用表。

JL37

监 理 日 记

（监理〔 〕日记 号）

合同名称：

合同编号：

天气：	气温：	风力：	风向：
人员、材料、施工设备动态			
主要施工内容			
存在的问题			
承包人处理意见及处理措施、处理效果			
监理机构签发的意见、通知			
会议情况			
发包人的要求或决定			
其他			

记录人：（签名）　　　　　　　　　责任监理工程师：（签名）

日期：　年　月　日　　　　　　　　日期：　年　月　日

说明：本表按月装订成册。

JL36

监 理 巡 视 记 录

（监理〔 〕巡视 号）

合同名称：

合同编号：

巡视范围	
巡视情况	
发现问题及处理意见	

巡视人：（签名）

日期：　年　月　日

说明：本表按月装订成册。

306

JL38

监 理 日 志

（ [ ] 监理日志 号）

工 程 名 称：_____

合 同 编 码：_____

发 包 人：_____

承 包 人：_____

监 理 机 构：(全称及盖章)_____

总监理工程师：(签名)_____

监 理 日 志

日期：___年___月___日

填写人：_____

天气	白天	夜晚
施工部位、施工内容、施工形象		
施工质量检验、安全作业情况		
施工作业中存在的问题及处理情况		
承包人的管理人员及主要技术人员到位情况		
施工机械投入运行和设备完好情况		
其他		

说明：本表由监理机构指定专人填写，按月装订成册。

307

JL40　监理发文登记表

（监理 [　] 监发　　号）

合同名称：　　　　　　　　　　　合同编号：

序号	文件名称	文号	发文时间	签发人	收文时间	签收人
1						
2						
3						
4						
5						
6						
7						
8						
9						
10						

填报人　　（签名）　　　　填报日期　　年　月　日

说明：本表一式＿＿份，报总监理工程师1份，存档1份。

JL39　监理机构内部会签单

（监理 [　] 内签　　号）

合同名称：　　　　　　　　　　　合同编号：

事由			
会签内容			
依据、参考文件			
会签部门	部门意见	负责人签名	日期
1			
2			
3			
（责任监理工程师意见）			

责任监理工程师：（签名）

日期：　　年　月　日

说明：在监理机构作出决定之前需内部会签时，可用此表。

会 议 纪 要

（监理〔 〕纪要 号）

JL42

合同名称：　　　　　　　　　　　　合同编号：

会议名称			会议地点	
会议时间				
会议主要议题				
组织单位			主持人	
参加单位				
主要参加人（签名）	1. 2. 3.			
会议主要内容及结论				

监理机构：（全称及盖章）
总监理工程师：（签名）
日期： 年 月 日

说明：本表由监理机构填写，签字后送达与会单位。全文记录可加附页。

监 理 收 文 登 记 表

（监理〔 〕监收 号）

JL41

合同名称：　　　　　　　　　　　　合同编号：

序号	发文单位	文件名称	文号	发文时间	收文时间	文件处理责任人	处理记录		
							文号	回文时间	处理内容
1									
2									
3									
4									
5									
6									
7									
8									
9									
10									

填报人（签名）　　　　　　　填报日期　年　月　日

说明：本表一式___份，报总监理工程师1份，存档1份。

JL44

监理机构备忘录

（监理〔　〕备忘　　号）

合同名称：　　　　　　　　　合同编号：

致：

事由：

附件：

监理机构：（全称及盖章）

总监理工程师：（签名）

日期：　　　年　　　月　　　日

说明：本表用于监理机构就有关建议未被发包人采纳或有关指令未被承
包人执行的书面说明。

JL43

监理机构备忘录

（监理〔　〕备忘　　号）

合同名称：　　　　　　　　　合同编号：

致：

内容：

附件：

监理机构：（全称及盖章）

总监理工程师：（签名）

日期：　　　年　　　月　　　日

被联系单位签收人：（签名）

日期：　　　年　　　月　　　日

注：本表作为监理机构与发包人、承包人等单位联系时使用。

参 考 文 献

1 水利工程设计概（估）算编制规定．郑州：黄河水利出版社，2002
2 GF—2000—0208 水利水电工程施工合同和招标文件示范文本．北京：中国水利水电出版社，2000
3 DL/T5111—2000 水利水电工程施工监理规范．北京：中国电力出版社，2001
4 GB 50319—2000 建设工程监理规范．北京：中国建筑工业出版社，2000
5 SL 223—1999 水利水电建设工程验收规程．北京：中国水利水电出版社，1999
6 SL 288—2003 水利工程建设项目施工监理规范．北京：中国水利水电出版社，2003
7 董利川．建设项目质量控制．北京：水利电力出版社，1994
8 都贻明，何万钟．建设监理概论．北京：地震出版社，2002
9 丰景春，王卓甫．建设项目质量控制．北京：中国水利水电出版社，2001
10 顾慰慈．工程监理质量控制．北京：中国建材工业出版社，2001
11 简玉强．建设监理工程师手册．北京：中国建筑工业出版社，1994
12 李惠强．建设工程监理．北京：中国建筑工业出版社，2003
13 李清立．工程建设监理．北京：北方交通大学，2003
14 李新军等．水利水电建设监理工程师手册．北京：中国水利水电出版社，1998
15 梁世连．工程项目管理学．大连：东北财经大学出版社，2002
16 刘长滨．全国造价工程师职业资格考试案例分析模拟试题集．北京：中国建筑工业出版社，2003
17 刘士贤．建设项目进度控制．北京：中国水利水电出版社，1994
18 刘维庆，雷书华．土木工程施工招标与投标．北京：人民交通出版社，2002
19 全国监理工程师培训教材编写委员会．工程建设监理概论．北京：中国建筑工业出版社，2003
20 全国监理工程师培训教材编写委员会．工程建设质量控制．北京：中国建筑工业出版社，2001
21 中华人民共和国水利部，国家工商行政管理局．水利工程建设监理合同（示范文本）．北京：中国
    水利水电出版社，2000
22 水利工程质量事故处理暂行规定（1999 年 3 月 4 日水利部令第 9 号发布）
23 王立权．水利工程建设项目施工监理实用手册．北京：中国水利水电出版社，2004
24 王新华．建设监理概论．北京：中国水利水电出版社，1998
25 王卓甫．建设项目信息管理．北京：中国水利水电出版社，1998
26 韦志立，聂相田．建设监理概论（第二版）．北京：中国水利水电出版社，2001
27 熊广忠．工程建设监理实用手册．北京：中国建筑工业出版社，1994
28 詹炳根．工程建设监理．北京：中国建筑工业出版社，2000
29 张华．水利工程监理．北京：中国水利水电出版社，2004
30 张志勇．建设工程监理、造价、建造案例分析．北京：中国环境科学出版社，2004
31 中国建设监理协会．建设工程质量控制．北京：中国建筑工业出版社，2003
32 中国建设监理协会水电建设监理分会．水电工程建设监理费行业市场指导价，2003
33 中华人民共和国水利部．水利工程建设项目监理招标投标管理办法，2003
34 周宜红．水利水电工程建设监理概论．武汉：武汉大学出版社，2003
35 朱宏亮．建设法规．武汉：武汉工业大学出版社，2000